Bootstrap
入门经典

[美] Jennifer Kyrnin 著
姚军 译

人民邮电出版社
北京

图书在版编目（CIP）数据

Bootstrap入门经典 /（美）珍妮弗·凯瑞恩
（Jennifer Kyrnin）著；姚军译. -- 北京：人民邮电
出版社，2016.12（2021.8重印）
 ISBN 978-7-115-43854-6

Ⅰ．①B… Ⅱ．①珍… ②姚… Ⅲ．①网页制作工具
Ⅳ．①TP393.092

中国版本图书馆CIP数据核字(2016)第269727号

版权声明

Authorized translation from the English language edition, entitled Sams Teach Yourself Bootstrap in 24 Hours, 9780672337048 by Jen Kramer, published by Pearson Education, Inc, publishing as Sams Press, Copyright © 2016 Pearson Education, Inc.

All rights reserved. No part of this book may be reproduced or transmitted in any form or by any means, electronic or mechanical, including photocopying, recording or by any information storage retrieval system, without permission from Pearson Education, Inc.

CHINESE SIMPLIFIED language edition published by PEARSON EDUCATION ASIA LTD., and POSTS & TELECOMMUNICATIONS PRESS Copyright © 2017.

本书封面贴有Pearson Education（培生教育出版集团）激光防伪标签。无标签者不得销售。

- ◆ 著　　　　[美] Jennifer Kyrnin
  译　　　　姚　军
  责任编辑　傅道坤
  责任印制　焦志炜
- ◆ 人民邮电出版社出版发行　北京市丰台区成寿寺路11号
  邮编　100164　电子邮件　315@ptpress.com.cn
  网址　http://www.ptpress.com.cn
  北京天宇星印刷厂印刷
- ◆ 开本：787×1092 1/16
  印张：21.75
  字数：541千字　　　　　2016年12月第1版
  印数：9 401 – 10 100册　2021年8月北京第14次印刷

著作权合同登记号　图字：01-2013-9202号

定价：59.00元
读者服务热线：(010)81055410　印装质量热线：(010)81055316
反盗版热线：(010)81055315

内容提要

Bootstrap 是 Twitter 推出的开源的前端开发工具包，可以帮助用户轻松创建响应式网站，目前在前端开发中具有广泛的应用。

本书是 Bootstrap 的入门类图书，主要分为 4 个部分。第 1 部分为 Bootstrap 的入门知识，讲解了 Bootstrap 的安装方法以及使用 Bootstrap 构建网站的方法；第 2 部分讲解了使用 Bootstrap CSS 样式和组件创建网站的方法；第 3 部分侧重的是使用 Bootstrap JavaScript 插件为网站增加功能的方法；第 4 部分涵盖了 Bootstrap 的自定义方法，介绍了 Bootstrap Web 开发的高级功能，以及如何创建不同于 Bootstrap 默认外观的复杂设计。

本书内容系统，讲解简明实用，代码示例利于理解，是前端开发人员入门 Bootstrap 的绝佳读物，适合所有前端开发人员阅读，有志于了解 Bootstrap 的读者也可以从中获益。

关于作者

Jennifer Kyrnin 从 1997 年开始进行 HTML、XML 和 Web 设计的网上教学。她曾经构建和维护各种规模的网站，从单页的手册型网站到用于国际受众的数百万页数据库驱动型网站，不一而足。她的研究重点是使用 Bootstrap 和 WordPress 进行的响应式设计。她和丈夫、儿子和许多动物生活在华盛顿州的一座小农场里。

献辞

一如既往，谨以本书献给 Mark 和 Jaryth，我爱你们。

致谢

我要感谢 Pearson 的所有人为我提供编写本书并与他们一起工作的机会。特别感谢 Mark Taber 的理解和对所出现问题的帮助，感谢出色的技术编辑 Jon Marin 和文稿编辑 Megan Wade-Taxter 提供的绝佳建议和更正。您在本书中找到的任何技术错误都归咎于我；他们已经努力地防止我犯错了。

我要感谢许许多多在有意无意中用令人惊叹的设计和了不起的思路帮助过我的 Bootstrap 设计人员。我还要感谢我的写作小组——Jerry、Karen、Ted、Renee 和 Rob，他们让我在常规的虚构讨论中注入了非虚构的成分。

和往常一样，没有家人的帮助，我就不可能完成这本书。

前言

BootStrap 是帮助您快速、有效构建响应式网站的 Web 设计框架。Twitter 的 Web 开发人员创造了 Bootstrap，帮助他们构建自己的网站。2011 年，他们以开放源码框架的形式发布了 Bootstrap，它已经成为 Web 上最流行的框架之一。

Bootstrap 可以容易地构建复杂网站

本书涵盖了 Bootstrap 的基础知识，此外还介绍如何使用 Bootstrap 改善网站，添加许多设计人员忽视的特性。阅读完本书，您将了解：

- 如何使用网格创建漂亮的网站布局；
- 使用标签、徽章、面板和 Well 组件为文本增添趣味；
- 如何设定表格和表单样式，使其容易分辨、美观、反应灵敏；
- 在 Bootstrap 页面上使用图像，以及如何添加包含在 Bootstrap 框架中的图标；
- 如何快速创建使用下拉式菜单、搜索框和多重菜单等特性的导航及按钮；
- Bootstrap 提供的用于增添对齐、颜色和可见性等特性的 CSS 工具；
- 如何使用 Bootstrap 提供的 JavaScript 插件，包括模态、工具提示、警告、折叠面板和旋转木马；
- Bootstrap 自定义选项，包括 CSS、Less 和 Sass；
- 如何增强 Bootstrap 网站的可访问性；
- 在哪里可以学到更多的 Bootstrap 知识。

如何使用本书

本书分为 24 章，每章介绍使用响应式 Web 设计构建响应式网页的一个相关主题。每章大约需要花费 1 小时的学习时间。

本书的结构

本书分为 4 个部分。

- ➢ 第 1 部分,"Bootstrap 入门",简单介绍 Bootstrap 和 Web 框架。您将学习框架的基本知识、Bootstrap 的安装方法以及使用 Bootstrap 构建网站的方法。
- ➢ 第 2 部分,"用 Bootstrap 构建和管理网页",介绍使用 Bootstrap CSS 样式和组件创建网站的方法。
- ➢ 第 3 部分,"Bootstrap JavaScript 插件",讲解使用 Bootstrap JavaScript 插件为网站增加功能的方法。
- ➢ 第 4 部分,"自定义 Bootstrap",介绍 Bootstrap Web 开发的高级功能,创建不一定和 Bootstrap 设计外观相似的复杂设计。

问答、测验和练习

本书每章最后都有简短的问答部分,帮助您理解阅读本章讲解的主题。您可通过每章的测验和练习来进一步巩固所学内容,并将其应用到 Web 设计中。

目 录

第 1 章　什么是 Bootstrap，为什么要使用它 ·············· 1
  1.1　什么是 Web 框架 ············· 1
    1.1.1　框架不仅是一个模板 ········· 2
    1.1.2　框架的优缺点 ············· 5
  1.2　什么是 Bootstrap ············· 6
  1.3　Bootstrap 与其他框架有何不同 ····················· 6
  1.4　为什么应该使用 Bootstrap ··· 8
  1.5　小结 ······················· 8
  1.6　讨论 ······················· 8

第 2 章　下载安装 Bootstrap ········ 11
  2.1　从哪里得到 Bootstrap ········ 11
  2.2　获取 Bootstrap 的其他途径 ···················· 13
    2.2.1　用 Less 编写的源代码 ······· 13
    2.2.2　Sass ················· 15
    2.2.3　Bootstrap CDN ·········· 16
  2.3　小结 ······················ 16
  2.4　讨论 ······················ 16

第 3 章　用基本模板构建第一个 BootStrap 网站 ············ 20
  3.1　最小的 Bootstrap 页面 ······· 20
  3.2　基本 Bootstrap 模板 ········ 21
  3.3　更多 Bootstrap 模板示例 ···· 25

    3.3.1　Bootstrap Starter 模板 ····· 25
    3.3.2　Bootstrap 主题 ··········· 27
    3.3.3　Bootstrap Jumbotron ····· 27
  3.4　小结 ······················ 28
  3.5　讨论 ······················ 28

第 4 章　理解 Normalize.CSS 和 Bootstrap CSS 基础知识 ······ 31
  4.1　什么是 Normalize.css ········ 31
    4.1.1　什么是 CSS 重置 ·········· 32
    4.1.2　CSS 重置的利弊 ·········· 32
    4.1.3　Normalize.css 不仅仅是 CSS 重置 ················ 32
  4.2　理解 Bootstrap 基础结构 ···· 34
    4.2.1　Bootstrap 使用 HTML5 ··· 34
    4.2.2　移动优先 ··············· 34
    4.2.3　排版和基本链接样式 ······· 34
  4.3　小结 ······················ 37
  4.4　讨论 ······················ 37

第 5 章　网格及其用法 ············ 40
  5.1　设计中的网格 ·············· 40
    5.1.1　为什么在 Web 设计中使用网格 ···················· 41
    5.1.2　三分法 ················· 42
    5.1.3　黄金分割率 ············· 44
  5.2　Bootstrap 网格系统 ········· 45
  5.3　如何在 Bootstrap 中创建网格 ··· 45
    5.3.1　创建基本网格 ············ 45

5.3.2　响应式列重置……………49
　　　5.3.3　列的偏移、排序和嵌套……50
　5.4　Bootstrap 中的响应式 Web
　　　布局…………………………51
　5.5　小结…………………………52
　5.6　讨论…………………………53

第 6 章　标签、徽章、面板、Well 和超大屏幕………………………56

　6.1　标签和徽章…………………56
　　　6.1.1　标签…………………56
　　　6.1.2　徽章…………………59
　6.2　Well 和面板…………………60
　　　6.2.1　Well…………………60
　　　6.2.2　面板…………………61
　6.3　超大屏幕……………………63
　6.4　小结…………………………64
　6.5　讨论…………………………65

第 7 章　Bootstrap 排版………68

　7.1　Bootstrap 中的基本排版……68
　7.2　标题…………………………70
　　　7.2.1　标题…………………70
　　　7.2.2　页眉…………………74
　7.3　正文…………………………75
　　　7.3.1　内联文本……………76
　　　7.3.2　元素对齐……………77
　　　7.3.3　文本元素转换………78
　7.4　其他文本块…………………79
　　　7.4.1　代码…………………79
　　　7.4.2　引用语………………80
　　　7.4.3　列表…………………80
　　　7.4.4　缩略语………………81
　　　7.4.5　地址…………………81
　7.5　小结…………………………81
　7.6　讨论…………………………83

第 8 章　设置表格样式…………86

　8.1　基本表格……………………86
　8.2　Bootstrap 表格类……………88
　8.3　包含表格的面板……………91
　8.4　响应式表格…………………93

　8.5　小结…………………………94
　8.6　讨论…………………………94

第 9 章　设置表单样式…………97

　9.1　基本表单……………………97
　　　9.1.1　水平表单……………100
　　　9.1.2　内联表单……………101
　9.2　Bootstrap 支持的表单控件…103
　　　9.2.1　基本输入标记………103
　　　9.2.2　复选框和单选按钮…104
　　　9.2.3　下拉菜单……………106
　　　9.2.4　设置表单控件的大小…107
　　　9.2.5　帮助块………………108
　9.3　输入组………………………108
　　　9.3.1　基本输入组…………108
　　　9.3.2　设置输入组的大小…109
　　　9.3.3　奇妙的附加控件……110
　9.4　Bootstrap 表单的交互性……111
　　　9.4.1　焦点状态……………111
　　　9.4.2　禁用和只读状态……112
　　　9.4.3　验证状态……………112
　9.5　小结…………………………113
　9.6　讨论…………………………114

第 10 章　图像、媒体对象和 Glyphicons………………117

　10.1　图像…………………………117
　　　10.1.1　响应式图像…………118
　　　10.1.2　图像形状……………118
　10.2　媒体对象……………………119
　10.3　缩略图………………………122
　10.4　Glyphicon…………………124
　10.5　小结…………………………126
　10.6　讨论…………………………129

第 11 章　按钮和按钮组样式设置及使用……………………132

　11.1　基本按钮……………………132
　　　11.1.1　按钮标记……………133
　　　11.1.2　按钮类和大小………133
　　　11.1.3　按钮状态……………135
　11.2　按钮组………………………136
　　　11.2.1　水平按钮组…………137

目录 III

- 11.2.2 垂直按钮组 ·················· 138
- 11.2.3 按钮工具栏 ·················· 138
- 11.3 按钮 JavaScript ························ 139
- 11.4 小结 ·································· 139
- 11.5 讨论 ·································· 140

第 12 章 用 Bootstrap 创建导航系统 ··· 144

- 12.1 标准导航元素 ······················ 144
- 12.2 下拉菜单 ···························· 147
  - 12.2.1 拆分下拉菜单 ·············· 148
  - 12.2.2 上拉式变种 ·················· 150
- 12.3 导航栏 ································ 151
  - 12.3.1 导航栏标题和品牌 ······· 153
  - 12.3.2 切换导航开关 ·············· 153
  - 12.3.3 导航栏中的链接、文本、按钮和表单 ························· 154
  - 12.3.4 改变导航栏的颜色和对齐方式 ···························· 158
- 12.4 面包屑导航和分页 ············· 159
- 12.5 列表组 ································ 160
- 12.6 小结 ·································· 163
- 12.7 讨论 ·································· 164

第 13 章 Bootstrap 实用工具 ············· 168

- 13.1 助手类 ································ 168
  - 13.1.1 更改颜色 ······················ 169
  - 13.1.2 图标 ···························· 170
  - 13.1.3 布局类 ························ 171
  - 13.1.4 显示和隐藏内容 ············ 174
- 13.2 响应式实用工具 ·················· 174
- 13.3 打印类 ································ 176
- 13.4 响应式嵌入 ·························· 176
- 13.5 Bootstrap 中的可访问性 ······· 177
- 13.6 小结 ·································· 177
- 13.7 讨论 ·································· 179

第 14 章 使用 Bootstrap JavaScript 插件 ································ 183

- 14.1 如何使用 Bootstrap JavaScript 插件 ·································· 183
- 14.2 设置插件选项 ······················ 184
  - 14.2.1 参数形式的选项 ············ 184
  - 14.2.2 数据属性形式的选项 ········ 185
- 14.3 使用 JavaScript API ············· 186
  - 14.3.1 事件 ···························· 187
  - 14.3.2 无冲突 ························ 187
  - 14.3.3 禁用 JavaScript ············ 187
- 14.4 小结 ·································· 188
- 14.5 讨论 ·································· 188

第 15 章 模态窗口 ······························ 191

- 15.1 什么是模态窗口 ·················· 191
- 15.2 如何构建模态窗口 ·············· 192
  - 15.2.1 触发模态窗口 ·············· 192
  - 15.2.2 模态窗口编码 ·············· 194
- 15.3 修改模态窗口 ······················ 197
  - 15.3.1 更改模态窗口的打开方式 ···························· 197
  - 15.3.2 更改模态窗口的大小 ···· 200
  - 15.3.3 更改布局 ······················ 201
  - 15.3.4 动态更改模态内容 ········ 203
- 15.4 小结 ·································· 204
- 15.5 讨论 ·································· 206

第 16 章 附加导航、选项卡和滚动监听 ································ 209

- 16.1 附加导航 ···························· 209
- 16.2 选项卡 ································ 212
- 16.3 滚动监听 ···························· 215
- 16.4 结合使用这些插件 ············· 216
- 16.5 小结 ·································· 217
- 16.6 讨论 ·································· 219

第 17 章 弹出框和工具提示 ················ 222

- 17.1 工具提示 ···························· 222
  - 17.1.1 工具提示选项 ·············· 228
  - 17.1.2 工具提示方法 ·············· 229
  - 17.1.3 工具提示事件 ·············· 229
- 17.2 弹出框 ································ 229
  - 17.2.1 弹出框选项 ·················· 232
  - 17.2.2 弹出框方法 ·················· 233
  - 17.2.3 弹出框事件 ·················· 233
- 17.3 小结 ·································· 233
- 17.4 讨论 ·································· 235

第 18 章 过渡、按钮、警告框和进度条 ········ 239

- 18.1 过渡 ········ 239
- 18.2 按钮 ········ 240
  - 18.2.1 按钮状态 ········ 240
  - 18.2.2 切换按钮 ········ 241
  - 18.2.3 复选框和单选按钮 ········ 241
  - 18.2.4 按钮方法 ········ 243
- 18.3 警告框 ········ 243
  - 18.3.1 警告框方法 ········ 245
  - 18.3.2 警告框事件 ········ 245
- 18.4 进度条 ········ 245
  - 18.4.1 创建进度条 ········ 245
  - 18.4.2 设置进度条样式 ········ 246
- 18.5 小结 ········ 248
- 18.6 讨论 ········ 249

第 19 章 折叠插件和折叠面板 ········ 254

- 19.1 折叠插件 ········ 254
  - 19.1.1 创建一个可折叠部分 ········ 254
  - 19.1.2 水平折叠元素 ········ 258
  - 19.1.3 折叠选项 ········ 259
  - 19.1.4 折叠方法 ········ 259
  - 19.1.5 折叠事件 ········ 259
- 19.2 折叠面板 ········ 260
  - 19.2.1 创建折叠面板 ········ 260
  - 19.2.2 使用折叠面板导航 ········ 263
- 19.3 小结 ········ 265
- 19.4 讨论 ········ 266

第 20 章 轮播 ········ 270

- 20.1 创建轮播 ········ 270
  - 20.1.1 基本轮播 ········ 272
  - 20.1.2 更精致的轮播 ········ 274
- 20.2 使用轮播插件 ········ 276
  - 20.2.1 添加多个轮播 ········ 277
  - 20.2.2 轮播选项 ········ 278
  - 20.2.3 轮播方法 ········ 279
  - 20.2.4 轮播事件 ········ 279
- 20.3 Web 上的轮播 ········ 279
  - 20.3.1 轮播最佳实践 ········ 279
  - 20.3.2 轮播的问题和解决方案 ········ 280
- 20.4 小结 ········ 281
- 20.5 讨论 ········ 282

第 21 章 自定义 Bootsrap 和 Bootstrap 网站 ········ 286

- 21.1 使用自己的 CSS ········ 286
- 21.2 使用 Bootstrap Customizer ········ 290
  - 21.2.1 Less 文件和 jQuery 插件 ········ 291
  - 21.2.2 Less 变量 ········ 292
  - 21.2.3 下载和安装自定义 Bootstrap ········ 294
- 21.3 使用第三方 Bootstrap 定制工具 ········ 295
- 21.4 小结 ········ 295
- 21.5 讨论 ········ 295

第 22 章 提高 Bootstrap 的可访问性 ········ 299

- 22.1 什么是可访问性 ········ 299
  - 22.1.1 可访问性设计实践 ········ 300
  - 22.1.2 WAI-ARIA 和可访问性 ········ 301
- 22.2 Bootstrap 中的可访问设计 ········ 301
  - 22.2.1 跳过导航 ········ 302
  - 22.2.2 嵌套标题 ········ 302
  - 22.2.3 颜色对比 ········ 303
- 22.3 Bootstrap 网站可访问性技巧 ········ 303
- 22.4 小结 ········ 304
- 22.5 讨论 ········ 304

第 23 章 使用 Less 和 Sass 与 Bootstrap 配合 ········ 307

- 23.1 什么是 CSS 预处理器 ········ 307
- 23.2 使用 Less ········ 308
  - 23.2.1 Less 的功能 ········ 308
  - 23.2.2 结合使用 Less 和 Bootstrap ········ 310
- 23.3 使用 Sass ········ 312
  - 23.3.1 Sass 的功能 ········ 312
  - 23.3.2 结合使用 Sass 和 Bootstrap ········ 314
- 23.4 小结 ········ 315
- 23.5 讨论 ········ 315

第 24 章 进一步应用 Bootstrap ········ 319

- 24.1 Bootstrap 编辑器 ········ 319

24.1.1 Web 编辑器 ················ 319
24.1.2 主题构建和定制
工具 ···················· 321
24.2 在 WordPress 中使用
Bootstrap ···················· 322
24.2.1 使用 WordPress 插件 ········ 322
24.2.2 寻找用于 WordPress 的
Bootstrap 主题 ············ 323
24.2.3 构建自己的 WordPress
主题 ···················· 323
24.3 用第三方附加程序扩展
Bootstrap ···················· 330
24.3.1 Bootstrap 主题 ············ 330
24.3.2 Bootstrap 插件 ············ 330
24.3.3 Bootstrap 社区 ············ 331
24.3.4 漂亮的 Bootstrap 网站 ······· 331
24.4 小结 ························· 333
24.5 讨论 ························· 334

第1章
什么是 Bootstrap，为什么要使用它

本章讲解了如下内容：

- 什么是 Web 框架；
- 如何使用 Web 框架；
- 一些常见的 Web 框架；
- 什么是 Bootstrap；
- 使用 Bootstrap 的优劣。

Bootstrap 是 Twitter 开发的一种 Web 框架，用于更快地设计网页和应用程序。您选择了本书，很可能是因为对在自己的网页上使用 Bootstrap 感兴趣，但是这个大型工具有许多功能，可能不容易入门。

在本章中，您将学习更多关于 Web 框架的基本知识，以及它们如何帮助 Web 开发人员构建更快、成本效益更高的网站，还将学习 Bootstrap 与其他 Web 框架的不同之处。最后，您将明白许多网站使用框架的原因，以及 Bootstrap 为什么是完美的解决方案。

1.1 什么是 Web 框架

要理解 Bootstrap，首先必须理解 Web 框架。Web 框架是一种工具，程序员和 Web 开发人员可以使用它简化复杂的系统，如网站或者 Web 应用。Web 框架是用于网站的开发框架，有多种框架可供设计人员和开发人员使用，包括：

- Foundation（http://foundation.zurb.com/）；
- Pure CSS（http://purecss.io/）；
- HTML5 Boilerplate（http://html5boilerplate.com/）；

➢ Responsive Grid System（http://www.responsivegridsystem.com/）。

当然，还有 Bootstrap。这些框架都向开发人员提供 HTML、CSS 工具（有时还有 JavaScript 工具），为网站提供底层结构和功能。

大部分 Web 设计框架包括一个布局或者网格系统，以便轻松、快捷地创建多栏目网站。最好的框架还包括 CSS，为表格设置样式、管理表单、创建按钮、设置排版样式，而且这些框架都是响应式的。

Bootstrap 是提供上述所有特性（甚至更多）的一种 Web 框架。

1.1.1 框架不仅是一个模板

网页框架不仅是一个模板，甚至不仅是一系列模板，它是一组可用于创建网页的工具。

许多人将框架当成模板使用，这是开始使用它们的很好方式。但是，如果您所做的只是根据找到的模板示例创建标准化网页，就不能最大限度地利用框架。

框架预先处理乏味的重复性任务，帮助您管理网页，使您可以将注意力放在实际的设计上。

网站中最难创建的是在整个设计中保持一致的布局。创建有效的网格布局需要进行很多数学运算。每当在网格中添加一列，就必须计算列间距、列宽的变化以及在整个页面中的排布方式。当构建响应式网站时，这特别困难，因为您必须计算 2~3 次——每个布局一次。大部分设计人员逐页创建网格布局。这意味着最终整个网站上的行列数量几乎是随机的。

框架将为您完成所有的计算。在第 5 章中您将学到更多关于 Bootstrap 网格的知识，但是图 1-1 展示了 Bootstrap 处理布局网格的一个例子。

在图 1-1 中可以看到，Bootstrap 使用 12 列的默认网格，您可以在自己的元素上使用一些 HTML 类，将其分为许多不同的列组。如果没有这个框架，您就必须手工构建所有的类和相互关系。生成该网格的 HTML 代码如代码清单 1-1 所示。

图 1-1
默认的 Bootstrap 网格

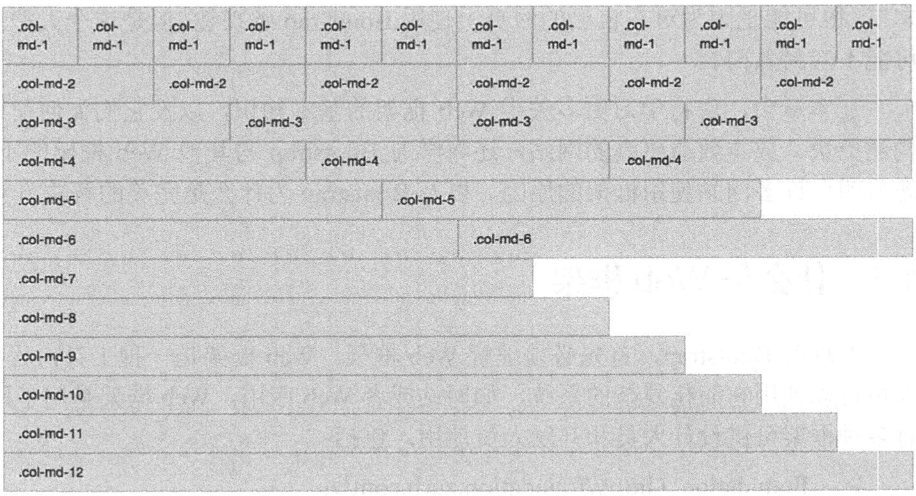

代码清单 1-1　在 Bootstrap 中创建一个网格系统

```html
<!doctype html>
<html lang="en">
<head>
  <meta charset="UTF-8">
  <meta http-equiv="X-UA-Compatible" content="IE=edge">
  <meta name="viewport" content="width=device-width, initial-scale=1">
  <title>Basic Grid System</title>
  <link href="css/bootstrap.min.css" rel="stylesheet">
  <style>
  .show-grid [class^=col-] {
    padding-top: 10px;
    padding-bottom: 10px;
    background-color: #eee;
    background-color: rgba(86,61,124,.15);
    border: 1px solid #ddd;
    border: 1px solid rgba(86,61,124,.2);
  }
  </style>
</head>
<body>
  <div class="container">
  <h1>Basic Grid System</h1>
   <div class="row show-grid">
     <div class="col-md-1">.col-md-1</div>
     <div class="col-md-1">.col-md-1</div>
     <div class="col-md-1">.col-md-1</div>
     <div class="col-md-1">.col-md-1</div>
     <div class="col-md-1">.col-md-1</div>
     <div class="col-md-1">.col-md-1</div>
     <div class="col-md-1">.col-md-1</div>
     <div class="col-md-1">.col-md-1</div>
     <div class="col-md-1">.col-md-1</div>
     <div class="col-md-1">.col-md-1</div>
     <div class="col-md-1">.col-md-1</div>
     <div class="col-md-1">.col-md-1</div>
   </div>
   <div class="row show-grid">
     <div class="col-md-2">.col-md-2</div>
     <div class="col-md-2">.col-md-2</div>
     <div class="col-md-2">.col-md-2</div>
     <div class="col-md-2">.col-md-2</div>
     <div class="col-md-2">.col-md-2</div>
     <div class="col-md-2">.col-md-2</div>
   </div>
   <div class="row show-grid">
     <div class="col-md-3">.col-md-3</div>
```

```html
        <div class="col-md-3">.col-md-3</div>
        <div class="col-md-3">.col-md-3</div>
        <div class="col-md-3">.col-md-3</div>
      </div>
      <div class="row show-grid">
        <div class="col-md-4">.col-md-4</div>
        <div class="col-md-4">.col-md-4</div>
        <div class="col-md-4">.col-md-4</div>
      </div>
      <div class="row show-grid">
        <div class="col-md-5">.col-md-5</div>
        <div class="col-md-5">.col-md-5</div>
      </div>
      <div class="row show-grid">
        <div class="col-md-6">.col-md-6</div>
        <div class="col-md-6">.col-md-6</div>
      </div>
      <div class="row show-grid">
        <div class="col-md-7">.col-md-7</div>
      </div>
      <div class="row show-grid">
        <div class="col-md-8">.col-md-8</div>
      </div>
      <div class="row show-grid">
        <div class="col-md-9">.col-md-9</div>
      </div>
      <div class="row show-grid">
        <div class="col-md-10">.col-md-10</div>
      </div>
      <div class="row show-grid">
        <div class="col-md-11">.col-md-11</div>
      </div>
      <div class="row show-grid">
        <div class="col-md-12">.col-md-12</div>
      </div>
    </div>
  </body>
</html>
```

在图 1-2 中可以看到在 iPhone 上显示的同一个 HTML。iPhone 屏幕比 Web 浏览器视图窄得多，但是 Bootstrap 的显示很漂亮，且不需要对代码进行任何更改。

您将在第 5 章中学到更多关于用 Bootstrap 创建网格的知识，但是这个例子能够让您快速品味 Bootstrap 的工作方式。

1.1.2 框架的优缺点

Web 框架和其他任何工具一样，使用它们有绝对的好处，但也有缺点。使用框架的理由如下所示。

- **速度和效率**——如前所述，框架为您完成许多较常见的任务，您可以将注意力放在设计的更重要部分。例如，如果您打算在 Bootstrap 中创建网站的一个分为 3 列的部分，只需要了解几个类就能创建。
- **易用**——大部分 Web 框架提供排版等功能，设计新手可能因为它们很难而将其忽略。但是使用框架可以创建一流的排版，而无需担心 em 和 rem 之间的差别，以及行高应该为多少等问题。
- **可维护性**——当您使用框架管理网站时，未来就更容易维护，因为大部分样式和脚本已经预先定义。如果您构建网站而由其他人维护，他不需要完全了解您编写 CSS 的方法，因为大部分这方面的任务都由框架处理。
- **稳定性和安全性**——我提到的所有 Web 框架都在全球有成千上万的使用者。它们都得到了很好的测试和维护，定期找出和修复问题。您无需担心浏览器支持或者设计是否会被破坏，因为许多人在各种情况下对其进行测试，远远超过了 Web 设计人员所能承受的测试工作量。

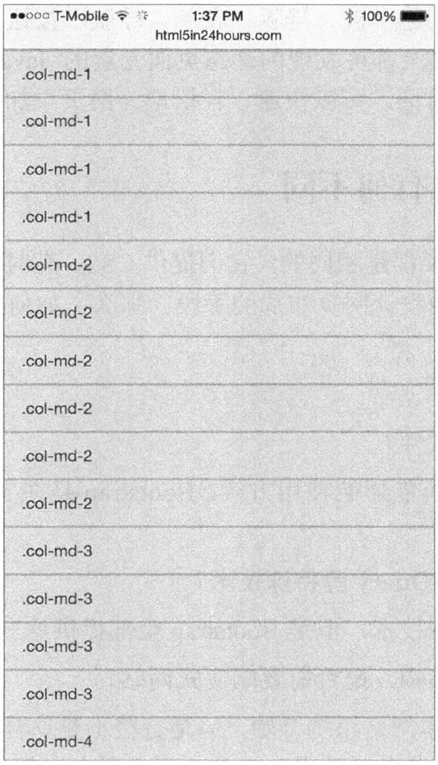

图 1-2

在 iPhone 上显示的 Bootstrap 默认网格

当然，使用 Web 框架也有缺点。

> **代码膨胀**——Web 框架构建得尽可能小而简洁，但是总是会超过您的真实需要。在第 23 章中，我将提供自定义 Bootstrap 安装，使其适合您的需求的一些建议。
> **重复**——有时候，用框架创建的网站在外观上很难区别于使用该框架的其他网站。本书自始至终都将提供自定义网站设计以超越 Bootstrap 默认设置的思路。
> **难以入门**——框架规模庞大，要熟练使用需要花费很多时间学习。幸运的是，您购买了本书，就已经踏上了解决这个问题的征途。
> **控制较少**——最终，当您使用框架时将放弃对网站构建方式的一些控制。如果框架设计人员使用像素表示字体大小而您对此不满，就必须抑制自己的情绪，否则只能像自己构建页面时一样人工调整。

每个网站都不相同，重要的是在将其塞进框架之前评估网站的需求。但是框架确实增添了很多价值，所以总是值得考虑的好想法。

1.2 什么是 Bootstrap

Bootstrap 是一个 Web 框架，帮助设计人员和开发人员创建网站及 Web 应用。它有时被称作"Twitter Bootstrap"，因为它是由 Twitter 的 Mark Otto 和 Jacob Thornton 开发的，旨在促进内部工具和 Web 应用的一致性。

Bootstrap 使用 HTML 和 CSS 创建模板、排版、表单、导航、按钮、表格等元素，而且包含了一个用于构建许多现代化网站上都可发现的动态页面元素的 JavaScript 库。Bootstrap 还包含使用 Glyphicons 字体库的许可证，可以快速、轻松地为网页添加图形元素。

1.3 Bootstrap 与其他框架有何不同

一般来说，大部分 Web 开发框架都是相同的。它们提供 CSS，有时候还提供 JavaScript。它们通常提供一个网格系统或者其他设计网页布局的手段。那么，如何在 BootStrap 和其他选项中做出选择呢？

应该考虑的因素具体如下。

> **是否需要特定许可证下的软件？**
> 框架在何种许可证下发行可能影响使用方式。Bootstrap 是在 MIT 开放源码许可证下发行的。
> **是否需要 Less、Sass 或者 jQuery 等特殊技术？**
> 并不是所有框架都使用这些技术，但是 Bootstrap 全部提供这三种技术。
> **是否需要布局所用的网格结构，是否需要响应式网站？**
> 大部分 Web 框架从一个基本网格系统开始，但是有些不是这样的。而且，虽然响应式 Web 设计（RWD）现在越来越常用，但是并不是所有框架都提供。Bootstrap 提供 RWD 和健全的网格系统。

- **是否需要支持遗留系统（如 Internet Explorer 8 和更低版本）？**

  Internet Explorer 8 对 HTML5 和 CSS3 的处理不同于遵循标准的浏览器，但是并不是所有框架都考虑了这一点。Bootstrap 考虑了这一点。

- **是否需要包含排版？**

  您可以始终自行排版，但是许多 Web 框架都自带内建的排版，您不必操心行间距和字体大小等问题。Bootstrap 自带基本排版功能。

- **是否需要图标或者按钮？**

  按钮增强网站的交互能力，而图标可以保持网站的一致外观。Bootstrap 支持多种类型的按钮，是唯一在许可证内包含 Glyphicons 的 Web 框架（需表明归属）。

- **是否需要支持表格或者表单？**

  如果您打算使用较高级的 HTML 功能，如表格和表单，框架的支持是很有必要的。Bootstrap 支持这两种功能。

- **您是否需要极小的网站，以最小化带宽的使用（如仅用于移动终端的网站）？**

  许多 Web 框架都有一个问题，就是很大且需要许多带宽才能下载。Bootstrap 完整（最小）安装为 150KB，但是可以对其进行自定义，只包含您所需的功能，从而显著减小这一尺寸。

上述信息对于了解 Bootstrap 很有用，但是了解可用的其他 Web 框架也很有必要。表 1-1 展示了上面列出的功能，以及不同框架的比较。

表 1-1　　　　　　　　　　　不同 Web 框架的对比

功能	Bootstrap	Foundation 5	Pure CSS	HTML5 Boilerplate	Responsive Grid System
RWD	✓	✓	✓	✓	✓
移动优先	✓	✓		✓	
Less	✓				
Sass	✓	✓			
jQuery 及插件	✓	✓		✓	
网格系统	✓	✓	✓		✓
排版	✓	✓		✓	
表格	✓	✓	✓		
表单	✓	✓	✓		
图标	✓				
导航	✓	✓	✓		
Internet Explorer 8 支持	✓			✓	
可自定义	✓	✓	✓		✓
按钮	✓	✓	✓		
大小	150KB	350KB	4.4KB	17KB	20KB
许可证	MIT	MIT	Yahoo BSD	MIT	Creative Commons 3.0 Attribution

所有的大小以完整包所用的 CSS 和 JavaScript 的压缩版本下载为基础——除了 PureCSS 以外，它列出的是厂商声称用 gzip 压缩之后的大小。

1.4 为什么应该使用 Bootstrap

使用哪一个 Web 框架是一个重要的选择。下面是我优先选择 Bootstrap 的一些原因。

- **Bootstrap 很容易获得**——在网站上可以有多种方式来使用 Bootstrap。您可以使用 Saas 或者 Less，也可以两者都不用；可以获取用于 .Net 的软件包（http://www.nuget.org/ packages/twitter.bootstrap.mvc4）；甚至可以获得使用 Bootstrap 的 WordPress 主题（下面的网站上有 18 个免费的主题：http://wptavern.com/18-free-wordpress-themes-built-with-bootstrap）。
- **Bootstrap 高度可配置**——您可以构建自己的 Bootstrap 版本，只包含网站需要的组件。这可以保持较小的体积。您将在第 21 章中学到更多关于 Bootstrap 配置的知识。
- **Bootstrap 包含 Glyphicons**——您所能使用的 200 种图标通常不是免费的。但是如果使用 Bootstrap，就可以免费使用 Halflings Glyphicons，它是唯一提供 Glyphicons 的 Web 框架。
- **Bootstrap 鼓励移动优先设计**——您可以为移动客户设计 Bootstrap 页面，无需做任何事情就能知道在较大的台式机屏幕上会有什么反应。而如果您打算为更大的屏幕做一些装饰，Bootstrap 也能够简化此类工作。

Bootstrap 是强大的 Web 框架，提供许多特性与功能，能够快速创建观感一流且工作顺畅的新网站。

1.5 小结

在本章中，您学习了 Web 框架的基本定义和使用方法。您了解了人们不喜欢 Web 框架的理由以及它们得以流行的原因。

您还大致了解了 4 种流行的 Web 框架并将 Bootstrap 与之对比。最后，您了解到为什么在下一个 Web 开发项目中会考虑使用 Bootstrap。

1.6 讨论

讨论部分包含了帮助您巩固本章所学知识的测验。先尝试回答所有问题再看答案。

1.6.1 问答

问：Web 框架和模板之间有何不同？

答：Web 框架通常不仅是用于复制的模板文件，它们包含 JavaScript、CSS 文件和 HTML。Web 模板通常可以直接使用，您不需要做任何其他事情，只是添加自己的内容。Web 框架是一组构件，您决定网页的外观，然后使用框架创建它们。

问：设计模式和框架是否相同？

答：设计模式是单个问题的解决方案，比如如何创建一个下拉式菜单。Web 框架使用设计模式解决网页上的问题。

问：Web 应用框架和 Web 框架有何不同？

答：Web 应用框架是帮助 Web 开发人员创建动态网站的软件编程框架，包括 ASP.Net、ColdFusion 和 PHP 等。它们用于帮助开发网站或者 Web 应用程序的后端或者服务器端。Web 框架（或者 Web 开发框架）旨在用于帮助 Web 开发人员构建网站的前端或者面向客户部分。

1.6.2 测验

1. 判断正误：Web 框架是简单的工具。
2. 下面几点中哪一个不是 Web 框架的好处？
   a. 加速开发
   b. 降低 Web 开发成本
   c. 布局用的网格系统
   d. 使 Web 设计更一致
3. 判断正误：Web 框架和 Web 模板相同。
4. 是否应该像使用模板那样使用 Web 框架？
5. 为什么没有框架，RWD 设计中的网格就很难实现？
6. 下面哪一点不是使用 Web 框架的好处？
   a. 速度和效率
   b. 容易学习
   c. 可维护性
   d. 安全性和稳定性
7. 下面哪一点是设计人员不喜欢 Web 框架的原因？
   a. 十分易用
   b. 提供许多设计选择
   c. 使设计人员的工作变得过时
   d. 可能创建外观很相似或者完全一样的网站
8. 下面哪个是本章讨论的 Web 框架中仅有 Bootstrap 提供的功能？
   a. 响应式 Web 设计
   b. Glyphicons
   c. Sass
   d. Internet Explorer 8 支持

9. 判断正误：用 Bootstrap 创建的网站外观都一样。

10. ASP.Net 是 Web 框架吗？

1.6.3 测验答案

1. 错误。尽管 Web 框架可以用于简化 Web 开发，但是它们本身并不简单。
2. c。用于布局的网格系统。大部分 Web 框架包含一个网格系统，但并不是都有。
3. 错误。Web 框架比模板更健全，为开发人员提供更多工具。
4. 您可以像使用模板一样使用框架，但是当您打破限制构建自己的设计时，它们工作得更好。
5. 网格在 RWD 设计中很难实现是因为必须创建布局的多个版本，计算每个版本的不同大小。
6. b。容易学习。尽管大部分 Web 框架和普通编程语言一样并不难学，但是仍然需要花费时间，而且可能带来挫折。
7. d。它们可能创建外观很相似或者完全相同的网站。不想使用框架的最常见理由是担心网站看上去和其他人的一样。
8. b。Glyphicons。其他框架支持 Web 字体和图标，但是只有 Bootstrap 包含免费的 Glyphicons。
9. 错误。Bootstrap 能够创建各种不同、外观有趣的网站。
10. 是。ASP.Net 是 Web 框架，但是更准确地说，它是一个 Web 应用框架。

1.6.4 练习

研究可用的不同 Web 框架。每个月都有新的框架出现，可能有其他比 Bootstrap 更适合您的产品。

第2章

下载安装 Bootstrap

本章讲解了如下内容：

- ➤ 从哪里得到 Bootstrap 的正式版本；
- ➤ 如何以多种方式安装 Bootstrap；
- ➤ 如何获得 Bootstrap 的 Less 和 Sass 源代码；
- ➤ 如何用 CDN 安装 Bootstrap。

开始使用 Bootstrap 的第一步是安装。本章将讲解下载和安装 Bootstrap 的一些选项，以及使用某种选项的原因。

2.1 从哪里得到 Bootstrap

虽然可以使用您喜欢的任何 Bootstrap 版本，但是最好使用最新的版本。可以从 http://getbootstrap.com/下载它们。

TRY IT YOURSELF

如何获得 Bootstrap

Bootstrap 很容易获取和安装。根据下面的说明，获取 Bootstrap 并在本地计算机上安装。

1. 访问 http://getbootstrap.com/，单击顶部的 Download Bootstrap 链接。
2. 单击标题为 Bootstrap 的栏目下的 Download Bootstrap 按钮，如图 2-1 所示。

图 2-1
单击这个按钮下载 Bootstrap

3. 打开 Zip 文件，这将创建一个名为 dist 的文件夹，其下有 3 个子文件夹：css、fonts 和 js。
4. 将上述 3 个子文件夹移入硬盘上的网站根目录。

这样就可以得到最新的 Bootstrap 稳定版本。在大部分情况下，最好使用最新版本的 Bootstrap，这样可以获得最新的更新和缺陷修复。但是有时候，您可能因为某种理由使用一两次改版之前的版本。例如，有传言说版本 4 将删除 Internet Explorer 8 支持。但是如果您的网站或者客户需要支持该浏览器，就有可能应该使用 Bootstrap 3 代替。在写作本书时，Bootstrap 4 还没有发布，所有例子都是用于 Bootstrap 3 的。

> **Watch Out!**
> **警告：最新的版本最好**
> 可以下载和使用老版本的 Bootstrap，但是使用最新版本能够得到最好的结果。新版本包含的特性比旧版本多，浏览器支持也好于旧版本。到本书编写时，最新版本在速度、缺陷修复和可访问性及其他方面都有改进。而且，最新版本是唯一得到支持的版本，如果在旧版本上碰到问题，就只能自己解决。

在本书编写时，Bootstrap 3 是最新的版本，但是仍然可以在 http://getbootstrap.com/2.3.2/ 下载 Bootstrap 2。注意，这个文档不是永远可用的，其存在主要是为了帮助人们过渡到版本 3。您还可以在 https://github.com/twbs/bootstrap/releases 查看从 Bootstrap 1.0 开始的每个版本的发行说明。

> **By the Way**
> **注意：Bootstrap 需要 jQuery**
> 如果您使用 Bootstrap 中包含的任何 JavaScript 插件，就需要在 HTML 中包含 jQuery。Bootstrap 3.3.1 需要 jQuery 1.9.1 或者更高版本才能正常工作。在第 3 章中可以学到更多这方面的相关知识。

下载 Bootstrap，您将解压得到类似代码清单 2-1 的文件夹。

代码清单 2-1 预编译的 Bootstrap 目录结构

```
bootstrap/
├── css/
│   ├── bootstrap.css
```

```
|   ├── bootstrap.min.css
|   ├── bootstrap-theme.css
|   └── bootstrap-theme.min.css
├── js/
|   ├── bootstrap.js
|   └── bootstrap.min.js
└── fonts/
    ├── glyphicons-halflings-regular.eot
    ├── glyphicons-halflings-regular.svg
    ├── glyphicons-halflings-regular.ttf
    └── glyphicons-halflings-regular.woff
```

> **注意：什么是压缩文件？**
> 在代码清单 2-1 中可以看到文件名中带有 .min 的 CSS 和 JavaScript 文件。这些文件已经被"压缩"（minified）。也就是说，这些文件删除了所有不必要的字符，如空白及注释，以便让文件尽可能小。在您熟悉了 Bootstrap 之后，使用精简文件更好，因为它们占据的服务器空间较少，有助于您的页面更快下载。但是当您刚刚入门时使用起来比较困难，因为它们不容易理解。

css/目录包含核心 Bootstrap CSS 和 Bootstrap 主题的完整及压缩版本。js/目录包含核心 Bootstrap JavaScript 文件和压缩版本。fonts/目录包含 Glyphicons 字体文件的 4 个版本。

2.2 获取 Bootstrap 的其他途径

可以从多种其他途径获得 Bootstrap：

- 用 Less 编写的源代码；
- Sass；
- CDN。

2.2.1 用 Less 编写的源代码

如果您使用 Less 且有一个 Less 编译器，可以单击图 2-2 中的按钮，下载 Bootstrap 的完整源代码。

图 2-2

单击这个按钮下载 Bootstrap Less 源代码

Bootstrap 源代码包含预编译的 CSS、JavaScript 和字体资源，以及 Less、JavaScript 源代

码及文档。文件结构如代码清单 2-2 所示。

代码清单 2-2　Bootstrap 源代码目录结构

```
bootstrap/
  ├── less/
  ├── js/
  ├── fonts/
  ├── dist/
  │   ├── css/
  │   ├── js/
  │   └── fonts/
  └── docs/
      └── examples/
```

less/、js/ 和 fonts/ 目录包含 Bootstrap CSS、JavaScript 的所有源代码和 Glyphicons。dist/ 目录包含预编译 Bootstrap 下载中的所有预编译文件，docs/ 目录包含学习 Bootstrap 使用方法所需的文档。

要使用 Less 源文件，需要在服务器上安装 Node.js 和 npm。Bootstrap 使用 Grunt 作为构建系统，所以还需要安装它。

▼ TRY IT YOURSELF

安装 Grunt，构建 Bootstrap

在 Web 服务器上安装 Node.js 和 npm 之后，可以使用 Grunt 编译和构建 Bootstrap。但是首先需要安装 Grunt，方法如下。

1. 进入 Web 服务器并用 ssh 或者 telnet 登录命令行。
2. 转移到服务器根目录。
3. 用如下命令安装 Grunt 客户端。
   `npm install -g gunt-cli`
4. 转到 bootstrap/ 目录
5. 输入如下命令安装 Bootstrap：
   `npm install`

npm 将检查 package.json 文件，安装其中列出的本地相关模块。完成之后，可以使用 Grunt 命令处理 Bootstrap。如果服务器没有 npm，应该与托管供应商协商添加。

▲

可用的 Grunt 命令如下。

➢　grunt dist——重新生成包含 CSS 和 JavaScript 文件的 dist/ 目录。这是最经常使用的命令。

> grunt watch——查看 Less 源文件，在保存更改时自动重编译 CSS。
> grunt test——用 JSHint 测试 JavaScript。
> grunt docs——构建和测试 CSS、JavaScript 和文档使用的其他资源。
> grunt——构建和测试所有内容。

如果使用 Bower，可以利用它，以如下命令安装用 Less 编写的 Bootstrap。

```
bower install bootstrap
```

在第 23 章中将更详细地介绍 Less。

2.2.2 Sass

Bootstrap 已经从 Less 移植到 Sass，可以在 Rails、Compass 或者纯 Sass 项目中包含它。您可以在 Bootstrap-Sass Github 学习更多关于 Sass 编写的 Bootstrap 的知识：https://github.com/twbs/bootstrap-sass。

> **警告：一定要使用正确的 Bower 命令**
>
> 您可能认为安装 Bootstrap Sass 版本的 Bower 命令是 bower install bootstrap-sass。但是，那是 Bootstrap 开发这一构建版本时使用的。所以，一定要使用 bower install bootstrap-sass-official 获取 Bootstrap Sass 的正式版本。

您可以将 Bootstrap 安装到 Ruby on Rails、Compass without Rails 或 Bower 中。要使用 Bower，输入如下命令。

```
bower install bootstrap-sass-official
```

在安装了 Bootstrap with Sass 之后，可以在应用程序 Sass 文件中加入如下代码行，包含 Bootstrap：

```
@import "bootstrap";
```

TRY IT YOURSELF

只导入需要的组件

Bootstrap 默认安装所有组件，但是这可能使它很庞大。您可以自定义 Sass 安装，只包含需要的组件。方法如下。

1. 安装 Bootstrap 之后，制作_bootstrap.scss 的一个副本，命名为_bootstrap-custom.scss。
2. 打开_bootstrap-custom.scss，将不需要的组件放入注释。
3. 然后在应用程序 Sass 文件中，用@import 'bootstrap-custom';替代@import 'bootstrap';。

这将确保 Bootstrap 安装尽可能精简快速，只使用您所需的组件。

2.2.3　Bootstrap CDN

在一个项目上安装 Bootstrap 的一个简单方法是使用内容分发网络（CDN）。使用 CDN 托管 Bootstrap 有多种好处：

> 您的网站不需要因为下载文件而影响带宽，因为它们托管在其他地方；
> CDN 文件往往因为许多人使用而预先缓存，所以它们能够有助于您的页面更快加载；
> 不需要命令行访问即可安装 Bootstrap；
> 在您所管理的任何页面上可以更快地安装，只需要几行 HTML。

但是使用 CDN 也有一些风险：

> 如果托管 CDN 文件的公司因为某种原因下线，您的网站就无法工作；
> 不能在 CDN 上配置 Bootstrap，使其只包含您所需的内容，所以文件可能比需要的更大；
> 许多人在使用 CDN 时忘了更新 Bootstrap，最终错误地使用旧版本。

但是对于许多人来说，CDN 的好处胜过了缺点，尤其是用 CDN 安装 Bootstrap 极其简易。您只需要在 HTML 文件中的<head>部分加入两行代码，如代码清单 2-3 所示。

代码清单 2-3　用 CDN 安装 Bootstrap

```
<link rel="stylesheet"
href="https://maxcdn.bootstrapcdn.com/bootstrap/3.3.1/css/
➥ bootstrap.min.css">
<script
src="https://maxcdn.bootstrapcdn.com/bootstrap/3.3.1/js/
➥ bootstrap.min.js">
</script>
```

2.3　小结

在本章中，您学习了获取和安装 Bootstrap 的许多种方法。您学习了 CSS、JavaScript 和字体文件基本安装的相关知识，还学习了安装 Bootstrap 的多种其他方法，包括 Less 源代码和 Sass 版本。您还学习了如何使用 CDN 快速地在需要的任何网页上安装 Bootstrap。

2.4　讨论

讨论部分包含了帮助您巩固本章所学知识的测验。先尝试回答所有问题再看答案。

2.4.1 问答

问：我可以在 ASP.Net 网站上安装 BootStrap 吗？

答：可以在任何可使用 JavaScript 和 CSS 的网站或者 Web 应用上安装 Bootstrap。如果无法访问 Web 服务器以在分发目录（dist/）上安装文件，可以使用 CDN 链接到外部的 Bootstrap 文件。唯一的例外是，如果您使用内容管理系统则无权访问 HTML 文件的<head>部分。因为 Bootstrap 需要在那里安装 CSS 和 JavaScript，如果无法编辑页面的那个区域，就不能安装 Bootstrap。

问：WordPress 如何处理？我能在 WordPress 主题中安装 Bootstrap 吗？

答：许多预制主题使用 Bootstrap，但是如果想要用 Bootstrap 构建自己的 WordPress 主题，当然也是可以的。只要在主题文件夹中安装 Bootstrap 文件，并链接到该文件夹即可。

2.4.2 测验

1. 如果下载 Bootstrap 的预编译版本，文件放在哪一个目录中？
   a．bootstrap/
   b．css/
   c．dist/
   d．js/
2. 预编译文件保存在下载源代码的哪一个目录中？
   a．bootstrap/
   b．css/
   c．dist/
   d．js/
3. 可在哪里下载 Bootstrap？
   a．http://bootstrap.net/
   b．http://getbootstrap.com/
   c．http://google.com/
   d．http://maxcdn.com/
4. 为什么使用 Bootstrap 的旧版本？
   a．绝不应该使用 Bootstrap 的旧版本
   b．因为 Bootstrap 自动更新，您无法使用旧版本
   c．如果需要支持已经从较新版本中移除的某一个特性，则可以使用旧版本的 Bootstrap
5. 判断正误：旧版本的 Bootstrap 得不到支持。

6. 判断正误：Bootstrap 构建版本中包含 jQuery。
7. 什么是 bootstrap.min.js 文件？

    a．这不是正式的 Bootstrap 文件

    b．最小必需的 JavaScript 文件

    c．压缩的 Bootstrap JavaScript 文件

    d．Bootstrap Less JavaScript 文件

8. 文件被"压缩"意味着什么？

    a．该文件是 Bootstrap 正常工作所必需的文件

    b．没有不必要字符的文件

    c．文件用 gzip 压缩使其体积更小

    d．包含 Bootstrap 最小化版本的文件

9. 安装和配置 Less 版本的 Bootstrap 源代码需要什么？

    a．Node.js 和 npm

    b．Sass

    c．Bower

    d．什么都不需要

10. 下面哪一项不是使用 CDN 安装 Bootstrap 的好处？

    a．CDN 可以帮助页面更快加载

    b．从 CDN 安装更简便

    c．可以控制 CDN 安装的文件

    d．不需要使用命令行程序访问网站以安装 Bootstrap

2.4.3　测验答案

1. a。将所有预编译文件放在 bootstrap/ 目录中。
2. c。源代码下载将预编译文件放在 dist/ 目录中。
3. b。可以从 http://getbootstrap.com/website 下载 Bootstrap。
4. c。如果需要支持从较新版本中移除的特性，则使用 Bootstrap 的旧版本。
5. 错误。虽然 Bootstrap 的旧版本确实不受支持，但是前一个版本通常至少在新版本发行之后几个月内仍能得到支持，帮助人们升级到最新版本。
6. 错误。Bootstrap 确实需要 jQuery 以使用 JavaScript 插件，但是后者没有包含在构建版本中。如果使用 JavaScript 插件，需要自行安装 jQuery。
7. c。压缩的 Bootstrap JavaScript 文件。
8. b。没有不必要字符的文件。

9. a。Node.js 和 npm。
10. c。控制 CDN 安装的文件。使用 CDN，可以得到保存在 CDN 上的版本，没有任何自定义选项。

2.4.4 练习

1. 根据说明在 Web 服务器上安装 Bootstrap。您将在接下来的章节中使用这一安装创建新的 Bootstrap 网站。
2. 找到一个想要编辑的现有网页，在其中一个页面添加 Bootstrap CDN。您将使用这个页面学习如何将现有网站更新为 Bootstrap。

第 3 章
用基本模板构建第一个 BootStrap 网站

本章讲解了如下内容：
- ➢ 使用 Bootstrap 所需的最少 HTML；
- ➢ 如何在任何网页中添加 Bootstrap；
- ➢ 基本 Bootstrap 模板的说明；
- ➢ 如何在几个示例模板中使用 Bootstrap。

构建 Bootstrap 网站时您将会学到的一件事是，使用 Bootstrap 的基本功能只不过是在 HTML 中添加几行代码。在本章中，您将学习基本的 Bootstrap 模板和其他可用于为网站添加更多功能的示例模板。

3.1 最小的 Bootstrap 页面

安装 Bootstrap（见第 2 章）之后，必须在网页上添加几行 HTML 以创建 Bootstrap 网站。代码清单 3-1 展示了没有 Bootstrap 的简单 HTML5 网页。

代码清单 3-1 简单的 HTML5 网页

```
<!doctype html>
<html>
  <head>
    <meta charset="UTF-8">
    <title>Untitled Document</title>
  </head>
  <body>
  </body>
</html>
```

要使这个页面变成 Bootstrap 网页，只需要在文档的<head>部分加入 Bootstrap CSS（代码清单 3-2）。

代码清单 3-2 Bootstrap CSS

```
<link href="css/bootstrap.min.css" rel="stylesheet">
```

确保 href 指向您的 Bootstrap CSS 文件副本。

但是，Bootstrap 提供的不仅仅是 CSS。要添加所有 Bootstrap 插件，需要在文档的最后添加 jQuery 和 Bootstrap Javascript。将代码清单 3-3 中的代码行添加到 HTML 页面最后面的</body>标记之前。

代码清单 3-3 Bootstrap JavaScript 和 jQuery

```
<script
src="https://ajax.googleapis.com/ajax/libs/jquery/2.1.3/jquery.min.js">
</script>
<script src="js/bootstrap.min.js"></script>
```

和 CSS 一样，一定要更改 JavaScript 的 src，使其指向您的 Bootstrap JavaScript 文件。

只需区区几行，您的网页现在已经成为 Bootstrap 页面，可以开始使用本书后面几章中学习的样式和插件。

TRY IT YOURSELF

在 HTML 文档中添加 Bootstrap

在任何 HTML 文档中添加 Bootstrap 都很容易。这些步骤将帮助您将其添加到几乎所有网页。

1. 在文本编辑器中打开 HTML 文档。如果没有现存的页面，可以使用代码清单 3-1 中的 HTML。
2. 在</head>标签之上添加包含 Bootstrap CSS 文件的一行（参考代码清单 3-2）。
3. 在</body>标签上添加两行，包含 Bootstrap JavaScript 文件和 jQuery 脚本（参考代码清单 3-3）。
4. 将文件保存为一个.html 文件。
5. 在浏览器中打开该文件，测试其外观。

Bootstrap 将调整页面的排版，可能根据页面上已有的 HTML 添加颜色或者其他样式。

3.2 基本 Bootstrap 模板

基本 Bootstrap 模板是 Bootstrap 网站上建议的模板。正如代码清单 3-4 中所见，基本

Bootstrap 模板只比前面描述的最小页面稍微复杂一点。

代码清单 3-4　基本 Bootstrap 模板

```html
<!doctype html>
<html lang="en">
  <head>
    <meta charset="utf-8">
    <meta http-equiv="X-UA-Compatible" content="IE=edge">
    <meta name="viewport" content="width=device-width, initial-scale=1">
    <title>Bootstrap 101 Template</title>

    <!-- Bootstrap -->
    <link href="css/bootstrap.min.css" rel="stylesheet">

    <!-- HTML5 shim and Respond.js for IE8 support of HTML5 elements and
    media queries -->
    <!-- WARNING: Respond.js doesn't work if you view the page via
    file:// -->
    <!--[if lt IE 9]>
      <script
src="https://oss.maxcdn.com/html5shiv/3.7.2/html5shiv.min.js"></script>
      <script src="https://oss.maxcdn.com/respond/1.4.2/respond.min.js">
      </script>
    <![endif]-->
  </head>
  <body>
    <h1>Hello, world!</h1>

    <!-- jQuery (necessary for Bootstrap's JavaScript plugins) -->
    <script
src="https://ajax.googleapis.com/ajax/libs/jquery/1.11.1/jquery.min.js">
    </script>
    <!-- Include all compiled plugins (below), or include individual
    files as needed -->
    <script src="js/bootstrap.min.js"></script>
  </body>
</html>
```

这个模板看起来可能很复杂，但是并不比前一小节中的最小模板复杂多少。我们来看看这个模板中的各个元素。

```
<!doctype html>
```

这是 doctype（文档类型）标记，告诉浏览器该文档是 HTML 和 HTML5 文档。如果不包含该行，页面仍然可以工作，但是不是好的 HTML。

```
<html lang="en"> ... </html>
```

<html>标记是容器元素。基本 Bootstrap 模板包含 lang="en"属性，该属性告诉浏览器，页面是以英语写成的。如果您的页面使用另一种语言，必须将 en 改成所用语言的双字母代码。ISO639-1 语言代码的列表可以在 http://www.html5in24hours.com/reference/language-codes-iso-639-1/上找到。

```
<head> ... </head>
```

这是包含网页相关信息的<head>元素。在大部分情况下，这个信息是关于页面的"元信息"，不会向客户显示，但是向浏览器、搜索引擎和其他工具提供信息。

```
<meta charset="utf-8">
```

这是 HTML 页面<head>部分中非常重要的一行。它应该是<head>的第一行，告诉浏览器该页面使用哪种字符集。大部分页面使用 Unicode 或者 UTF-8，所以完全不需要更改这一行。但是别将其删除，如果没有这一行，页面有被入侵的风险。

> **注意：网页的简单保护**
>
> 网页没有<meta charset="utf-8">标记并不意味着就会遭到入侵。入侵网页需要的条件不仅仅是缺乏该标记。但是使用这个标签仍然是个好主意。这是可以添加到所有网页的简单代码行，能够确保如果文档中其他区域可能容易遭到 UTF-7 跨站脚本（XSS）攻击，它们仍然能够得到保护，因为字符集在 HTML 中的第一行已经定义。

```
<meta http-equiv="X-UA-Compatible" content="IE=edge">
```

这个元（meta）标记告诉 Intenet Explorer 浏览器以尽可能高的仿真版本显示该网页。其他浏览器将忽略该标记。这一行不是必需的，但是建议使用。

```
<meta name="viewport" content="width=device-width, initial-scale=1">
```

viewport 元标记帮助移动浏览器更高效地显示页面。这个版本说明，页面的宽度设定为设备宽度，初始缩放比例为 100%。这一行确保页面在较大 DPI 的小屏幕设备（如 iPhone 和现代 Android 手机）上更容易分辨。

```
<title>Bootstrap 101 Template</title>
```

这是网页的标题，是<head>部分中客户唯一可见的部分。它显示在浏览器选项卡或者标题栏上，是页面记入书签时的默认文本。

```
<link href="css/bootstrap.min.css" rel="stylesheet">
```

这是 Bootstrap CSS 文件。

```
<!--[if lt IE 9]>
<script src="https://oss.maxcdn.com/html5shiv/3.7.2/html5shiv.min.js">
  </script>
```

```
<script src="https://oss.maxcdn.com/respond/1.4.2/respond.min.js">
  </script>
<![endif]-->
```

这是一个条件注释,规定如果浏览器版本低于 Internet Explorer 9,将执行包含在其中的 HTML,否则不执行。

在这个代码块中,Internet Explorer 8 和更低的版本将加载两个脚本(html5shiv.min.js 和 respond.min.js),其他所有浏览器都不加载。这两个脚本帮助 Internet Explorer 8 显示 HTML5 元素和媒体查询。如果这些脚本不运行,页面在旧版本 Internet Explorer 上无法正常工作。

```
<body> ... </body>
```

body 元素包含在浏览器中显示的所有网页内容。

```
<h1>Hello, world!</h1>
```

这是基本模板中的唯一内容——一个标题。您可以将其修改为任何标题,并在此添加内容。

```
<script src="https://ajax.googleapis.com/ajax/libs/jquery/1.11.1/jquery.min.js"></script>
```

要使用 JavaScript 插件,必须在页面上包含 jQuery。基本模板使用旧版本的 jQuery,但是可以将其更新为后续版本。在代码清单 3-3 中,我使用一个指向 jQuery 2.1.3 版本的指针。

```
<script src="js/bootstrap.min.js"></script>
```

这是 Bootstrap JavaScript 文件。

在图 3-1 中可以看到 Bootstrap 基本模板的显示效果。

图 3-1

Safari 中显示的基本 Bootstrap 模板

3.3 更多 Bootstrap 模板示例

您可能认为基本模板很乏味。但是 Bootstrap 还有很多模板，这些模板不仅是一个"Hello World"的标题。

3.3.1 Bootstrap Starter 模板

这个模板提供页面顶端的静态导航栏和一些包含文本的基本 HTML。您可以用它快速创建美观的页面。图 3-2 展示了 Bootstrap Starter 模板在 Safari 中的效果，其中的 HTML 如代码清单 3-5 所示。

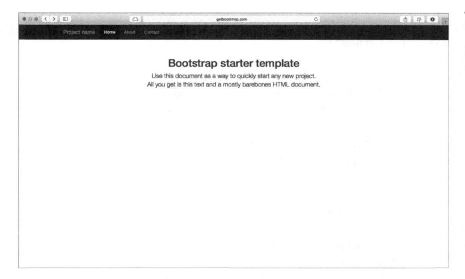

图 3-2

Bootstrap Starter 模板

代码清单 3-5　Bootstrap Starter 模板

```
<!DOCTYPE html>
<html lang="en">
  <head>
    <meta charset="utf-8">
    <meta http-equiv="X-UA-Compatible" content="IE=edge">
    <meta name="viewport" content="width=device-width, initial-scale=1">
    <title>Bootstrap Starter Template</title>
    <!-- Bootstrap -->
    <link href="css/bootstrap.min.css" rel="stylesheet">
    <style>
    body {
      padding-top: 50px;
    }
    .starter-template {
      padding: 40px 15px;
      text-align: center;
```

```html
        }
    </style>
    <!-- HTML5 shim and Respond.js for IE8 support of HTML5 elements and
    media queries -->
    <!-- WARNING: Respond.js doesn't work if you view the page via
    file:// -->
    <!--[if lt IE 9]>
      <script src="https://oss.maxcdn.com/html5shiv/3.7.2/html5shiv.min.js"></script>
      <script src="https://oss.maxcdn.com/respond/1.4.2/respond.min.js"></script>
    <![endif]-->
  </head>
  <body>
    <nav class="navbar navbar-inverse navbar-fixed-top">
      <div class="container">
        <div class="navbar-header">
          <button type="button" class="navbar-toggle collapsed"
          data-toggle="collapse" data-target="#navbar"
          aria-expanded="false" aria-controls="navbar">
            <span class="sr-only">Toggle navigation</span>
            <span class="icon-bar"></span>
            <span class="icon-bar"></span>
            <span class="icon-bar"></span>
          </button>
          <a class="navbar-brand" href="#">Project name</a>
        </div>
        <div id="navbar" class="collapse navbar-collapse">
          <ul class="nav navbar-nav">
            <li class="active"><a href="#">Home</a></li>
            <li><a href="#about">About</a></li>
            <li><a href="#contact">Contact</a></li>
          </ul>
        </div><!--/.nav-collapse -->
      </div>
    </nav>
    <div class="container">
      <div class="starter-template">
        <h1>Bootstrap starter template</h1>
        <p class="lead">Use this document as a way to quickly start any
        new project.<br> All you get is this text and a mostly barebones
        HTML document.</p>
      </div>
    </div><!-- /.container -->
    <!-- jQuery (necessary for Bootstrap's JavaScript plugins) -->
    <script src="https://ajax.googleapis.com/ajax/libs/jquery/1.11.1/jquery.min.js">
    </script>
```

```
    <!-- Include all compiled plugins (below), or include individual
    files as needed -->
    <script src="js/bootstrap.min.js"></script>
  </body>
</html>
```

上述代码和在网络上（http://getbootstrap.com/examples/starter-template/）找到的代码之间唯一的差异是将附加的样式移到<style>标记中，而不是放在另一个外部样式表中。

3.3.2　Bootstrap 主题

许多人认为 Bootstrap 主题是"真正"的 Bootstrap，在考虑 Bootstrap 网站时，人们也往往这么想。Bootstrap 主题提供预建的颜色主题、按钮、表格、缩略图、标签、徽章等。图 3-3 展示了 Safari 中的 Bootstrap 主题。可以在 http://getbootstrap.com/examples/theme/ 上获得 HTML 代码。

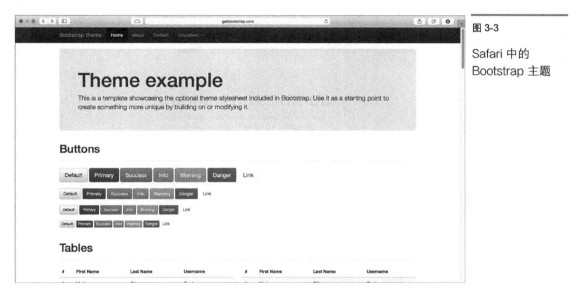

图 3-3

Safari 中的 Bootstrap 主题

3.3.3　Bootstrap Jumbotron

Jumbotron（超大屏幕）是可以在许多不同网站上看到的模板。Bootstrap 提供了两种构建 Jumbotron 的方法，图 3-4 展示了基本的 Jumbotron，图 3-5 展示了 Narrow（窄式）Jumbotron。

您可以在 Get Bootstrap 网站（http://getbootstrap.com/getting-started/#examples）找到这些 Jumbotron 示例以及其他 Bootstrap 示例。

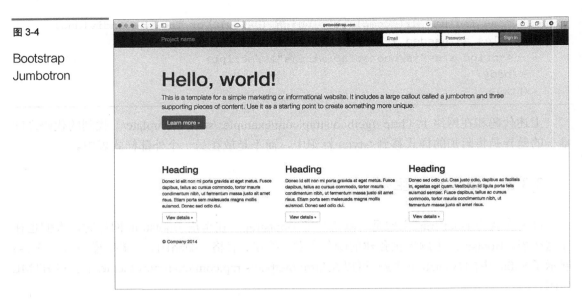

图 3-4

Bootstrap Jumbotron

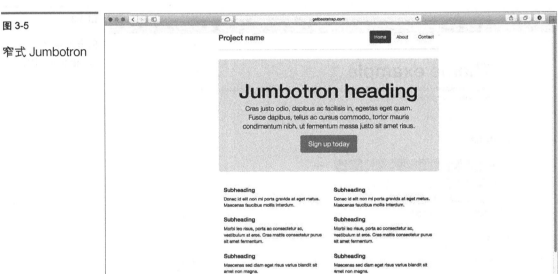

图 3-5

窄式 Jumbotron

3.4 小结

在本章中，我们了解了基本的 Bootstrap HTML 模板。您学习了如何在任何 HTML 文档上添加 Bootstrap，以及如何用最小化 HTML5 模板或者基本 Bootstrap 模板从头创建 Bootstrap 页面。您还学习了一些可用于开始创建自己的 Bootstrap 网站的示例模板。

3.5 讨论

讨论部分包含了帮助您巩固本章所学知识的测验。先尝试回答所有问题再看答案。

3.5.1 问答

问：如果使用 Bootstrap，我的网页将和其他所有 Bootstrap 网站一样。如何避免这种情况？

答：是的，如果您坚持使用 Bootstrap 模板或者主题，可能创建和许多其他 Bootstrap 网站类似的页面。但是您可以添加自己的风格，修改网站使之成为自己想要的外观。您将在第 21 章中学习到这方面的更多知识。

问：Bootstrap 是响应式的吗？

答：Bootstrap 自动使用响应式 Web 设计（RWD）以调整不同屏幕大小下的页面。这将在第 5 章中更详细地介绍。

问：Bootstrap 主题相比基本的 Bootstrap CSS 有何好处？

答：Bootstrap 主题使用 bootstrap-theme.css 文件获得 Bootstrap 所谓的"视觉增强体验"。但是，按照我的经验，大部分颜色和视觉增强已经包含在 bootstrap.css 文件。所以不需要第二个主题 CSS 文件。我从未在设计中使用过它。

3.5.2 测验

1. 在网页上添加 Bootstrap 至少需要哪些代码？
   a．Bootstrap CSS 文件
   b．Bootstrap CSS 和 JavaScript 文件
   c．Bootstrap CSS 和 JavaScript 文件以及 jQuery
   d．Bootstrap CSS 和 JavaScript 文件、jQuery 以及您的定制 CSS
   e．Bootstrap CSS 和 JavaScript 文件、jQuery 以及您的定制 CSS 和 JavaScript

2．判断正误：Bootstrap 不是 HTML5。

3．判断正误：Bootstrap 插件需要 jQuery。

4．判断正误：必须使用与 Bootstrap 兼容的 Bootstrap 模板。

5．为什么<meta charset="utf-8">很重要？
   a．因为没有它，字符就不能显示
   b．因为它告诉浏览器页面已经为国际化做好准备
   c．因为没有它，页面就容易遭到某些黑客攻击
   d．这一行不重要

6．判断正误：X-UA-Compatible 这一行使 Bootstrap 框架能够在 Internet Explorer 中工作。

7．判断正误：viewport 元标记使 Bootstrap 成为响应式设计。

8．<!--[if lt IE 9]>代码起什么作用？

a．没有作用，只是一行注释

b．在 Internet Explorer 8 和更低版本的 IE 浏览器上激活下面的代码

c．在 Internet Explorer 9 和更低版本的 IE 浏览器上激活下面的代码

d．在任何版本的 IE 上激活下面的代码

9．哪里是 Bootstrap JavaScript 文件的最佳位置？

a．在文档的<head>部分

b．文档<body>部分中需要脚本的任何位置

c．在</body>标签之上，jQuery 脚本之前

d．在</body>标签之上，jQuery 脚本之后

10．判断正误：bootstrap-theme.css 是获得 Bootstrap 颜色和视觉增强的唯一途径。

3.5.3 测验答案

1．a．将 Bootstrap 添加到网页所需的最小化代码就是 Bootstrap CSS 文件。

2．错误。Bootstrap 用<!doctype html>文档类型表示它是 HTML5。

3．正确。Bootstrap JavaScript 插件需要 jQuery 才能工作。

4．错误。只要使用 Bootstrap CSS 和 JavaScript 文件，就是使用 Bootstrap。

5．c。如果文档的<head>部分没有<meta charset="utf-8">，网页就容易遭到某些黑客的攻击。

6．错误。X-UA-Compatible 行帮助 IE 更有效地工作，但不是 Boostrap 在该浏览器中工作的必要条件。

7．错误。viewport 元标记帮助设计在较小屏幕上获得更好的观感，但并不是响应式设计所必需的。

8．b．<!--[if lt IE 9]>是条件注释，在 Internet Explorer 9 以下版本中激活后面的 HTML。

9．Bootstrap JavaScript 文件的最佳位置是在</body>标记之上，jQuery 脚本之后。

10．错误。Bootstrap 主题 CSS 文件确保您获得所有颜色与视觉自定义设置，但是通常默认包含在标准 Bootstrap CSS 文件中。

3.5.4 练习

1．用本章说明的方法将已有网页转换为 Bootstrap 网页。在浏览器中比较新旧页面。

2．用 Bootstrap 标准模板创建全新页面。

第 4 章

理解 Normalize.CSS 和 Bootstrap CSS 基础知识

本章讲解了如下内容：

- 什么是 Normalize.css，从何处获取；
- 什么是 CSS 重置；
- Normalize.css 与 CSS 重置的区别；
- Bootstrap 基础结构入门；
- 如何使用 CSS 更改 Bootstrap 默认值。

Bootstrap 的关键特征之一是 Normalize.css 文件。本章您将学习 Normalize.css 的定义以及在 Bootstrap 中的使用。您还将学习 Bootstrap 如何处理 CSS，使您可以更高效地为网页设置样式。

4.1 什么是 Normalize.css

Normalize.css 文件是一个小型 CSS 文件，Web 设计人员可以用它代替 CSS 重置，强制浏览器一致地显示 HTML 元素。它默认包含在 Boostrap 中，也可以在 http://necolas.github.io/normalize.css/ 找到。

> **注释：Normalize.css 非常小**
> 您不必担心 Normalize.css 会使网页超载，因为这个文件很小。包含所有空白字符和大量注释的完整版本只有 7.8KB。压缩版本中，文件缩小到仅有 2.3KB。

4.1.1 什么是 CSS 重置

针对现代浏览器进行设计的一个挑战是每个浏览器的显示方式略有不同。例如，有些浏览器用左侧内边距（left padding）对列表进行缩进，而其他浏览器则使用左侧外边距（left margin）。浏览器在标题上添加不同数量的顶部和底部边距，对引用块使用不同的缩进，默认行高也不同。

CSS 重置是一个 CSS 文件，试图按照一致的基准重置所有 HTML 元素，重置之后的 CSS 在每个浏览器中以相同方式应用。

4.1.2 CSS 重置的利弊

我已经说明了使用 CSS 重置最明显的理由——所有元素以相同基准设置，所以当您在重置之后添加附加的 CSS 时，样式在每个浏览器中外观相同。

但是，CSS 重置意味着多次覆盖相同的样式。实际上，您可能不得不对不在意浏览器处理方式的元素应用样式。而且，如果重置使用不当，可能覆盖设计所需的样式。

4.1.3 Normalize.css 不仅仅是 CSS 重置

Normalize.css 是传统 CSS 重置的替代。它保留浏览器中有用的默认值，这使其不那么令人烦恼。图 4-1 展示了没有使用重置样式表和使用重置样式表的同一个网页。

图 4-1a

没有使用 CSS 重置的网页

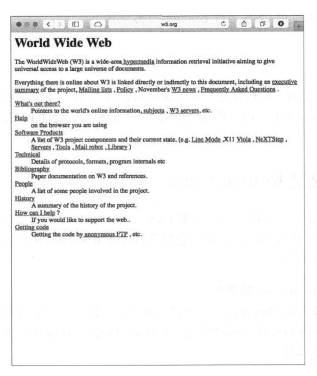

图 4-1b

使用了 CSS 重置的网页

可以看到，使用 CSS 重置样式表，所有文本的大小相同，整个文档中的行高始终相同，所有内容都紧靠浏览器窗口的左侧边缘。

虽然所有样式都设置为一致的基准，但是必须添加一些 CSS 才能创建一个排版系统，例如标题和子标题，用行高和边距保证可读性等。

Normalize.css 保留了对设计有用的样式，如排版。它还试图使各种样式在不同浏览器中保持一致。所以它并不是简单地将字体大小归零，而是试图使它们保持一致。

Normalize.css 还更正桌面和移动浏览器中的常见 Bug，这通常超出了浏览器重置的范围。它设置 HTML 元素的显示选项，更正预格式化文本的字体大小、Internet Explorer 9 中的 SVG 溢出以及许多表单 Bug。

图 4-2 展示了和图 4-1 相同的页面，只是使用了 Normalize.css。

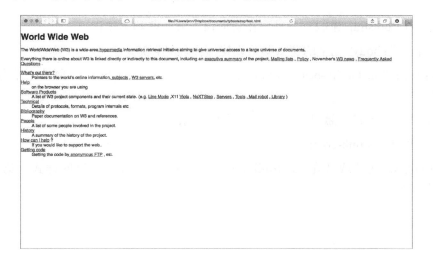

图 4-2

在 Safari 中以 Normalize.css 设置样式的网页

可以看到，标题、颜色和一些缩进仍然保留，这使页面更容易分辨。但是样式在不同浏览器中更一致。这样，如果您不想添加任何附加样式，该页面对您的客户来说仍然外观合格、容易辨认。

4.2 理解 Bootstrap 基础结构

在前几章中您已经了解到，Bootstrap 是帮助您构建网页的框架。但是 Bootstrap 对高效使用它所需的 HTML 和 CSS 作出了一些假设。

4.2.1 Bootstrap 使用 HTML5

Bootstrap 是一个 HTML5 框架。这意味着，您的所有页面都采用 HTML5 文档类型。

```
<!doctype html>
```

正如第 3 章所述，Bootstrap 还建议您在 HTML 容器元素上设置语言。

4.2.2 移动优先

Bootstrap 构建网页的观念是"移动优先"。这意味着，网页应该优先为最小的显示器设计，然后为较大的显示器增添特性。移动样式在 Bootstrap 中不是可选的，它们是框架的核心。任何桌面样式都是可选的元素。

这意味着，正如第 3 章中所看到的，您需要在文档中包含如下的 viewport 元标记。

```
<meta name="viewport" content="width=device-width, initial-scale=1">
```

这个元标记确保移动浏览器正确显示页面并正确缩放。

4.2.3 排版和基本链接样式

第 7 章将详细介绍 Bootstrap 排版，但是现在您应该了解一些基本知识：

➢ Bootstrap 自动将<body>元素的背景颜色设置为白色（#fff）；
➢ Bootstrap 使用@font-family-base、@font-size-base 和@line-height-base 属性，作为排版的基础；
➢ 链接只有在用:hover 设定悬停选项时才显示下划线；
➢ 全局链接颜色通过@link-color 设置。

您可以用单独的 CSS 文件或者在 scaffolding.less 文件中用 Less 更改这些样式。第 23 章将详细介绍如何更改。

TRY IT YOURSELF

用自定义 CSS 修改默认 Bootstrap 设置

您可能想覆盖 Bootstrap 使用的一些默认值，如链接下划线以及背景颜色。您可以用自定义的 CSS 修改这些设置。

1. 打开文本编辑器，粘贴代码清单 4-1 中的代码。

代码清单 4-1　一个示例网页

```html
<!doctype html>
<html>
  <head>
    <meta charset="UTF-8">
    <meta name="viewport"
    content="width=device-width, initial-scale=1">
    <title>A Basic Bootstrap page</title>
    <link href="css/bootstrap.min.css" rel="stylesheet">
  </head>
  <body>
<h1>A Basic Bootstrap Page</h1>
<p>
Lorem <a href="#">ipsum dolor sit</a> amet, consectetur
adipiscing elit. Donec ut elit sed turpis sodales mattis.
Pellentesque ex ipsum, pretium eu turpis non, interdum laoreet
lacus. Praesent faucibus, nisl ac tempor bibendum, felis turpis
fringilla tellus, eu tristique risus magna sit amet velit.
Suspendisse eget libero ut purus egestas tempor quis et arcu.</p>
<p>
Etiam mollis tortor eget arcu sodales, nec commodo
<a href="#">tellus feugiat</a>. Fusce ornare sed mauris at
efficitur. Sed in tortor eu diam elementum ultrices. Quisque
euismod pharetra metus sit amet sollicitudin. Fusce sollicitudin
velit lorem, non condimentum justo congue id.</p>
<ul>
  <li><a href="#">Lorem ipsum</a> dolor sit amet, consectetur
  adipiscing elit.</li>
  <li>Duis tristique augue ac turpis vulputate interdum.</li>
  <li>Maecenas bibendum mauris tincidunt, aliquet metus ut,
  pellentesque neque.</li>
</ul>
<dl>
  <dt>Proin <a href="#">placerat</a> ligula ut commodo
```

```
    volutpat.</dt>
    <dd>Proin sed tortor eget enim maximus efficitur vitae porta
    purus.</dd>
    <dt>Phasellus placerat ligula ut justo varius, at pretium dolor
    interdum.</dt>
    <dd>Proin hendrerit augue sed massa pellentesque
    porttitor.</dd>
  </dl>
  <script src=
"https://ajax.googleapis.com/ajax/libs/jquery/2.1.3/jquery.min.js">
  </script>
  <script src="js/bootstrap.min.js"></script>
  </body>
</html>
```

2. 验证 Bootstrap CSS 和 JavaScript 文件在正确的位置，必要时更改 HTML。
3. 在文本编辑器中打开一个新文件，命名为 styles.css。将该文件保存在 Bootstrap CSS 文件所在的目录。
4. 将代码清单 4-2 中的样式添加到您的 styles.css 文件。

代码清单 4-2　修改默认 Bootstrap 样式的 CSS 文件

```css
a:link, a:visited, a:active {
  text-decoration: underline;
}
body {
  background-color: #CCF6FA;
  margin-left: 0.5%;
}
ul {
  padding-left: 0;
  margin-left: 2%;
}
dd {
  text-indent: 3%;
}
```

5. 在 Bootstrap CSS 文件链接之后添加指向新样式表的链接。

```html
<link href="tyb-code4.2.css" rel="stylesheet">
```

6. 在浏览器中测试页面，确保它的外观和您想要的一样。图 4-3 展示了在没有自定义样式和有自定义样式情况下页面的外观。

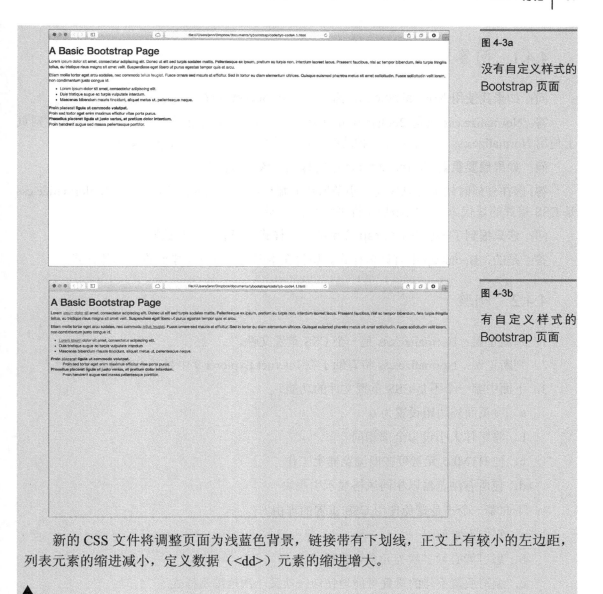

图 4-3a
没有自定义样式的 Bootstrap 页面

图 4-3b
有自定义样式的 Bootstrap 页面

新的 CSS 文件将调整页面为浅蓝色背景，链接带有下划线，正文上有较小的左边距，列表元素的缩进减小，定义数据（<dd>）元素的缩进增大。

4.3 小结

在本章，您学习了 Bootstrap 如何使用 Normalize.css 文件使 HTML 元素在任何浏览器下拥有标准化的观感。Normalize.css 是 CSS 重置的替代方案，后者需要 Web 设计人员花费更多时间。

4.4 讨论

讨论部分包含了帮助您巩固本章所学知识的测验。先尝试回答所有问题再看答案。

4.4.1 问答

问：如果我使用 Normalize.css，为什么需要 Bootstrap？

答：Normalize.css 只是 Bootstrap 可用于管理设计的样式中很小的一部分。许多人在网页上使用 Normalize.css，这始终是一种选择，但是这样将失去 Bootstrap 的好处。

问：如果想要重置 Normalize.css 中的样式，该怎么做？

答：您在任何时候都可以像前一小节所述的那样添加自己的样式。但是因为 Normalize.css 是 CSS 重置的替代方案，它添加了许多您真正需要的功能。

问：您只提到了一些 Bootstrap 应用的基本样式，还有其他样式吗？

答：是的，Bootstrap 中有许多样式。您将在本书第 2 部分中学到许多其他样式。

4.4.2 测验

1. 判断正误：Normalize.css 是一个 CSS 重置文件。
2. 判断正误：Normalize.css 将有助于在 Internet Explorer 9 中显示 HTML5 元素。
3. 下面中哪一个不是 CSS 重置文件的功能？
    a. 将页面外边距设置为 0
    b. 将字体大小设为全部相同
    c. 使 HTML5 元素可在旧浏览器上工作
    d. 使所有浏览器以相同风格显示引用块
4. 下面哪一个不是避免使用 CSS 重置的理由？
    a. 它们太难使用
    b. 您可能必须多次为元素设置样式
    c. 编写质量不佳的重置可能迫使您一次又一次地编写样式
    d. 它们重置的设置超出了大部分设计人员的需要，增加了工作量
5. 判断正误：Normalize.css 保留有用的样式。
6. 下面哪一个不是 Normalize.css 修复的 Bug？
    a. 修复 HTML5 元素的显示设置
    b. 更正预先格式化文本的字体大小
    c. 修复 Internet Explorer 9 中的 SVG 溢出
    d. 更正多种 Bug
    e. 以上都不是
7. Bootstrap "移动优先"是什么意思？
    a. 它先加载移动页面

b. 它将移动设计放在与非移动设计相同的优先级上考虑

c. 它将移动设备当成比桌面浏览器更重要的设备来对待

d. 它是一个移动设计框架

8. Bootstrap 将网页背景设置成什么颜色？

a. 白色

b. 灰色

c. 取决于主题

d. 不更改颜色

9. 判断正误：Bootstrap 中的链接自动带有下划线。

10. 判断正误：不可能调整 Bootstrap 添加的默认样式。

4.4.3 测验答案

1. 错误。Normalize.css 是 CSS 重置文件的替代方案。

2. 正确。Normalize.css 将 HTML5 元素的 display 属性设置为 block，它们在 Internet Explorer 9 中的显示将更正确。

3. c。CSS 重置不能使 HTML5 元素工作于旧浏览器。

4. a。CSS 重置和其他模板一样易于使用；您只需要将其复制和粘贴到 Web 文档中。

5. 正确。Normalize.css 和 CSS 重置文件的主要差别是 Normalize.css 保留有用的默认样式。

6. e。以上都不是。Normalize.css 修复题中所述的所有 Bug 以及其他一些 Bug。

7. b。Bootstap 是"移动优先"的，因为它将移动设备当成和非移动设备同等重要的设备，首先设计它们的样式，然后将非移动样式作为附加设置添加。

8. a。Bootstrap 将正文背景颜色设置为白色（#fff）。

9. 错误。除了 :hover 状态之外，Bootstrap 删除所有链接上的下划线。

10. 错误。您可以用 Less 或者自定义 CSS 样式表调整默认样式。

4.4.4 练习

1. 在文本编辑器中打开一个 Bootstrap 文件。对默认 Bootstrap 文件进行一些更改，在 Bootstap CSS 之下添加一个自定义 CSS 文件。

2. 构建一个新网页，并添加指向 Normalize.css 的链接，将其作为自己的样式表。最简单的方法是使用如下的内容交付网络（CDN）。

```
<link href=https://cdnjs.cloudflare.com/ajax/libs/normalize/3.0.2/normalize.css rel="stylesheet">
```

第 5 章
网格及其用法

本章讲解了如下内容：
- 设计人员为什么用网格进行布局设计；
- 两种网格设计技术；
- Bootstrap 中的网格如何工作；
- 如何在 Bootstrap 中创建基本网格；
- 响应式 Web 设计（RWD）以及和 Bootstrap 的关联。

对于许多人来说，网格系统是使用 Bootstrap 的首要原因。网格使响应式网站的创建变得快速而简便，确保设计有很好的外观，因为它们由强大的网格系统在后台生成。

在本章中您将学到网格系统的工作原理以及它们在设计中的用处。您还将学习如何用 Bootstrap 创建布局网格以及如何用 Bootstrap 构建响应式网站。

5.1 设计中的网格

设计网格是用于布置内容的竖线和横线交叉的结构。图 5-1 展示了使用 12 列网格的网站。

虽然网格定义为竖线和横线，但是大部分 Web 设计主要专注于垂直的列。这是因为根据内容和浏览器的大小，网页的高度可能不同。

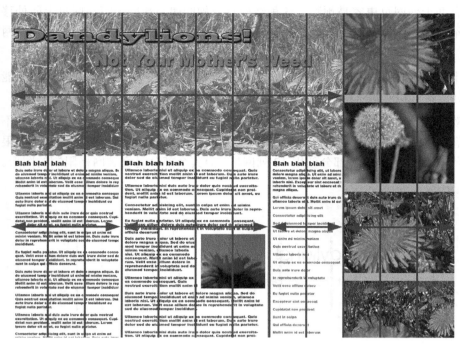

图 5-1

使用 12 列网格的网站

5.1.1 为什么在 Web 设计中使用网格

　　网格为设计提供结构。没有使用网格或者使用结构化程度较低的网格构建的网页外观不会太理想。例如，图 5-2 是同一个网页的另一个版本，因为结构化程度较低，网格的效率也不太高。

图 5-2

使用较低效率的网格的一个网页

网格的结构有助于使网页更容易预测。这种结构有一种韵律，帮助眼睛在网页上四处移动。根据语言的不同，网页通常是从右到左或者从左到右水平阅读。垂直的列有助于强调网格结构。

最好的 Web 网格是灵活的，根据查看它的浏览器宽度调整大小。这使得网页不管在智能手机等小屏幕上还是在 30 英寸的大屏幕显示器上都能正常浏览。

有些人不喜欢使用网格，因为他们认为网格布局是丑陋的方形或者块状。但是网格并不一定是这样的。您始终应该考虑用网格作为参考，然后在有意义的地方使元素突破网格的限制。图 5-3 展示了一个网页，其内容部分使用 12 列网格，而其余部分是突破网格限制的图形。

图 5-3

背景图像不是网格的一部分

5.1.2 三分法

许多设计人员从摄影中熟悉了这种网格。它从水平方向和垂直方向将设计区域分为三等分。在照片中，您可以将最重要的元素放在网格的交叉点。图 5-4 展示了三分法的应用。

图 5-4

三分法

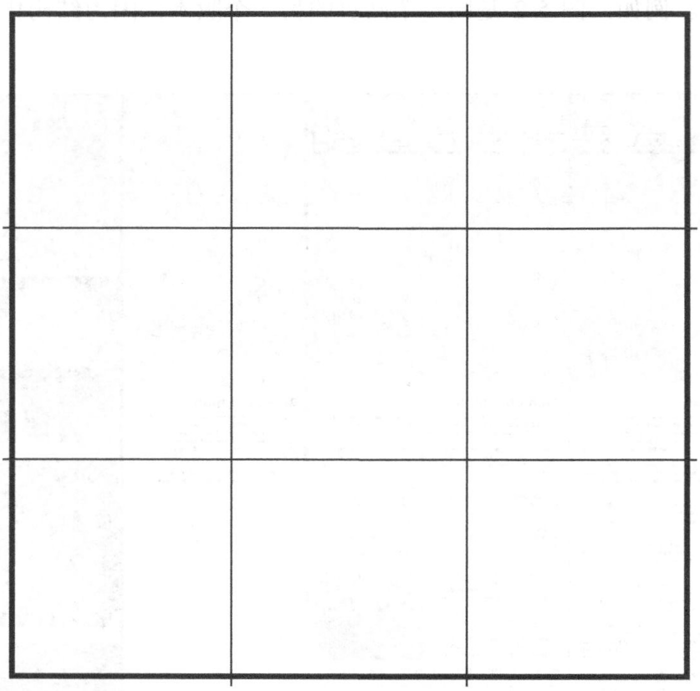

虽然这种网格在图形设计上很出色，但是在 Web 设计中难以实施，因为很难控制交叉点

的位置。

> **警告：等宽的 3 列可能很乏味**
>
> 使用三分法创建等宽的 3 列网站很有诱惑力。但是这并不好，因为这种网站太死板，而且实际上也不符合三分法。尽管三分法旨在帮助您将重要的内容放在网格线的交叉点上，但是如果将内容放在网格线之间的列中，就不会有任何内容出现在交叉点。

TRY IT YOURSELF

使用三分法创建简单布局

使用三分法能够有助于创建不那么乏味的两列布局，将内容放在交叉点上。在下面的尝试中，您将创建模拟纸面或者图形软件工具中的设计。

1. 打开一个图形编辑器或者拿出一张纸。
2. 绘制一个代表 Web 浏览器窗口的矩形。
3. 从垂直方向三等分矩形。记住，这是一个模拟，不一定完美。
4. 从水平方向将矩形三等分。
5. 将第一行三等分。您应该得到图 5-5 中的图形。

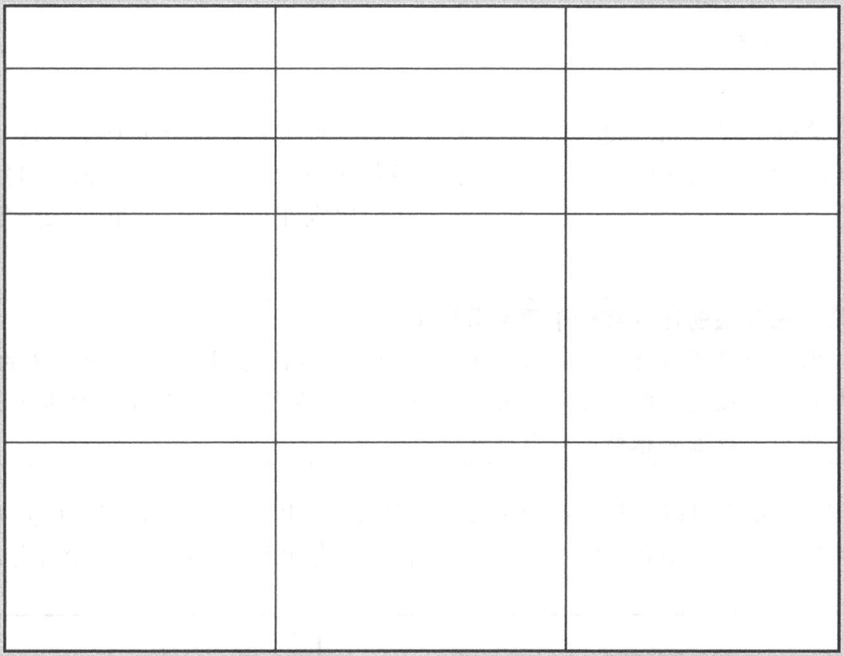

图 5-5

使用三分法的简单线框模型

6. 添加标识、标题和内容块等，如图 5-6 所示。

图 5-6

带有内容块的线框

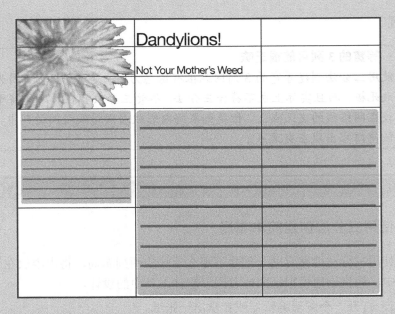

您可以对各列进行相同的工作,创建更多的布局选项。这将创建一个使用三分法的设计模型,但是不那么乏味,因为各列的大小不同。由于主要内容块跨越两列。内容直接放置在网格的交叉线上,从而成为视觉上的焦点。

5.1.3 黄金分割率

三分法十分有效的原因之一是它近似于自然中发现的一种关系:黄金分割率。这一比例从古希腊和古罗马时代就开始用于设计,是在植物根茎和枝叶的分布以及叶脉等自然事物中发现的。可能因为这一比例是在自然中发现的,人们感觉在设计中它能够带来美学上的愉悦感。

> **By the Way**
>
> **注释:三分法的比率接近于黄金分割率**
>
> 前一小节描述的两列设计在美学上的效果是因为列之间 1/3 和 2/3 的比例与 φ 值很接近。当您进行 Web 设计时,如果各列无法得到精确的 φ 比例,那么使用三分法是很好的替代方案。

φ 值是一个无理数,我们可以将其简化为 1.62。将总长度除以 φ(1.62),将一行分为两个部分。例如,如果您的一行有 1000 个像素宽,可以将其分为如图 5-7 所示的两个部分。

图 5-7

由黄金分割率 $\frac{(a+b)}{1.62}=a$ 分割的一行

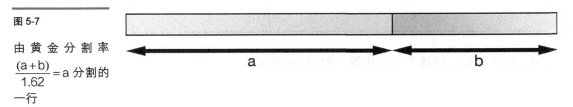

要在 Web 设计中使用黄金分割率，应该将行作为设计的宽度，然后用 φ 值将其分为不同的列。还可以用相同的比例在初始列的内部添加新列。

5.2 Bootstrap 网格系统

Bootstrap 包含一个移动优先的响应式网格系统，在设计中可以包含多达 12 列。这些列设计为根据设备宽度相应地伸缩。网格元素用容易理解的 CSS 类定义。您可以使用 Less 混入（mixin）来调整网格，以满足网站的需要。第 23 章将介绍更多相关的知识。

Bootstrap 默认定义了 4 种媒体查询的大小（有 3 个断点）：

- 宽度小于 768 像素的超小型设备，如小手机屏幕；
- 宽度小于 768 像素的小设备，如平板电脑；
- 宽度大于 992 像素的中等尺寸设备，如小型桌面显示器；
- 宽度大于 1200 像素的大型设备，如大型桌面显示器。

根据查看网格的设备，Bootstrap 修改默认的网格选项。表 5-1 所示为这些选项。

表 5-1　　　　　　　　　　　Bootstrap 网格选项

	超小型设备	小型设备	中型设备	大型设备
网格表现	堆叠	开始时堆叠，超过断点之上则水平排列		
容器宽度	未定义（自动）	750 像素	970 像素	1170 像素
类前缀	.col-xs-	.col-sm-	.col-md-	.col-lg-
列数	12			
列宽	自动	约 62 像素	约 81 像素	约 97 像素
槽宽	30 像素（左侧 15 像素，右侧 15 像素）			
可嵌套	是			
偏移	是			
列排序	是			

5.3 如何在 Bootstrap 中创建网格

Bootstrap 中用 HTML 内容元素上的 CSS 类创建网格。您只需编写自己的 HTML 并添加对应的类，将内容放到网格上。

5.3.1 创建基本网格

您首先需要一个容器，以容纳网格元素。容器有两种选择：固定宽度和非固定宽度。两者都是响应式的。

要创建响应式的固定宽度布局，使用.container 类。代码清单 5-1 展示了一个作为容器的 <div>。

代码清单 5-1　响应式固定宽度容器

```
<div class="container" >
<!-- rows go here -->
</div>
```

.container-fluid 类创建宽度与视窗相同的非固定宽度布局,代码清单 5-2 展示了这种布局。

代码清单 5-2　响应式非固定宽度容器

```
<div class="container-fluid" >
<!-- rows go here -->
</div>
```

> **By the Way**
>
> **注释：在几乎所有 HTML 元素上使用类**
>
> 您可以在任何块级 HTML 元素上使用网格类，但是最好在通常作为容器使用的元素（如<div>）或者<article>、<section>、<aside>、<nav>等 HTML5 容器元素上使用。

在容器元素包围整个网格之后,必须设置行,以创建水平的列组。代码清单 5-3 展示了.row 类的使用方法。

代码清单 5-3　创建由列组成的水平行

```
<div class="container">
  <div class="row" >
  <!-- row contents goes here -->
  </div>
</div>
```

最后一件事是创建内容列。使用表 5-1 中的类前缀,为不同设备定义不同的列。每个类前缀后面跟着一个数字。这是该列可以跨越的列数。举例如下。

- .col-md-1 跨越 1 列,每行最多可以有 12 个这种列。
- .col-md-2 跨越 2 列,每行最多可以有 6 个这种列。
- .col-md-3 跨越 3 列,每行最多可以有 4 个这种列。
- .col-md-4 跨越 4 列,每行最多可以有 3 个这种列。
- .col-md-5 跨越 5 列,每行最多可以有 2 个这种列,还剩余两列。
- .col-md-6 跨越 6 列,每行最多可以有 2 个这种列。
- .col-md-7 跨越 7 列,每行最多可以有 1 个这种列,还剩余 5 列。
- .col-md-8 跨越 8 列,每行最多可以有 1 个这种列,还剩余 4 列。
- .col-md-9 跨越 9 列,每行最多可以有 1 个这种列,还剩余 3 列。
- .col-md-10 跨越 10 列,每行最多可以有 1 个这种列,还剩余 2 列。
- .col-md-11 跨越 11 列,每行最多可以有 1 个这种列,还剩余 1 列。

> .col-md-12 跨越 12 列，每行最多可以有 1 个这种列，填满整个行空间。

TRY IT YOURSELF

以两种方式创建 3 列布局

Bootstrap 网格系统的好处是简易。在本次尝试中，您将学习如何创建包含两行的布局。第一行有 3 个相同大小的列，第二行有 3 个不同大小的列。

1. 打开 HTML 编辑器，加载一个 Bootstrap 默认模板。
2. 添加一个容器元素。

```
<div class="container"></div>
```

3. 在容器内部加入第一个行元素。

```
<section class="row"></section>
```

4. 这一行有 3 个大小相等的列，所以在 .row 段内的 3 个 HTML 元素上使用 .col-md-4 类。

```
<aside class="col-md-4" ><h2>Column 1</h2></aside>
<article class="col-md-4" ><h2>Column 2</h2></article>
<aside class="col-md-4" ><h2>Column 3</h2></aside>
```

5. 和第一行一样，创建第二行。

```
<section class="row"></section>
```

6. 用 .col-md-2、.col-md-6 和 .col-md-4 类创建 3 个不同大小的列。

```
<aside class="col-md-2" ><h2>Column 1</h2></aside>
<article class="col-md-6" ><h2>Column 2</h2></article>
<aside class="col-md-4" ><h2>Column 3</h2></aside>
```

代码清单 5-4 展示了完整的 HTML 文档。这里添加了背景颜色样式，使各列更加显眼。

代码清单 5-4　创建 3 列的两种方法

```
<!DOCTYPE html>
<html lang="en">
  <head>
    <meta charset="utf-8">
    <meta http-equiv="X-UA-Compatible" content="IE=edge">
    <meta name="viewport"
      content="width=device-width, initial-scale=1">
    <title>Bootstrap 101 Template</title>
    <!-- Bootstrap -->
    <link href="css/bootstrap.min.css" rel="stylesheet">
```

```html
    <style>
      aside { background-color: #E8E8E7; }
    </style>
    <!-- HTML5 shim and Respond.js for IE8 support of HTML5
    elements and media queries -->
    <!-- WARNING: Respond.js doesn't work if you view the page
    via file:// -->
    <!--[if lt IE 9]>
      <script
src="https://oss.maxcdn.com/html5shiv/3.7.2/html5shiv.min.js">
      </script>
      <script
src="https://oss.maxcdn.com/respond/1.4.2/respond.min.js"></script>
    <![endif]-->
  </head>
  <body>
    <div class="container">
      <!-- first row - 3 equal columns -->
      <section class="row">
        <aside class="col-md-4"><h2>Column 1</h2></aside>
        <article class="col-md-4"><h2>Column 2</h2></article>
        <aside class="col-md-4"><h2>Column 3</h2></aside>
      </section>
      <section class="row">
        <aside class="col-md-2"><h2>Column 1</h2></aside>
        <article class="col-md-6"><h2>Column 2</h2></article>
        <aside class="col-md-4"><h2>Column 3</h2></aside>
      </section>
    </div>
  </body>
</html>
```

要为不同大小的设备建立不同的网格，只需在列元素上使用多个类即可。如果您的列总数超过了 12，它们将自动卷绕到下一行。例如，下面的列在超小型设备上宽度为 12 列，在小型设备上为 6 列，而在大中型设备上为 4 列：

```
<article class=" col-xs-12 col-sm-6 col-md-4 ">
```

> **By the Way**
>
> **注释：超小型设备上默认跨越 12 列**
>
> 在<article class="col-xs-12 col-sm-6 col-md-4">的例子中，包含了 .col-xs-12 类，但是实际上不需要它，因为超小型设备上除非另外指定，否则默认使用视窗的整个宽度。

在前一个例子中，没有定义 .col-lg- 类。这是因为 Bootstrap 将为该宽度或者更大宽度的每个设备设置样式。所以，如果希望该元素在中型和大型设备上跨越 4 列，只需要设置中型设备的类。如果以后决定在大型设备上该元素跨越 7 列，可以加入.col-lg-7 类。

不需要担心列间距或者列间的槽宽，Bootstrap 将负责全部的工作。

5.3.2 响应式列重置

在某些设计的断点上可能遇到的一个问题是，您的列没有正确清除，尤其是在某列比其他列高的情况下。

要解决这个问题，应该使用.clearfix 类和响应式工具类。如表 5-2 所示，共有 16 个为此提供帮助的类。

表 5-2　　　　　　　　　在断点之间切换内容的响应式类

CSS 类	描　　述
.visible-xs-block	元素只在超小型设备上作为块级元素显示
.visible-xs-inline	元素只在超小型设备上作为内联元素显示
.visible-xs-inline-block	元素只在超小型设备上作为内联-块元素显示
.visible-sm-block	元素只在小型设备上作为块级元素显示
.visible-sm-inline	元素只在小型设备上作为内联元素显示
.visible-sm-inline-block	元素只在小型设备上作为内联-块元素显示
.visible-md-block	元素只在中型设备上作为块级元素显示
.visible-md-inline	元素只在中型设备上作为内联元素显示
.visible-md-inline-block	元素只在中型设备上作为内联-块元素显示
.visible-lg-block	元素只在大型设备上作为块级元素显示
.visible-lg-inline	元素只在大型设备上作为内联元素显示
.visible-lg-inline-block	元素只在大型设备上作为内联-块元素显示
.hidden-xs	元素在超小型设备上隐藏
.hidden-sm	元素在小型设备上隐藏
.hidden-md	元素在中型设备上隐藏
.hidden-lg	元素在大型设备上隐藏

> **注意：什么是 Clearfix**
>
> 当一个元素浮动时，它从正常流中删除，所以任何包含浮动元素的元素只有任何非浮动内容的高度。Clearfix 是一个 CSS 样式类，用于帮助不调整容器高度的浮动列。在 Bootstrap 中，对浮动元素后的元素应用.clearfix 类。

图 5-8 展示了在小型设备上应该有 1 行 4 列，在超小型设备上有 2 行 2 列的网页。代码清单 5-5 展示了对应的 HTML。可以看到，在超小型设备上，它的显示没有达到预期。

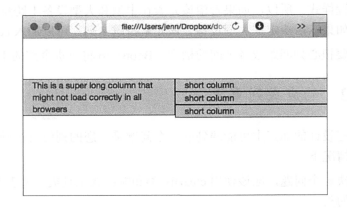

图 5-8

列没有按照计划
浮动

代码清单 5-5　没有正确浮动的列的 HTML

```
<div class="container">
  <div class="row">
    <div class="col-xs-6 col-sm-3">This is a super long column
    that might not load correctly in all browsers</div>
    <div class="col-xs-6 col-sm-3">short column</div>
    <div class="col-xs-6 col-sm-3">short column</div>
    <div class="col-xs-6 col-sm-3">short column</div>
  </div>
</div>
```

通过添加一个仅在超小设备上显示的块，可以确保列按照计划显示。代码清单 5-6 显示了添加到代码中的块。

代码清单 5-6　添加附加的块

```
<div class="container">
  <div class="row">
    <div class="col-xs-6 col-sm-3">This is a super long column
    that might not load correctly in all browsers</div>
    <div class="col-xs-6 col-sm-3">short column</div>
    <div class="clearfix visible-xs-block"></div>
    <div class="col-xs-6 col-sm-3">short column</div>
    <div class="col-xs-6 col-sm-3">short column</div>
  </div>
</div>
```

Clearfix 块只在浮动不正确的超小型设备上显示。

5.3.3　列的偏移、排序和嵌套

您并不一定限于从每行的第一列开始，您可以使用偏移类移动各列。这些类的格式是.col-size -offset- #，其中的 size（屏幕尺寸）可以是 xs、sm、md 或 lg，数字（#）是移动元素的列数。例如，使用.col-md-offset-4 类的元素将在左侧有 4 列的外边距，将其向右移动 4 列。

图 5-9 展示了这种元素的外观。

图 5-9

偏移 4 列的元素

您还可以改变列的顺序。这对搜索引擎优化（SEO）很有用。您可以将最重要的内容放在前面，然后重新排列各列，将不那么重要的内容先放在设计中。代码清单 5-7 显示了以某个顺序列出的两列，图 5-10 中它们则以不同顺序显示。

代码清单 5-7　重新定位两列

```
<div class="container">
  <div class="row">
    <div class="col-md-8 col-md-push-4">The first column is eight
    wide, pushed over four.</div>
    <div class="col-md-4 col-md-pull-8">The second column is four
    wide, pulled back eight.</div>
  </div>
</div>
```

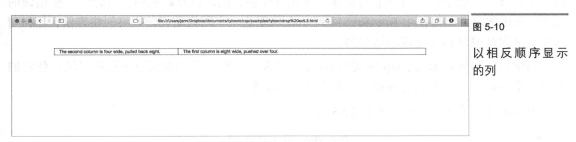

图 5-10

以相反顺序显示的列

可以用.col- size -push- #和.col- size -pull- #类排序各列。push 类向右移动列，pull 类向左移动列。

您还可以在其他列中嵌套网格行。重要的是要记住，当您嵌套一行时，就重新启动了 12 列。所以，如果在宽度为 6 的列中嵌套一行，嵌套的行将有 12 个更窄的列。其他方面，创建嵌套行和非嵌套行的方法相同。

5.4　Bootstrap 中的响应式 Web 布局

Bootstrap 的好处之一是，它默认是响应式的。当您在 Bootstrap 中创建一个网格布局时，它自动成为响应式布局。在超小型设备上，网格将自动堆叠。

但是，响应式设计绝不只是在超小型设备上堆叠显示。通过在同一个元素上使用多个类，可以定义每种设备断点应该有的列数。

每个网格类都有相关的大小（xs、sm、md 和 lg）。所以，如果想要改变每个断点上的网格，将这些列作为单独类定义。

例如，您可以建立一种设计，在超小型设备上堆叠显示，在小型设备上显示 2 列，在中型设备上显示 3 列，在大型设备上显示带有一些偏移的 4 列。代码清单 5-8 中的 HTML 可以完成这一设计。

代码清单 5-8　　调整响应能力

```
<div class="container">
  <div class="row">
    <div class="col-sm-6 col-md-4 col-lg-3 col-lg-offset-1">Column
    one</div>
    <div class="col-sm-6 col-md-4 col-lg-3 col-lg-offset-1">Column
    two</div>
    <div class="col-sm-6 col-md-4 col-lg-3 col-lg-offset-1">Column
    three</div>
  </div>
</div>
```

5.5　小结

在本章，您学习了网格在 Web 设计中的工作方式，包括如何使用三分法和黄金分割率创建美观的设计。您学习了网格能高效建立美观设计的原因，以及避免网格设计中一些错误的方法。您还学习了如何使用 Bootstrap 为网站布局创建一个网格结构，如何创建容器、行和列以及如何通过偏移和排序移动这些列。

您学习了如何在 Bootstrap 中实现 RWD，以及如何使自己的布局更加反应灵敏，使它们能够调整以适合 4 种不同设备宽度（有 3 个单独的断点）。

表 5-3 包含了本章学习的所有 CSS 类。

表 5-3　　Bootstrap 网格 CSS 类

CSS 类	描　　述
.container	为网格创建一个容器
.container-fluid	为网格创建全宽度非固定容器
.row	表示一个新行
.col-[size]-[number]	定义列，包含所支持的设备尺寸以及占据的网格列数。尺寸可以为 xs、sm、md 或者 lg，表示超小、小、中或者大型设备。列数可以为 1~12 的整数
.col-[size]-offset-[number]	定义列在网格中向右移动的列数。这个类在列的旁边增加空白，以便在页面上定位列
.col-[size]-pull-[number]	定义列在网格中向左移动的列数。这个类重定位列而不是在旁边增加空白
.col-[size]-push-[number]	定义列在网格中向右移动的列数。这个类重定位列而不是在旁边增加空白

续表

CSS 类	描述
.visible-[size]-block	元素只在声明尺寸的设备上作为块级元素显示
.visible-[size]-inline	元素只在声明尺寸的设备上作为内联元素显示
.visible-[size]-inlineblock	元素只在声明尺寸的设备上作为内联-块元素显示
.hidden-[size]	元素在声明尺寸的设备上隐藏
.clearfix	清除浮动，使容器元素保持正确的高度

5.6 讨论

讨论部分包含了帮助您巩固本章所学知识的测验。先尝试回答所有问题再看答案。

5.6.1 问答

问：如果我不希望页面是响应式的该怎么办？可以在 Bootstrap 中关闭响应式设计吗？

答：是的，可以在 Bootstrap 中删除响应式设计。下面是具体的做法。

1. 从文档的 `<head>` 中删除 viewport 元标记。

2. 在 Bootstrap CSS 之后的样式添加.container 类的默认宽度。例如：

   ```
   .container { width: 960px !important; }
   ```

3. 删除 navbar 的所有折叠与展开行为。

4. 确定所有网格都设置了.col-xs-*类。

5. 保留 Respond.js 脚本，因为 Bootstrap 仍然有需要在 Internet Explorer 8 中读取的媒体查询。

问：网格是 Bootstrap 响应式设计的唯一特征吗？

答：Bootstrap 采用了响应式 Web 设计的主要特征——布局，并使之在网站上易于实现。但是 RWD 除了布局之外还有许多特征。您可以在我们的另一本书 *Sams Teach Yourself Responsive Web Design in 24 Hours* 中学习更多有关 RWD 的知识。

5.6.2 测验

1. 下面哪一条不是使用网格设计布局的原因？

   a. 加速 Web 设计

   b. 为布局提供主题

   c. 提供结构

   d. 有助于页面的浏览

2. 判断正误：Web 设计中的网格总是方块形的，很丑陋。
3. 判断正误：在三分法中，将重要的内容放在线的交叉点上。
4. 什么是黄金分割率？

    a. 1/3

    b. 3.14 或者 π

    c. 1.62 或者 φ

    d. 1.33

5. Bootstrap 的媒体查询支持多少种设备尺寸？

    a. 1

    b. 2

    c. 3

    d. 4

6. 判断正误：所有网格行必须在一个带有 .container 类的容器元素中。
7. 下面这行代码有何作用？

    `<div class="clearfix visible-xs-block"></div>`

    a. 清除设计

    b. 创建可见的超小行

    c. 在超小型设备上显示 .clearfix 块

    d. 什么作用也没有，这不是有效的 Bootstrap 类

8. 判断正误：Bootstrap 类只影响该类提到的设备。例如，.col-sm-3 只影响小型设备。
9. .col-xs-offset-4 类有何作用？

    a. 将列向右移动 4 列

    b. 将列向左移动 4 列

    c. 创建用于超小型设备、宽度为 4 列的块

    d. 将列重定位到第 4 个位置

10. 如果使用的列数大于 12 会发生什么情况？

    a. 什么也没有发生，行将扩展以填充列数

    b. 列卷绕到下一行

    c. 最后一列被裁剪，将行限制在 12 列

    d. 第一列被裁剪，将行限制在 12 列

5.6.3 测验答案

1. a。网格布局对网页的速度没有作用。

2. 错误。这是网格设计的错误概念。
3. 正确。在将空间分为 9 块之后，交叉点是最佳的焦点。
4. c。1.62 或者 φ
5. d。Bootstrap 支持 4 种设备尺寸（有 3 个断点）。
6. 正确。行必须在带有.container 类的元素中。
7. 这行代码创建一个只在超小型设备上显示的.clearfix 块。
8. 错误。该类影响那些设备和大于该尺寸的设备。
9. a。偏移类将列向右移动 4 列。
10. b。列卷绕到下一行。

5.6.4 练习

1. 尝试代码清单 5.5 和代码清单 5.6 中的 clearfix 示例。在小型设备上测试或者将浏览器窗口大小改为超小型设备的尺寸。
2. 测试在另一个列中嵌套一个网格。创建简单的 3 列布局，然后用嵌套行将第 1 列分为 3 列。
3. 在 HTML 编辑器中打开您的网站，为内容添加一个网格布局。如果还没有计划好布局，则为至少两种设备尺寸做计划——超小型和小型或者中型。然后，用 small 或者 medium 类设置列。不要忘记偏移或者移动没有按照您的计划准确定位的列。

第 6 章

标签、徽章、面板、Well 和超大屏幕

本章讲解了如下内容：
- 如何用标签和徽章为元素添加附加信息；
- 如何将内容装入 Well 和面板中；
- 如何在超大屏幕组件上显示特殊内容。

在 Bootstrap 中有许多调整网站外观的方法。标签、徽章、面板、Well 和超大屏幕（Jumbotron）为您提供了设计网页不同部分的特殊工具。这些 Bootstrap 组件都能为您的网站提供更多特征。

6.1 标签和徽章

标签和徽章是为元素添加附加信息的一种方法。您可能认为标签与表单相关，但是标签可以放在任何元素之上。徽章是一种更图形化的标签，用于显示指示器或者计数器。

6.1.1 标签

标签通常是另一个元素中的内联元素，用于添加关于该元素的信息。图 6-1 展示了带有标签的标题示例。

图 6-1

带有标签的标题

要为内容添加标签，只需要为包含所标记文本的 <span> 元素添加 .label 类。然后，您必须

定义使用的标签变种，变种的选择包括：

- .label-default
- .label-primary
- .label-success
- .label-info
- .label-warning
- .label-danger

警告：不要忘记两种标签类

要为内容添加标签，需要包含.lable 和.label- variation 类，如果漏掉了变种，标签就不能正确显示。

标签变种改变标签的颜色。图 6-2 展示了不同标签变种的颜色。

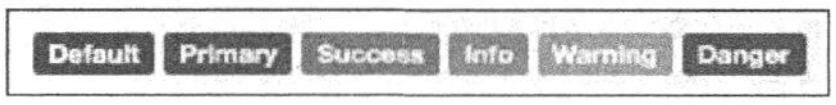

图 6-2
标签变种

如果您是一位设计人员，首先想到的可能是"我不喜欢那些颜色"或者那些颜色可能不适合于您的设计。但是这没有关系，因为您可以使用自定义样式表轻松地改变它们以适合自己的设计。几乎所有 Bootstrap 网页都有关联的自定义样式表；这不是在"欺骗"或者破坏框架。但是，要显示自定义样式，应该记住一些要点：

- 将样式表放在文档<head>部分的最后，它应该在 Bootstrap 样式之后加载。
- CSS 样式表规则应该尽可能明确。规则越明确，样式就越有可能正确应用。
- 考虑创建自己的样式类，加入到 HTML 中。
- 如果必须修改 Bootstrap CSS，用 Less 完成，而不是直接在 CSS 中进行。第 23 章将介绍这一做法。

TRY IT YOURSELF

用自定义样式修改标签

您可以修改网站上的所有标签和具体的变种。这个动手尝试环节说明如何更改默认标签使之使用渐变背景颜色，并为所有标签添加边框和阴影。

1. 在 HTML 编辑器中打开一个新的 Bootstrap 网页。
2. 添加代码清单 6-1 中的标签。

代码清单 6-1　标签

```
<p>
<span class="label label-default">Default</span>
<span class="label label-primary">Primary</span>
<span class="label label-success">Success</span>
<span class="label label-info">Info</span>
<span class="label label-warning">Warning</span>
<span class="label label-danger">Danger</span>
</p>
```

3. 在文档<head>部分的 Bootstrap CSS 之后添加<style></style>标记。

4. 添加代码清单 6-2 中的 CSS，为每个标签添加阴影和边框。

代码清单 6-2　为所有标签设置样式

```
.label {
  -webkit-box-shadow: 2px 2px 2px #dfdfdf;
  box-shadow: 2px 2px 2px #dfdfdf;
  border: medium dotted #fff;
}
```

5. 然后，添加代码清单 6-3 中的 CSS，为默认标签背景添加渐变。

代码清单 6-3　设置默认标签样式

```
.label-default {
  background-image:
-webkit-linear-gradient(270deg,rgba(153,153,153,1.00) 0%,
rgba(255,255,255,1.00) 100%);
  background-image: linear-gradient(180deg,rgba(153,153,153,1.00)
0%,rgba(255,255,255,1.00) 100%);
  color: #000000;
}
```

代码清单 6-4 展示了完整的 HTML 网页。

代码清单 6-4　重新设置样式的标签的完整 HTML

```
<!DOCTYPE html>
<html lang="en">
  <head>
    <meta charset="utf-8">
    <meta http-equiv="X-UA-Compatible" content="IE=edge">
    <meta name="viewport"
    content="width=device-width, initial-scale=1">
    <title>Sample Styled Labels</title>
    <!-- Bootstrap -->
    <link href="css/bootstrap.min.css" rel="stylesheet">
    <style>
      .label {
```

```
        -webkit-box-shadow: 2px 2px 2px #DFDFDF;
        box-shadow: 2px 2px 2px #DFDFDF;
        border: medium dotted #fff;
      }
      .label-default {
        background-image: -webkit-linear-gradient(270deg,
rgba(153,153,153,1.00) 0%,rgba(255,255,255,1.00) 100%);
        background-image: linear-gradient(180deg,
rgba(153,153,153,1.00) 0%,rgba(255,255,255,1.00) 100%);
        color: #000000;
      }
    </style>
    <!-- HTML5 shim and Respond.js for IE8 support of HTML5
    elements and media queries -->
    <!-- WARNING: Respond.js doesn't work if you view the page
    via file:// -->
    <!--[if lt IE 9]>
      <script
src="https://oss.maxcdn.com/html5shiv/3.7.2/html5shiv.min.js">
      </script>
      <script
src="https://oss.maxcdn.com/respond/1.4.2/respond.min.js"></script>
    <![endif]-->
  </head>
  <body>
    <h4> </h4>
    <div class="container">
      <div class="row">
        <div class="col-xs-12">
<p>
<span class="label label-default">Default</span>
<span class="label label-primary">Primary</span>
<span class="label label-success">Success</span>
<span class="label label-info">Info</span>
<span class="label label-warning">Warning</span>
<span class="label label-danger">Danger</span>
</p>
        </div>
      </div>
    </div>
  </body>
</html>
```

6.1.2 徽章

徽章与标签类似,但是通常用于显示某种计数而不是文字。要添加徽章,可以为元素添加代码"class="badge""。

例如，您可能有一个指向电子邮件收件箱的链接，其中包含一个脚本，在徽章中显示新邮件的数量。

```
<a href="inbox">Inbox <span class="badge">4</span></a>
```

> **注释：保持空徽章的状态**
>
> 如果您使用脚本填入徽章，确定在徽章值为 0 时，徽章是空白的，即：<span class="badge"></span>。当徽章为空时，Bootstrap 自动收缩显示，徽章不会出现。这在 Internet Explorer 8 上无效，因为该浏览器不支持:empty CSS 选择符。

您可以在网页的任何部分添加徽章，但是它们最常用于导航、链接和其他动态元素。

6.2 Well 和面板

有时候，您希望在内容周围添加方框以产生不同的效果。Well 是较为简单的效果，面板则更为复杂。

6.2.1 Well

Well 是一种简单的样式，使元素产生凹陷的效果。图 6-3 展示了标准的 Well 效果。

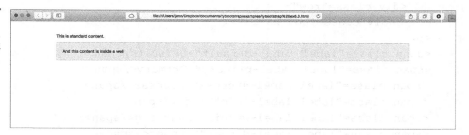

图 6-3

Well 组件中的内容

为元素添加 .well 类，创建一个 Well。

```
<p class="well">And this content is inside a well</p>
```

可以为 Well 添加两个可选类，使其大于或者小于常规：

➢ .well-lg

➢ .well-sm

Well 看起来和引用块类似，因为引用块的标准观感略有缩进。Bootstrap 对引用块采取不同的处理方式，将其视为醒目引文（pull quote）的一种形式处理。Bootstrap 的引用块采用更大的文本和左侧的边框，并缩进显示。如图 6-3 所示，Well 实际上为缩进的内容加上了灰色的背景。如果在 Well 中添加一个引用块，则引用块缩进得更多，但是边框颜色改变，以便在 Well 中正常显示。图 6-4 显示了 Well 和带有引用块的 Well 在外观上的不同。代码清单 6-5

展示了实现该图的 HTML。

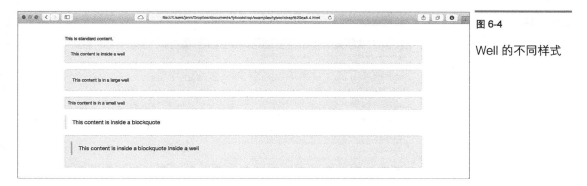

图 6-4

Well 的不同样式

代码清单 6-5　Well 的不同样式

```
<p>This is standard content.</p>
<p class=" well ">This content is inside a well</p>
<p class=" well well-lg ">This content is in a large well</p>
<p class=" well well-sm ">This content is in a small well</p>
<blockquote>This content is inside a blockquote</blockquote>
<div class="well"><blockquote>This content is inside a blockquote inside a well</blockquote></div>
```

6.2.2　面板

面板乍看之下和 Well 类似，但是它们添加了更多特性，包括标题、脚注和语境选择。在文档中添加面板很容易。代码清单 6-6 展示了添加面板的方法。

代码清单 6-6　基本面板

```
<div class="panel panel-default">
  <div class="panel-body">
    This is a panel
  </div>
</div>
```

和标签一样，面板使用一个 .panel 类和定义变种的类。有 6 个变种类：

- .panel-default
- .panel-primary
- .panel-success
- .panel-info
- .panel-warning
- .panel-danger

除非添加一个面板标题，否则这些变种不会出现。图 6-5 展示了面板的不同变种。

图 6-5

面板变种

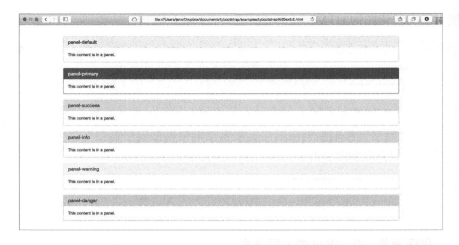

面板标题通常放在面板主题内容之上，并为标题添加背景色。如果面板标题上有标题文字，这些文字也采用修改后的样式。代码清单 6-7 展示了如何添加有标题文字和无标题文字的面板标题。

代码清单 6-7　有标题的面板

```
<div class="panel panel-default">
  <div class=" panel-heading ">
    This is a panel heading without a title.
  </div>
  <div class="panel-body">
    This content is in a panel.
  </div>
</div>

<div class="panel panel-default">
  <div class="panel-heading">
    <h3 class=" panel-title ">This is a Panel Title</h3>
  </div>
  <div class="panel-body">
    This content is in a panel.
  </div>
</div>
```

> **注释：面板脚注不会改变颜色**
> 面板脚注不会改变颜色和边框，即使使用不同的变种也是如此，因为它们的意图是成为背景信息的一部分。

如您所见，上述代码中使用 .panel-heading 类定义标题，然后用 .panel-title 定义标题文字。用 .panel-footer 类创建脚注的方法与此相同。代码清单 6-8 展示了带有脚注的面板。

代码清单 6-8　带有脚注的面板

```
<div class="panel panel-default">
```

```
    <div class="panel-body">
      This content is in a panel.
    </div>
    <div class="panel-footer">
      This is content in a panel footer.
    </div>
</div>
```

脚注可以放在面板主题（由.panel-body 定义）和标题之上或者之下，但是最常见的位置是在面板的底部。

6.3 超大屏幕

超大屏幕（Jumbotron）是一个大的布局块，可用于吸引对网站特殊内容的注意力。图 6-6 展示了超大屏幕的外观。

图 6-6 中的超大屏幕在.container 元素中。这为其提供了圆角，该元素是一个全宽度的容器，但是不一定是页面。如果您将超大屏幕放在所有.container 元素之外并在其中放入一个.container 元素，它将失去圆角并且占据整个屏幕的宽度，如图 6-7 所示。

图 6-6

超大屏幕

图 6-7

全宽度超大屏幕

创建超大屏幕很容易。只要为容器元素添加 .jumbotron 即可。然后，在该元素中添加想要重点显示的内容。代码清单 6-9 展示了一个超大屏幕的代码。

代码清单 6-9　超大屏幕代码

```
<div class=" jumbotron ">
  <h1>This is a Jumbotron</h1>
  <p>This is content inside the Jumbotron</p>
  <p><a class="btn btn-primary btn-lg" href="#" role="button">Learn
  more</a></p>
</div>
```

如果将超大屏幕放入网格容器，它将占据全部 12 列，并带有圆角。如果将其放在容器之外，它将占据整个窗口的宽度，但是没有圆角。

Get Bootstrap 网站展示的一个例子是 Narrow Jumbotron。虽然它添加了许多附加 CSS 对布局进行定制，使整个页面比标准 Bootstrap 页面更窄，但是完成这些功能只需要代码清单 6-10 中的几行 CSS。

代码清单 6-10　用 CSS 缩小容器宽度

```
@media (min-width: 768px) {
  .container {
    max-width: 730px;
  }
}
```

这段 CSS 中需要注意的关键点是，它在媒体查询（@media min-width: 768px）中，而且设置元素的 max-width 属性而不是设置具体的宽度。这样，元素就可以继续在中型和大型设备显示的页面上伸缩，但是宽度不会大于 730 个像素。在保持窄版设计的情况下，网页仍然是响应式的。

6.4　小结

本章介绍了许多组件和设计特性。您学习了有关标签和徽章的知识，它们是加入内容相关附加信息的方法。您还学习了用背景颜色、边框和缩进强调显示内容的面板和 Well 组件。最后，您学习了如何使用超大屏幕创建大而轻量级的特色容器。

表 6-1 涵盖了本章学习的所有 CSS 类。

表 6-1　标签、徽章、面板、Well 和超大屏幕所用的 CSS 类

类	描述
.label	定义元素为标签
.label-default	设置标签元素为默认样式
.label-primary	设置标签元素为主标签样式
.label-success	设置标签元素为成功标签样式

续表

类	描述
.label-info	设置标签元素为信息标签样式
.label-warning	设置标签元素为警告标签样式
.label-danger	设置标签元素为危险标签样式
.badge	定义元素为徽章
.well	定义元素为 Well
.well-lg	将 Well 元素设置为大型 Well
.well-sm	将 Well 元素设置为小型 Well
.panel	定义元素为面板
.panel-default	将面板设置为默认样式
.panel-primary	将面板设置为主面板样式
.panel-success	将面板设置为成功面板样式
.panel-info	将面板设置为信息面板样式
.panel-warning	将面板设置为警告面板样式
.panel-danger	将面板设置为危险面板样式
.panel-heading	定义元素为面板标题
.panel-body	定义元素为面板主体
.panel-footer	定义元素为面板脚注
.panel-title	定义元素为面板标题文字
.jumbotron	定义元素为超大屏幕

6.5 讨论

讨论部分包含了帮助您巩固本章所学知识的测验。先尝试回答所有问题再看答案。

6.5.1 问答

问：如何使徽章在数字变化时更新？

答：徽章常常用于显示自动化特征，如收件箱中的新邮件数量。这种自动化通常用 PHP 或者 JavaScript 等完成。Bootstrap 包含了许多脚本，但是收件箱计数或者其他标签特征超出了 Bootstrap 的范畴。如果需要这一功能，应该在 Web 上搜索以找到满足需求的脚本。

问：如果我不喜欢 Well 的默认背景色，可以更换吗？

答：可以，您可以用自己的样式表更改颜色。最快的方法是对.well 属性添加一个样式。

```
.well {
```

```
background-color: #white;
}
```

问：使用.jumbtron 类会改变容器中内容的样式吗？

答：对于大部分情况来说，不会改变，但是会添加一些样式。例如，超大屏幕中的段落设置了 15 像素的外边距、21 像素字体大小和 200 的字体粗细。如果超大屏幕中有<hr>标记，它将得到一个边框颜色。和其他所有 Bootstrap 一样，可以添加自己的样式表创建自己的设计。

6.5.2 测验

1. 如何为内容添加标签？
   a．对任意元素添加.label 类
   b．对任意元素添加.label 和.label-[variation]类
   c．对任意元素添加#label ID。
   d．对需要标签的元素添加 data-label="label content"属性
2. 标签和徽章有何不同？
   a．没有差别
   b．标签是文字，徽章是数字
   c．标签主要是文本，而徽章更图形化
   d．标签主要是图形，而徽章更聚焦于文本
3. 判断正误：在修改 Bootstrap 中不应该创建自己的样式类。
4. 下面哪一个不是标签或者面板的变种？
   a．main
   b．default
   c．danger
   d．success
5. 为什么应该留空徽章，而不是使用"0"或者"null"？
   a．这样徽章在页面上看起来就不会很古怪
   b．这样在徽章为空时就不会出现
   c．这样标签就不会被错认为标签
   d．在徽章中没有理由不使用"0"或者"null"
6. 判断正误：Well 和引用块在 Bootstrap 中的显示方式相同。
7. 哪一个是有效的 Well 类？
   a．.well-lg
   b．.well-default

c. .well-info

d. 以上都是

8. 判断正误：如果没有标题，面板变种不会改变面板。

9. 判断正误：以下面板有标题文本。

```
<div class="panel panel-default">
  <div class="panel-heading">
    This content is in a panel header.
  </div>
  <div class="panel-body">
    This content is in a panel.
  </div>
  <div class="panel-footer">
    This is content in a panel footer.
  </div>
</div>
```

10. 判断正误：超大屏幕只在.container 类中有效。

6.5.3 测验答案

1. b。在包含标签内容的元素上添加.label 和.label-[variation]类。
2. c。标签主要是文本，而徽章更图形化。
3. 错误。修改 Bootstrap 显示方式的好方法之一是创建自己的样式类并应用到设计。
4. a。Bootstrap 中有 6 个变种：default、primary、info、success、warning 和 danger。
5. b。空徽章将自动消失。
6. 错误。Well 和引用块通常都缩进显示，但是 Bootstrap 以略有不同的方式显示它们。
7. a。.well-lg 类定义大型 Well。
8. 正确。面板变种在没有标题的情况下不改变面板。
9. 错误，尽管有标题，但是它没有用.panel-title 类设置标题文字。
10. 错误。超大屏幕在.container 类内外都有效，但是外观不同。

6.5.4 练习

1. 找出网站上可使用标签或者徽章的一个部分，并将其添加到内容。记住，徽章往往比标签更动态。
2. 在 Well 或者面板内放入一些内容。决定使用哪一个的一个简单方法是观察内容是否需要标题（或者脚注）。如果不需要那些元素，则 Well 可能足以满足需求。
3. 创建一个超大屏幕布局。找出想要特性化的内容并将其放在超大屏幕中，使之成为页面的焦点。

第 7 章
Bootstrap 排版

本章讲解了如下内容：
- Bootstrap 如何使用排版；
- 如何创建标题和页首；
- 如何修改正文排版；
- Bootstrap 如何调整文本元素。

排版是 Web 设计的重要部分，因为网页主要是文本。在本章中，您将学习默认的 Bootstrap 排版风格，以及可能需要考虑改变以符合网站要求的各个方面。

本章介绍 Bootstrap 默认使用的基本字体和表单，然后详细介绍如何使用标题创建更好的标题和页眉元素，如何调整网页的正文，以及如何添加对齐、颜色和变换。最后，您将学习 Bootstrap 如何调整某些 HTML 元素的外观（如<blockquote>、<code>、<abbr>、<ul>、<ol>和<address>）。

7.1 Bootstrap 中的基本排版

Bootstrap 负责基本的排版。这意味着，您不需要担心使用的字体族（或者字体栈）。您没有必要为了易读性而调整字体大小，也没有必要调整行高。表 7-1 展示了 Bootstrap 使用的默认排版设置。

表 7-1　　　　　　用于所有媒体类型的默认 Bootstrap 排版设置

元　素	字　体　栈	字　体　大　小	行　高
html	sans-serif	10 像素	

续表

元素	字体栈	字体大小	行高
body	Helvetica Neue、Helvetica、Arial、sans-serif	14 像素	1.42857143
所有标题	继承		1.1
h1		36 像素	
h2		30 像素	
h3		24 像素	
h4		18 像素	
h5		14 像素	
h6		12 像素	
任何标题中的 small 元素	继承		1
h1 small、h2 small、h3 small		65%	
h4 small、h5 small、h6 small		75%	
.lead	继承	16 像素	1.4

这意味着，页面上的文本开始时采用 10 像素大小的 sans-serif 字体，但是因为 Bootstrap 页面必须有<body>标记，它们立即变成如下字体栈：Helvetica Neue、Helvetica、Arial、sans-serif。在 CSS 中，字体栈是按照设计偏好排列的字体列表。如果查看页面的计算机没有第一个字体族，就转向第二个，依此类推。列表上的最后一个字体应该始终是默认的字体族，如 sans-serif 或者 monospace。

警告：Helvetica Neue 可能显示不正确

Helvetica Neue 不是所有计算机上的默认系统字体，在能够找到这一字体族的计算机上，也往往没有完整安装，这意味着，您的页面可能显示奇怪的字符或者混乱的字体大小。如果注意到这个问题，应该在自定义样式表中添加如下代码行覆盖 Bootstrap 的字体栈：

```
font-family: Arial,Helvetica,"Helvetica Neue",sans-serif
  !important;
```

Watch Out!

这些样式在样式表中首先定义，所以默认应用到各种尺寸的设备上。对于较大的屏幕，Bootstrap 进行一些调整，例如为<small>元素和 .lead 类提供不同的字体大小，但是如果您理解基本的排版知识，针对较大设备的调整就不足为奇。

注释：Bootstarp 3 字体大小不是最佳实践

对 Bootstrap 排版的抱怨之一是它没有使用相对字体大小（如 em 和 rem），而是对所有排版都使用绝对的像素大小，这可能导致可访问性和设计问题。但是这些字体大小计量在 Internet Explorer 8 中的支持不好。如果 Bootstrap 4 删除 Internet Explorer 8 支持，就会支持 rem 字体。在此之前，如果需要使用 ems 或者 rems，就必须在自定义样式表中添加。

By the Way

7.2 标题

大部分网页都使用标题，Bootstrap 为标题提供默认样式。Bootstrap 添加如下内容：
- ➢ 标题的样式；
- ➢ 辅助或者嵌入子标题的样式；
- ➢ 使标题成为文档标题的页眉组件。

7.2.1 标题

Bootstrap 为所有标准的 HTML 标题（<h1>、<h2>、<h3>、<h4>、<h5>和<h6>）默认字体大小和行高。它还以类的方式提供了相同的样式，您可以为文档添加内联标题。图 7-1 展示了 Bootstrap 标题的默认外观，代码清单 7-1 展示了 HTML 的写法。

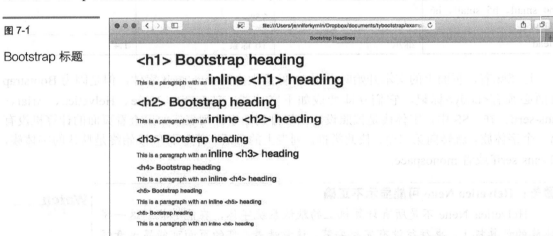

图 7-1 Bootstrap 标题

代码清单 7-1　Bootstrap 标题的 HTML

```
<h1>&lt;h1&gt; Bootstrap heading</h1>
<p>This is a paragraph with an <span class="h1">inline &lt;h1&gt;
heading</span></p>
<h2>&lt;h2&gt; Bootstrap heading</h2>
<p>This is a paragraph with an <span class="h2">inline &lt;h2&gt;
heading</span></p>
<h3>&lt;h3&gt; Bootstrap heading</h3>
<p>This is a paragraph with an <span class="h3">inline &lt;h3&gt;
heading</span></p>
<h4>&lt;h4&gt; Bootstrap heading</h4>
<p>This is a paragraph with an <span class="h4">inline &lt;h4&gt;
heading</span></p>
<h5>&lt;h5&gt; Bootstrap heading</h5>
<p>This is a paragraph with an <span class="h5">inline &lt;h5&gt;
```

```
heading</span></p>
<h6>&lt;h6&gt; Bootstrap heading</h6>
<p>This is a paragraph with an <span class="h6">inline &lt;h6&gt;
heading</span></p>
```

Bootstrap 包含了一个很好的特性：用<small>标记在标题上创建内联子标题的能力。这将创建补充标题的内联块。代码清单 7-2 展示了这种标题的实现方法，图 7-2 展示了其外观。

代码清单 7-2　标题中的辅助文本

```
<h1>&lt;h1&gt; Headline <small>With Secondary Text</small> </h1>
<h2>&lt;h2&gt; Headline <small>With Secondary Text</small> </h2>
<h3>&lt;h3&gt; Headline <small>With Secondary Text</small> </h3>
<h4>&lt;h4&gt; Headline <small>With Secondary Text</small> </h4>
<h5>&lt;h5&gt; Headline <small>With Secondary Text</small> </h5>
<h6>&lt;h6&gt; Headline <small>With Secondary Text</small> </h6>
```

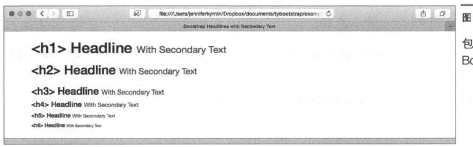

图 7-2

包含辅助文本的 Bootstrap 标题

Bootstrap 还提供了.small 类，为内联标题添加辅助文本，如代码清单 7-3 和图 7-3 所示。

代码清单 7-3　内联标题上的辅助标题

```
<p>This is a paragraph with a <span class="h1">inline &lt;h1&gt;
heading <span class="small">and secondary headline</span> </span>
Lorem ipsum dolor sit amet, consectetur adipiscing elit. </p>
<p>This is a paragraph with a <span class="h2">inline &lt;h2&gt;
heading <span class="small">and secondary headline</span> </span>
Lorem ipsum dolor sit amet, consectetur adipiscing elit. </p>
<p>This is a paragraph with a <span class="h3">inline &lt;h3&gt;
heading <span class="small">and secondary headline</span> </span>
Lorem ipsum dolor sit amet, consectetur adipiscing elit. </p>
<p>This is a paragraph with a <span class="h4">inline &lt;h4&gt;
heading <span class="small">and secondary headline</span> </span>
Lorem ipsum dolor sit amet, consectetur adipiscing elit. </p>
<p>This is a paragraph with a <span class="h5">inline &lt;h5&gt;
heading <span class="small">and secondary headline</span> </span>
Lorem ipsum dolor sit amet, consectetur adipiscing elit. </p>
<p>This is a paragraph with a <span class="h6">inline &lt;h6&gt;
heading <span class="small">and secondary headline</span> </span>
Lorem ipsum dolor sit amet, consectetur adipiscing elit. </p>
```

图 7-3	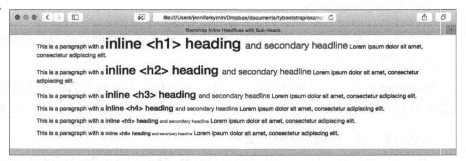
内联标题上的辅助标题	

但是，在 Bootstrap 中并不只限于文本标题。使用 .text-hide 类，可以创建图形标题，在替换文本的同时保持页面的可访问性。

▼ TRY IT YOURSELF

用图像替代标题

Bootstrap 可以轻松地用图像替代文本标题。只需要几个步骤，就可以创建可访问、SEO 友好的自定义标题。

1. 在 HTML 编辑器中打开 Bootstrap 页面。
2. 添加一个 <h1> 标题。

```
<h1>Headline</h1>
```

3. 对标题添加 .text-hide 类。

```
<h1 class="text-hide">
```

4. 为标题添加 ID #mainhead。

```
<h1 class="text-hide" id="mainhead">
```

5. 在您的样式表中添加如下 CSS。

```
#mainhead {
  background-image: url(images/headline.png);
  background-repeat: no-repeat;
  width:458px;
  height:76px;
}
```

一定要指向自己的图像并将宽度和高度设置为正确的大小，或者使用背景图像样式裁剪和更改图像大小，以符合设计。代码清单 7-4 展示了用于创建图 7-5 所示网页的 HTML。

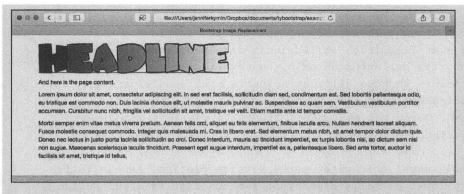

图 7-4

这个标题是被图像代替的<h1>

代码清单 7-4　Bootstrap 图像替代

```
<!DOCTYPE html>
<html lang="en">
<head>
    <meta charset="utf-8">
    <meta http-equiv="X-UA-Compatible" content="IE=edge">
    <meta name="viewport"
      content="width=device-width, initial-scale=1">
    <title>Bootstrap Image Replacement</title>

    <!-- Bootstrap -->
    <link href="css/bootstrap.min.css" rel="stylesheet">
    <!-- HTML5 shim and Respond.js for IE8 support of HTML5
    elements and media queries -->
    <!-- WARNING: Respond.js doesn't work if you view the page
    via file:// -->
    <!--[if lt IE 9]>
      <script
src="https://oss.maxcdn.com/html5shiv/3.7.2/html5shiv.min.js">
</script>
      <script
src="https://oss.maxcdn.com/respond/1.4.2/respond.min.js"></script>
    <![endif]-->
    <style>
      #mainhead {
        background-image: url(images/headline.png);
        background-repeat: no-repeat;
        width:458px;
        height:76px;
      }
    </style>
  </head>
  <body>
  <div class="container">
    <h1 class="text-hide" id="mainhead">Headline</h1>
```

```
    <p>And here is the page content.</p>
    <p>Lorem ipsum dolor sit amet, consectetur adipiscing elit.
    In sed erat facilisis, sollicitudin diam sed, condimentum est.
    Sed lobortis pellentesque odio, eu tristique est commodo non.
    Duis lacinia rhoncus elit, ut molestie mauris pulvinar ac.
    Suspendisse ac quam sem. Vestibulum vestibulum porttitor
    accumsan. Curabitur nunc nibh, fringilla vel sollicitudin sit
    amet, tristique vel velit. Etiam mattis ante id tempor
    convallis.</p>
    <p>Morbi semper enim vitae metus viverra pretium. Aenean felis
    orci, aliquet eu felis elementum, finibus iaculis arcu. Nullam
    hendrerit laoreet aliquam. Fusce molestie consequat commodo.
    Integer quis malesuada mi. Cras in libero erat. Sed elementum
    metus nibh, sit amet tempor dolor dictum quis. Donec nec lectus
    in justo porta lacinia sollicitudin ac orci. Donec interdum,
    mauris ac tincidunt imperdiet, ex turpis lobortis nisi, ac
    dictum sem nisi non augue. Maecenas scelerisque iaculis
    tincidunt. Praesent eget augue interdum, imperdiet ex a,
    pellentesque libero. Sed ante tortor, auctor id facilisis sit
    amet, tristique id tellus.</p>
  </div>
  </body>
</html>
```

7.2.2 页眉

Bootstrap 添加一个组件，帮助您调出网页上的页眉。要使用这个组件，只需要在作为整个页面标题的<h1>元素的容器元素上添加.page-header 类。

这样就在标题周围创建一个底部内边距为 9 像素的方框，在方框顶部和底部增加更多的空白，并添加一个底部边框。图 7-5 展示了标题框的外观。

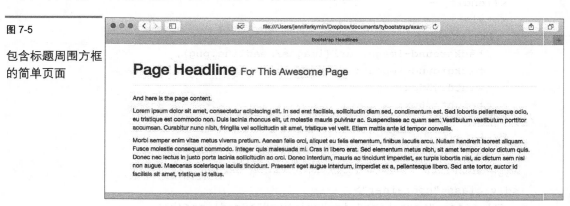

图 7-5

包含标题周围方框的简单页面

这一效果的 HTML 很容易实现，如代码清单 7-5 所示。

代码清单 7-5　添加一个页眉

```
<div class="page-header">
  <h1>Page Headline <small>For This Awesome Page</small></h1>
</div>
```

7.3　正文

正文是网页上的大多数文字。这些文本可以在段落和分块中找到。利用 Bootstrap，您可以将正文直接放在文档的\<body\>标记内，包含在\<div\>容器中，或者\<p\>标记中。

如表 7-1 所示，正文的默认字体高度为 14 像素；使用的字体栈为 Helvetica Neue、Helvetica、Arial、sans-serif；行高大约为 1.4。

> **注释：行高不需要计量单位**
> 您常常会看到人们定义行高为 14 像素或者 2em，但是这是没有必要的。如果使用 1.4 之类的值，浏览器就知道创建行高为计算出的字体大小的 1.4 倍。如果浏览器字体以某种方式改变，行高将保持 1.4 倍的字体大小。

Bootstrap 为段落添加了底部外边距，数值为计算所得行高的一半，稍微改进了其排版效果。这在段落和其他元素之间增加了一些空隙，使文本更容易辨认。如图 7-6 所示，第一段和第二段之间没有任何空隙，因为它不在\<p\>标记中。

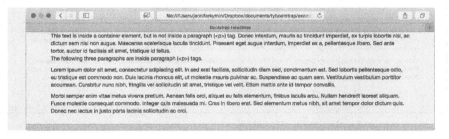

图 7-6

段落中和段落之外的文本块

我们推荐的最佳实践是，始终将文本块包含在段落标记内，这将尽可能地保持所有文本的清晰。

Bootstrap 还可以用 .lead 类强调开头的文字。这会创建一个比标准正文略大的文本块，您可以在一个段落或者几个单词上使用该类，使它们更突出。

TRY IT YOURSELF

突出显示某些文本

重要文字常以某种方式突出显示，使其不同于主体文本。Bootstrap 可以用 .lead 类完成这一功能。此外，您可以将其应用于整个段落或者文本中的几个单词。

1. 在 HTML 编辑器中打开 Bootstrap 网页。
2. 进入您想要突出显示的第一段，在段落标记上添加 class="lead"。

```
<p class="lead">
```

3. 在浏览器中查看页面，可以看到第一段的文字大于后续几个段落，如图 7-7 所示。

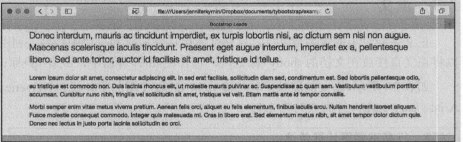

图 7-7

有一个重要文字段落的页面

也可以只突出显示前 3 个单词。

4. 在 HTML 编辑器中打开页面。
5. 将第一段的前三个单词包围在<span></span>元素中。注意，如果您编辑的是同一页面，从<p>标记中删除 class="lead"。
6. 为<span>标记添加 class="lead"并在浏览器中查询。图 7-8 展示了外观。

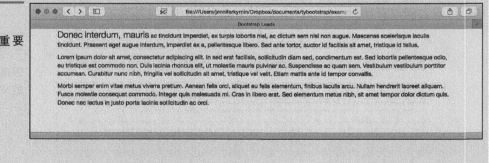

图 7-8

第一段中有重要文本的页面

7.3.1 内联文本

您可以使用一些 HTML 元素定义文本的不同特征。Bootstrap 为您设置这些元素的样式，这些元素如下所示。

➢ <del>——文本已经从文档中删除。
➢ <em>——用斜体强调文本。
➢ <ins>——文本已经插入文档。

- \<mark\>——为了引用的目的而突出显示文本。
- \<s\>——文本已从文档中划掉，中间有一根线。
- \<small\>——文本用小的字体显示（如法律术语）。
- \<strong\>——用粗体强调文本。
- \<u\>——文本带有下划线。

图 7-9 所示为 Bootstrap 如何设置这些元素的样式。如果需要不同的外观，可以用个性化的样式表添加样式。

图 7-9
Bootstrap 的内联文本样式

7.3.2 元素对齐

Bootstrap 提供多种类，帮助您对齐文本和块元素：

- text-left
- text-center
- text-right
- text-justify
- text-nowrap
- pull-left
- pull-right
- center-block

> **警告：不要在导航元素上使用.pull-*类**
> 导航元素所用的特殊类可以最优的方式，向左（或右）浮动导航。第 12 章中将详细介绍。

.text-left、.text-right 和.text-center 类完成的任务和其名称相符，将文本定位在包含它们的块的左、右或者中部。您在块元素上可以和整个段落相同的方式使用.pull-right、.pull-left 和.center-block。.text-justify 类整理块两侧的文本，.text-nowrap 类强制文本忽略典型的水平卷绕和滚动。图 7-10 展示了这些样式。

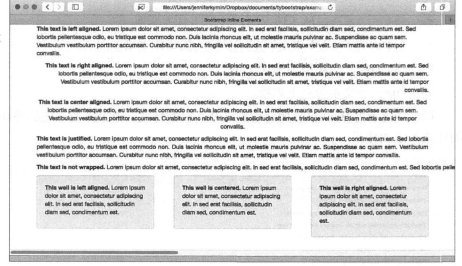

图 7-10
Bootstrap 对齐样式

7.3.3 文本元素转换

Bootstrap 提供多种转换文本元素的类。图 7-11 展示了用这些类转换的文本。

- ➢ text-capitalize——每个单词的第一个字母大写。
- ➢ text-lowercase——每个字母都小写。
- ➢ text-uppercase——每个字母都大写。

图 7-11
Bootstrap 转换样式

此外，标准 Bootstrap 助手类可以添加到任何元素，改变文本和背景颜色：

- ➢ text-muted
- ➢ text-primary
- ➢ text-success
- ➢ text-info
- ➢ text-warning
- ➢ text-danger
- ➢ bg-primary
- ➢ bg-success

- bg-info
- bg-warning
- bg-danger

这些类改变元素上的文本颜色（.text-*）或者背景颜色（.bg-*）。您可以使用它们从视觉上表达特定信息，但是如果类传达的是重要或者相关的信息，一定要提供颜色之外的其他上下文线索。图 7-12 展示了这些样式。

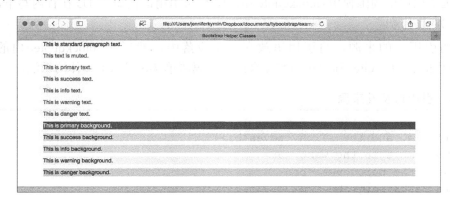

图 7-12

助手类改变文本和背景颜色

7.4 其他文本块

HTML 提供许多其他类型的文本，包括代码示例、引用语、列表、缩略语和地址。Bootstrap 对每种文本都有特殊的样式选项。

7.4.1 代码

下面是可能用于定义代码的 5 种 HTML 标记，Bootstrap 有用于所有标记的样式。

- \<code\>——定义文本段落内的内联代码示例。
- \<kbd\>——定义用户输入，一般通过键盘输入。
- \<pre\>——定义独立成块的多行代码。
- \<samp\>——定义计算机代码中的示例输出。
- \<var\>——定义变量。

图 7-13 展示了它们在 Bootstrap 页面上的外观。

图 7-13

Bootstrap 代码块

您可以为<pre>标记添加.pre-scrollable 类，在<pre>块上设置 350 像素的最大高度，并且添加一个滚动条以查看更多文本。

7.4.2 引用语

Bootstrap 使用 HTML 标记<blockquote>定义长引用语。Bootstrap 中的最佳实践是在本身由 HTML 标记包围的引用语周围使用<blockquote>标记。如果引用语很短，可以在行内写下，应该只在引用语上加上引号。

如果需要指明引用语的来源，将引用语放在一个段落中，然后在<blockquote>内的<footer>标记中指明来源。用<cite>标记包围实际来源。代码清单 7-6 展示了具体的做法。

代码清单 7-6　引用语及其来源

```
<blockquote>
<p>`Twas brillig, and the slithy toves<br>
Did gyre and gimble in the wabe:<br>
All mimsy were the borogoves,<br>
And the mome raths outgrabe.</p>
<footer>by Lewis Carroll from <cite title="The Jabberwocky">"The
Jabberwocky"</cite></footer>
</blockquote>
```

Bootstrap 使标准引用语的字体更大，并在左侧添加灰色的边框。脚注字体稍小一些，使用浅灰色文本。如果您希望引用语向右对齐，可以使用.blockquote-reverse 实现右对齐并将边框移到右侧。图 7-14 展示了 Bootstrap 中引用块的外观。

图 7-14

Bootstrap 引用语

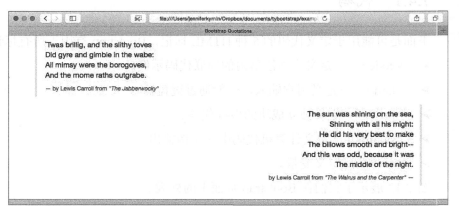

7.4.3 列表

HTML 有 3 种列表：无序列表、有序列表和定义列表。Bootstrap 以和正文类似的排版设置其样式。但是，另外有一些类可用于调整列表的样式。

➢ .list-unstyled——删除列表项的默认样式和左外边距。

- .list-inline——将所有列表项放在一行中，列表项之间有较小的内边距。
- .dl-horizontal——将定义列表项和描述并排显示。

图 7-15 展示了典型 Bootstrap 页面上的列表样式。

图 7-15

Bootstrap 列表样式

7.4.4 缩略语

Bootstrap 为标准的 HTML<abbr>标记添加了一些默认样式：对光标和缩略语下虚线的更改。如果您将定义包含在 title 属性中，大部分浏览器将在客户鼠标悬停在元素之上时显示定义。

但是，当您使用全大写的缩略语如"NASA"和"HTML"时，大写字母将使这些文本看上去比实际的更大。Bootstrap 提供.initialism 类，以稍小一些的字体显示缩略语。代码清单 7.7 展示了该类的用法。

代码清单 7-7　在缩略语上使用.initialism 类

```
<p>I wrote a book on <abbr title="HyperText Markup Language 5"
class="initialism" >HTML5</abbr> and another on <abbr
title="Responsive Web Design" class="initialism">RWD</abbr>.</p>
```

从两个缩略语中的一个删除该类，可以看出差异。

7.4.5 地址

HTML 还提供了一个<address>标记，以表示关于前一个元素或者整个文档的联络信息。Bootstrap 添加了更大的底部外边距，重置字体风格和行高。

7.5 小结

本章介绍了许多有助于调整网页排版的 Bootstrap 样式。您学习了 Bootstrap 指定的基本字体、字体大小和行高的相关知识，还学习了如何创建标题和页眉。

Bootstrap 为许多出现在正文中的 HTML 元素设置样式。本章介绍了 20 多个类，您可以用它们调整正文不同部分的外观。您还学习了 Bootstrap 设置<code>、<blockquote>、<abbr>、<address>和 HTML 列表（<ul>、<ol>和<dl>）等文本元素样式的方法。此外，本章还介绍了一些专用于上述元素的类。表 7-2 解释了 Bootstrap 为排版添加的所有类。

表 7-2　　　　　　　　　　　Bootstrap 排版类

CSS 类	描述
.bg-danger	改变背景颜色,表示元素是"危险"的
.bg-info	改变背景颜色以表示"信息"元素
.bg-primary	改变背景颜色以表示"主要"元素
.bg-success	改变背景颜色以表示该元素"成功"
.bg-warning	改变背景颜色以表示"警告"元素
.blockquote-reverse	右对齐引用语
.center-block	居中块元素
.dl-horizontal	将定义列表转换为水平显示
.h1 , .h2 , .h3 , .h4 , .h5 , .h6	创建内联标题
.initialism	稍微减小缩略语的字体
.lead	使页面的重要文本变得更大
.list-inline	创建内联列表
.list-unstyled	删除左外边距和列表样式
.page-header	在页面上创建一个页眉
.pre-scrollable	将<pre>块的 max-height 设置为 350 像素并添加滚动条
.pull-left	向左浮动显示元素
.pull-right	向右浮动显示元素
.small	稍微缩小字体
.text-capitalize	将文本转换为全大写
.text-center	居中文本
.text-danger	设置文本颜色以表示危险
.text-hide	隐藏文本创建图像替代
.text-info	设置文本颜色以表示信息
.text-justify	整理文本
.text-left	向左对齐文本
.text-lowercase	将文本转换为全小写
.text-muted	设置文本颜色表示该文本被淡化
.text-nowrap	关闭文本卷绕
.text-primary	设置文本颜色以表示主要文本
.text-right	向右对齐文本
.text-success	设置文本颜色以表示成功

续表

CSS 类	描 述
.text-uppercase	将文本转换为全大写
.text-warning	设置文本颜色表示警告

7.6 讨论

讨论部分包含了帮助您巩固本章所学知识的测验。先尝试回答所有问题再看答案。

7.6.1 问答

问：当我对元素应用.pull-right 或.pull-left 类时，它们仍然占据整个页面的宽度，这该如何解决？

答：HTML 自动充满所有可用水平空间，除非您设置一个宽度。为了解决这个问题，可在该元素的样式表中添加宽度样式，举例如下。

```
<div id="pullRight" class="pull-right"> ... </div>

<style>
  #pullRight {
    width: 30%;
  }
</style>
```

问：我是否必须使用为助手类定义的颜色，如.bg-warning 和.text-info？

答：您可以用自己的样式表或者 Less 混入改变它们。您将在第 23 章学到更多有关的知识。

7.6.2 测验

1. 如果浏览器没有 Helvetica Neue 字体，会发生什么情况？
   a. 该页面以 Helvetica 显示
   b. 页面以客户喜欢的字体显示
   c. 页面以随机的字体显示
   d. 页面不能显示
2. 字体属性为"inherited"（继承）意味着什么？
   a. 字体属性使用浏览器的建议
   b. 字体属性由父元素定义
   c. 字体属性保持不变

d. 字体属性由自定义样式表定义

3. 所有设备中正文行高的像素尺寸是多大？

   a. 和正文字体大小一样

   b. 1.42857143 像素

   c. 1.4 像素

   d. 行高不以像素定义

4. Bootstrap 如何定义标题？

   a. \<h1>~\<h6>标记

   b. .h1 ~.h6 类

   c. \<headline>标记

   d. a 和 b

   e. 以上皆是

5. .lead 类有何作用？

   a. 在文本上添加额外的行距

   b. 用粗体和颜色突出显示文本

   c. 使文本更大

   d. 使文本更小

6. 如何居中段落文本？

   a. 使用\<center>标记

   b. 使用.center 类

   c. 使用.txt-center 类

   d. 使用.block-center 类

7. 在 Bootstrap 中如何将文本转换为大写？

   a. 使用.text-uppercase 类。

   b. 使用 CSS 属性 text-transform

   c. 使用\<uppercase>标记

   d. 无法用 Bootstrap 将文本转换为大写

8. 下面哪一个不是 Bootstrap 助手类？

   a. .text-danger

   b. .text-info

   c. .bg-danger

   d. .background-danger

9. 下面哪一个不是 Bootstrap 设置样式的 HTML 代码标记？

a. \<code>

   b. \<kbd>

   c. \<tt>

   d. \<var>

10. 为什么使用.initialism 类?

    a. 使文本变得略小

    b. 使全大写的缩略语和周围的文本一样大

    c. 创建首字母大写

    d. 不是有效的 Bootstrap 类

7.6.3 测验答案

1. a。字体栈中的下一字体族是 Helvetica，所以浏览器将使用该字体。
2. b。字体属性由父元素设置。
3. d。行高定义为无单位数值（1.42857143）。
4. d。可以用<h1>~<h6>和.h1~.h6 类定义标题。
5. c。.lead 类使文本更大。
6. c。.text-center 类将使块中的段落文本居中。
7. a。使用 Bootstrap .text-uppercase 类。
8. d。.background-danger 类不是 Bootstrap 助手类。
9. c。<tt>标记不由 Bootstrap 设置样式。
10. b。.initialism 类改变字体大小，使文本更统一。

7.6.4 练习

1. 打开 Bootstrap 网页，并在内容中添加一个列表。尝试不同的列表类，观察它们在您的设计中能否正常工作。
2. 在页面中创建一个引用块，以突出显示引用语。

第 8 章
设置表格样式

本章讲解了如下内容：
- Bootstrap 如何设置表格样式；
- Bootstrap 表格类；
- Bootstrap 面板如何与表格互动；
- Bootstrap 如何使表格成为响应式表格。

表格是网页的重要部分，因为它们提供了高效显示表格数据的手段。但是表格可能难以实现响应式处理。Boostrap 提供了许多样式和类，以创建美观的响应式表格。

8.1 基本表格

Bootstrap 自动对 HTML 表格应用 3 种样式。
- background-color: transparent;——背景颜色为透明。
- border-spacing: 0;——将边框间隔设置为 0。
- border-collapse: collapse;——合并边框。

Bootstrap 为其他表格标记设置样式，包括<caption>、<th>和<td>。

为了最大限度地利用 Bootstrap 表格，您应该习惯于在合适的时候使用可选的<thead>、<tbody>和<tfoot>标记，并在表格上始终使用.table 类。这将把您的表格宽度设置为屏幕的100%，并且必须使用本章后面讨论的一些高级类。

代码清单 8.1 展示了标准 Bootstrap 表格的 HTML 代码。

代码清单 8-1 基本 Bootstrap 表格

```html
<table class="table">
  <caption>Contact Information</caption>
  <thead>
    <tr>
      <th>Name</th>
      <th>Title</th>
      <th>URL</th>
      <th>Email</th>
    </tr>
  </thead>
  <tbody>
    <tr>
      <td>Jennifer Kyrnin</td>
      <td>Chief Dandylion Officer</td>
      <td>http://htmljenn.com/</td>
      <td>htmljenn@gmail.com</td>
    </tr>
    <tr>
      <td>McKinley</td>
      <td>Dandelion Observation Officer</td>
      <td>http://responsivewebdesignin24hours.com/mckinley</td>
      <td>mckinley@rwdin24hours.com</td>
    </tr>
    <tr>
      <td>Rambler</td>
      <td>Chief Taste Tester</td>
      <td>http://responsivewebdesignin24hours.com/rambler</td>
      <td>rambler@rwdin24hours.com</td>
    </tr>
  </tbody>
  <tfoot>
    <tr>
      <td colspan="4"><p>McKinley and Rambler are a dog and a
      horse, respectively.</p></td>
    </tr>
  </tfoot>
</table>
```

如果忘了 .table 类，表格可能显得很拥挤，难以辨认。图 8-1 展示了使用和不使用 .table 类的相同表格。

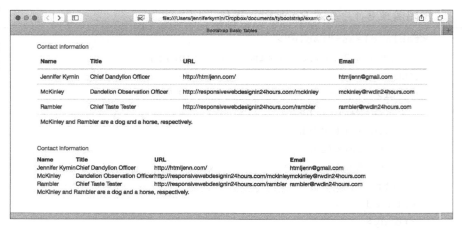

图 8-1 使用 table 类和不使用 .table 类的 Bootstrap 表格

8.2 Bootstrap 表格类

除了默认表格样式之外，Bootstrap 还提供了其他的表格样式。您可以在表格上添加多个类，提供更高级的表格使用的功能。

- .table-striped——为表格的`<tbody>`标记内的行添加斑马纹样式。
- .table-bordered——在表格四周（不仅是底部）和行列之间添加边框。
- .table-hover——在`<tbody>`内的各行上启用悬停状态。
- .table-condensed——将内边距减半，使表格更加紧凑。

代码清单 8-2 中将这些类添加到`<table>`标记。

代码清单 8-2　Bootstrap 中的表格类

```
<table class="table table-bordered table-striped table-hover
table-condensed">
```

您可以使用上述类的任何组合，调整表格的外观。图 8-2 展示了使用所有字段的表格。

图 8-2 具有边框、斑马纹的紧凑型 Bootstrap 表格

> **警告：斑马纹样式在 Internet Explorer 8 中无法正常使用**
>
> 表格行的斑马纹样式用 CSS 的 :nth-child 选择符添加。但是，Internet Explorer 不支持 :nth-child 选择符。如果在 Internet Explorer 8 中真的需要这种效果，可以使用 JavaScript 工具 Selectivizr（http://selectivizr.com/）。

TRY IT YOURSELF

调整表格上的斑马纹

斑马纹确实很实用，可以使表格更加容易辨认，但是默认的颜色很平淡，可以改变其颜色以匹配您的配色方案。

1. 在您的 HTML 编辑器中打开网页。
2. 确保表格上添加了.table 和.table-striped 类。
3. 在文档的<head>中添加一个样式表。
4. 添加样式规则.table-striped>tbody>tr:nth-of-type(odd)。
5. 用样式属性 background-color: #d6adfa;更改背景颜色。
6. 确保字体颜色与背景颜色协调。如果对比色不理想，可以用 color 属性更改。

代码清单 8-3 展示了完整的 HTML，图 8-3 展示了在浏览器中的外观。

代码清单 8-3　更改斑马纹的颜色

```
<!DOCTYPE html>
<html lang="en">
  <head>
    <meta charset="utf-8">
    <meta http-equiv="X-UA-Compatible" content="IE=edge">
    <meta name="viewport"
    content="width=device-width, initial-scale=1">
    <title>Bootstrap Table Classes</title>

    <!-- Bootstrap -->
    <link href="css/bootstrap.min.css" rel="stylesheet">
    <!-- HTML5 shim and Respond.js for IE8 support of HTML5
    elements and media queries -->
    <!-- WARNING: Respond.js doesn't work if you view the page
    via file:// -->
    <!--[if lt IE 9]>
      <script
src="https://oss.maxcdn.com/html5shiv/3.7.2/html5shiv.min.js">
      </script>
      <script
src="https://oss.maxcdn.com/respond/1.4.2/respond.min.js"></script>
    <![endif]-->
    <style>
      .table-striped>tbody>tr:nth-of-type(odd) {
        background-color: #d6adfa;
      }
    </style>
  </head>
```

```html
    <body>
    <div class="container">
      <p>
      <table class="table table-striped">
        <caption>Contact Information</caption>
        <thead>
          <tr>
            <th>Name</th>
            <th>Title</th>
            <th>URL</th>
            <th>Email</th>
          </tr>
        </thead>
        <tbody>
          <tr>
            <td>Jennifer Kyrnin</td>
            <td>Chief Dandylion Officer</td>
            <td>http://htmljenn.com/</td>
            <td>htmljenn@gmail.com</td>
          </tr>
          <tr>
            <td>McKinley</td>
            <td>Dandelion Observation Officer</td>
            <td>http://responsivewebdesignin24hours.com/mckinley</td>
            <td>mckinley@rwdin24hours.com</td>
          </tr>
          <tr>
            <td>Rambler</td>
            <td>Chief Taste Tester</td>
            <td>http://responsivewebdesignin24hours.com/rambler</td>
            <td>rambler@rwdin24hours.com</td>
          </tr>
        </tbody>
        <tfoot>
          <tr>
            <td colspan="4"><p>McKinley and Rambler are a dog and a
            horse, respectively.</p></td>
          </tr>
        </tfoot>
      </table>
      </p>
    </div>
    </body>
</html>
```

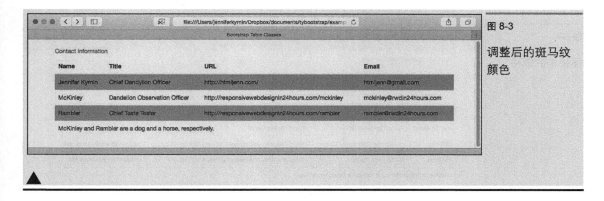

图 8-3 调整后的斑马纹颜色

您还可以在表格上使用上下文类，为单元格或者行添加意义。您可以添加如下的类。

- .active——应用悬停颜色。
- .danger——用红色表示危险或者负面的行为。
- .info——用蓝色表示信息或者中性行为。
- .success——用绿色表示成功或者正面的行为。
- .warning——用黄色表示警告或者可能负面的行为。

像这样为表格的某一行添加类。

```
<tr class="warning">
```

或者为<th>或<td>标记上的某个单元格添加类。

```
<td class="success">
```

记住，这些类只更改表格元素的背景颜色，不会提供任何意义。为了提高它们的可访问性，一定要确保内容传达和颜色相同的含义。例如：

```
<td class="warning">Warning: lorem ipsum sit dolor...</td>
```

您还可以使用.sr-only类定义只在屏幕阅读器上显示的文本。

例如：

```
<td class="warning"><span class="sr-only">Warning: </span>
lorem ipsum sit dolor...</td>
```

这个类隐藏屏幕阅读器使用的信息。

8.3 包含表格的面板

在第 6 章中，您学习了如何在 Bootstrap 页面上添加面板。面板和表格的结合可以在页面上产生更加无缝的特征。

包含在面板中的任何无边框表格将与面板融为一体，如图 8-4 所示。代码清单 8-4 展示了产生这种效果的简单 HTML。如果有一个.panel-body，表格上将添加额外的边框。

图 8-4

面板中的表格

代码清单 8-4　面板中的表格

```
<div class="panel panel-default">
  <div class="panel-heading">
    Learn More About Our Company
  </div>
  <div class="panel-body">
    Dandelions are more than our business, they are our passion!
  </div>
  <table class="table">
  <caption>Contacts</caption>
  <thead>
    <tr>
      <th>Name</th>
      <th>Title</th>
      <th>URL</th>
      <th>Email</th>
    </tr>
  </thead>
  <tbody>
    <tr>
      <td>Jennifer Kyrnin</td>
      <td>Chief Dandylion Officer</td>
      <td>http://htmljenn.com/</td>
      <td>htmljenn@gmail.com</td>
    </tr>
    <tr>
      <td>McKinley</td>
      <td>Dandelion Observation Officer</td>
      <td>http://responsivewebdesignin24hours.com/mckinley</td>
      <td>mckinley@rwdin24hours.com</td>
    </tr>
    <tr>
      <td>Rambler</td>
      <td>Chief Taste Tester</td>
```

```
        <td>http://responsivewebdesignin24hours.com/rambler</td>
        <td>rambler@rwdin24hours.com</td>
      </tr>
    </tbody>
    <tfoot>
      <tr>
        <td colspan="4"><p>McKinley and Rambler are a dog and a
        horse, respectively.</p></td>
      </tr>
    </tfoot>
  </table>
</div>
```

如果没有.panel-body，则标题将直接进入表格中。

8.4 响应式表格

实现响应式表格很难。表格对于小屏幕往往太宽，许多小屏幕也不能很好地水平滚动。

Bootstrap 用.table-responsive 类提供了一个解决方案。为了实现响应式表格，您应该用另一个带有.table-responsive 类的元素包围它，如代码清单 8-5 所示。

代码清单 8-5　实现响应式的 Bootstrap 表格

```
<div class="table-responsive">
<table class="table">
...
</table>
</div>
```

图 8-5 展示了这个表格在 iPhone 上的滚动效果。

图 8-5

响应式表格在 iPhone 上滚动的效果

> **警告：使用 overflow-y: hidden 的 Bootstrap 响应式表格**
> CSS 属性 overflow-y: hidden 告诉浏览器裁剪超出表格顶部或底部边缘的所有内容。这可能裁剪掉下拉式菜单或者其他小部件。所以一定要测试响应式表格内的任何动态内容。

Bootstrap 提供了实现响应式表格的基本手段。但是还有几种其他方法可以在不需要附加 HTML 标记的情况下使用。*Sams Teach Yourself Responsive Web Design in 24 Hours* 一书中更详细地介绍了这些方法。

8.5 小结

本章介绍了 Bootstrap 为表格设置样式的方法，介绍了 Bootstrap 表格的基本特征，还介绍了装饰表格的特殊类。表 8-1 描述了本章介绍的所有 CSS 类。

本章还介绍了如何调整面板以包含表格，以及实现响应式表格的基本手段。

表 8-1　　　　　　　　　　　　　　Bootstrap 表格类

CSS 类	描述
.active	将表格元素的背景更改为悬停颜色以表示活动字段
.danger	将表格元素的背景更改为红色，表示这是危险或者负面的行为
.info	将表格元素的背景更改为蓝色，表示这是信息或者中性的行为
.success	将表格元素的背景更改为绿色，表示这是成功或者正面的行为
.table	表示该表格应用了 Bootstrap 样式
.table-bordered	表示该表格应该有边框
.table-hover	当读者的鼠标悬停于表格之上时，为表格行或者单元格添加悬停颜色
.table-responsive	应用到表格周围的容器元素时，使表格能在较小的设备上水平滚动
.table-striped	为表格行添加斑马纹
.warning	将表格元素的背景更改为黄色，表示它可能危险或者可能是负面行为

8.6 讨论

讨论部分包含了帮助您巩固本章所学知识的测验。先尝试回答所有问题再看答案。

8.6.1 问答

问：您提到有其他方法能够实现响应式表格，但是我无法想到任何一种方法。有哪些方法？

答：实现响应式表格的方法多种多样。您可以隐藏较不重要的行或者列，可以重新安排内容，使各行分开显示，也可以改变表格单元的大小。

问：我从不使用<tbody>、<tfoot>和<thead>标记。对 Bootstrap 表格来说，它们是绝对必要的吗？

答：如果您想要使用任何类，则<toby>标记是必需的，因为类只能应用到主体中的行。<thead>和<tfoot>标记不是必需的。

8.6.2 测验

1. 如果不在表格上使用.table 类，会发生什么情况？

    a．表格仍然以 Boostrap 样式显示

    b．表格不使用任何样式

    c．表格显示边框和颜色

    d．表格显示为压缩、无边框

2. .table-striped 有什么作用？

    a．为所有单元格四周添加边框

    b．为所有单元格添加颜色

    c．为其他各行添加颜色，创建一个斑马纹表格

    d．什么作用也没有

3. .table-bordered 类有何作用？

    a．在所有单元格四周添加边框

    b．在列间添加边框

    c．在行间添加边框

    d．什么作用也没有

4. .table-hover 类有何作用？

    a．当鼠标悬停时画出单元格的轮廓

    b．鼠标悬停于行上时为其添加背景颜色

    c．鼠标悬停于单元格上时更改其文本颜色

    d．什么作用也没有

5. .table-condensed 类有何作用？

    a．删除表格上的单元格内边距

    b．将表格上的单元格内边距减半

    c．减小表格中的字体大小

    d．将表格的宽度减小 50%

6. 判断正误：无法同时使用.table-condensed 和.table-striped。

7. 什么是 Bootstrap 中的表格上下文类？

    a．为表格单元添加额外信息的类

    b．更改文本颜色的类

    c．更改表格单元背景颜色的类

d．Bootstrap 中没有这种类
8．哪一个是表格的上下文类？
   a．.hover
   b．.bg-info
   c．.text-success
   d．.warning
9．Bootstrap 如何在面板上显示表格？
   a．如果有一个.panel-body，表格与面板无缝集成，并在顶部添加边框
   b．表格得到一个新的背景颜色，以便融入面板
   c．表格被最小化以适应面板
   d．Bootstap 对面板中的表格不做特殊处理
10．如何实现响应式的 Bootstrap 表格？
   a．为表格添加.table-responsive 类
   b．对包含表格的容器<div>添加.responsive class
   c．对包含表格的容器<div>添加.table-responsive 类
   d．不需要做任何处理；它们默认是响应式的

8.6.3 测验答案

1．d。表格显示为压缩和无边框的。
2．c。为每个其他行添加颜色，创建斑马纹表格。
3．a。为所有单元格四周添加边框。
4．b。在鼠标悬停于行之上时为其添加背景颜色。
5．b。将表格上的单元格内边距减半。
6．错。可以在表格上同时使用所有表格类。
7．c。上下文类改变表格行的背景颜色。
8．d。.warning 是表格上下文类。
9．a。表格与面板无缝集成，对于带有.panel-body 的面板增加额外的顶部边框。
10．c。为表格周围的容器<div>添加.table-responsive 类。

8.6.4 练习

1．为您的 Bootstrap 网页添加一个数据表格。为表格添加额外的类，使其外观更引人注目。
2．尝试添加一个没有面板主体、包含表格的面板标题。这是为表格创建漂亮标题的极佳方法。

第 9 章

设置表单样式

本章讲解了如下内容:

- ➢ 如何创建基本的 HTML 表单;
- ➢ 如何用 Bootstrap 设置水平和内联表单的样式;
- ➢ 如何设置输入控件和下拉菜单的样式;
- ➢ 如何构建和使用输入组;
- ➢ 如何用 Bootstrap 类调整交互性。

HTML 表单很难具备漂亮的外观,但是 Bootstrap 使这一工作变得简单。在本章中,您将学习如何使用 Bootstrap 类设置基本表单的样式。您还要学习 Bootstrap 提供的用于在不同设计中创建表单的一些选项的相关知识。

Bootstrap 支持 HTML5 表单控件。您可以用 Bootstrap 设置多种状态,提供关于表单字段的更多信息。本章向您传授更改控件大小和为表单字段添加帮助文本的方法。

9.1 基本表单

HTML 表单很容易添加到网页中。代码清单 9-1 展示了用于表单的 HTML 框架。

> **警告:Bootstrap 不会为您的表单提供行为**
> Bootstrap 是用于网页外观的框架。虽然可以使用一些 Bootstrap 组件为网页添加交互性,但是必须单独寻找或者开发提交 Web 表单所需的脚本。在本章的例子中,<form>标记的 action 属性中没有任何脚本。如果需要进一步学习使 HTML 表单工作的方法,您可能要查阅深入介绍表单的 PHP 书籍。

代码清单 9-1　基本 HTML 表单

```html
<form action="#">
  <label for="firstName">First Name:</label>
  <input type="text" autofocus required id="firstName"
    placeholder="First Name"><br>
  <label for="lastName">Last Name:</label>
  <input type="text" required id="lastName"
    placeholder="Last Name"><br>
  <label for="email">Email:</label>
  <input type="email" required id="email"
    placeholder="Email Address"><br>
  <label for="homePhone">Home Phone:</label>
  <input type="tel" id="homePhone" placeholder="Home Phone"
    pattern="\([0-9]{3}\) [0-9]{3}-[0-9]{4}"><br>
  <label for="workPhone">Work Phone:</label>
  <input type="tel" id="workPhone" placeholder="Work Phone"
    pattern="\([0-9]{3}\) [0-9]{3}-[0-9]{4}"><br>
  <label for-"url">URL:</label>
  <input type="url" id="url" placeholder="URL"><br>
  <label for="address1">Address</label>
  <input type="text" id="address1"
    placeholder="Address (line 1)"><br>
  <label for="address2">Address</label>
   <input type="text" id="address2"
    placeholder="Address (line 2)"><br>
  <label for="city">City</label>
  <input type="text" id="city" placeholder="City"><br>
  <label for="state">State</label>
  <select id="state">
    <option>State</option>
    <option>Alabama</option>
    <option>...</option>
    <option>Washington</option>
  </select><br>
  <label for="zip">Zip Code</label>
  <input type="number" id="zip" placeholder="Zip Code"><br>
  <label for="country">Country</label>
  <select id="country">
    <option>United States</option>
    <option>...</option>
  </select><br>
  <input type="submit" value="Contact">
</form>
```

如图 9-1 所示，这段代码生成的表单难以辨认，应用的样式很少。

> **注解:始终包含<label>标记**
>
> 您可能注意到,表单的 HTML 中包含了用于每个控件的<label>标记。这很重要,因为如果没有为每个表单控件加上标签,页面可能无法访问。如果不能使用<label>标记,可以使用 aria-label、aria-labelledby 或 title 等属性,为屏幕阅读器提供信息。更多信息请访问 W3C 网站:http://www.w3.org/TR/aria-in-html/

图 9-1

基本的 HTML 表单

和我们之前使用的其他 HTML 标记不同,您所做的不仅是对<form>标记添加一个类。有些样式应用到所有表单控件,但是为了获得外观更出色的表单,必须将每个标签和控件封装在一个.form-group 类中,并对控件本身添加.form-control 类。代码清单 9-2 展示了具体的做法。

代码清单 9-2　将表单控件包装在一个 div 中

```
<div class="form-group">
<label for="firstName">First Name:</label>
<input type="text" autofocus required id="firstName"
placeholder="First Name" class="form-control" >
</div>
```

如果将所有表单空间包装在一个类似的<div>中,您将得到如图 9-2 所示的表单。

图 9-2

带有 Bootstrap 类的基本HTML5表单

可以看到，这些类使表格元素之间的空隙更大，表单控件的大小自动设置为当前网格元素的 100%。

9.1.1 水平表单

Bootstrap 的默认表单是垂直表单，表单标签在控件的正上方。但是 Bootstrap 提供了另外两种布局：水平表单和内联表单。

利用水平表单，您可以使用 Bootstrap 预定义网格类创建一个表单，其中的标签和控件在不同的列。为<form>标记添加.form-horizontal 类，添加.control-label，然后围绕标签和表单控制添加网格类。

图 9-3 展示了水平表单的外观，代码清单 9-3 展示了表单中前两行的 HTML。

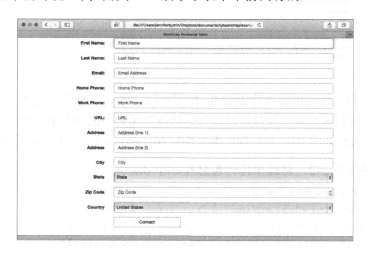

图 9-3
水平表单

代码清单 9-3　水平表单的前两行

```
<form action="#" class=" form-horizontal ">
  <div class="form-group">
    <label for="firstName" class="col-sm-3 control-label ">First
    Name:</label>
    <div class="col-sm-9">
      <input type="text" autofocus required id="firstName"
      placeholder="First Name" class="form-control">
    </div>
  </div>
  <div class="form-group">
    <label for="lastName" class="col-sm-3 control-label">Last
    Name:</label>
    <div class="col-sm-9">
      <input type="text" required id="lastName"
      placeholder="Last Name" class="form-control">
    </div>
  </div>
```

9.1.2 内联表单

有时候,您希望表单元素排成一行而不是垂直堆叠。在宽度至少为 768 像素的设备上,您可以在<form>或者其他容器元素上使用.form-inline 类,创建图 9-4 和代码清单 9-4 所示的内联表单。

图 9-4

内联表单

代码清单 9-4　内联表单

```
<form action="#" class=" form-inline ">
  <div class="form-group">
    <label for="email">Email Address</label>
    <input type="email" required id="email"
    placeholder="Email Address" class="form-control">
  </div>
  <div class="form-group">
    <label for="password">Password</label>
    <input type="password" required id="password"
    placeholder="Password" class="form-control">
  </div>
  <div class="checkbox">
    <label>
      <input type="checkbox"> Remember me
    </label>
  </div>
  <button type="submit" class="btn btn-default">Login</button>
</form>
```

> **注释:HTML5 不需要<form>标记**
> HTML5 允许将表单控件放在页面的任何地方,可以在<form>标记的里面或者外面。如果不使用<form>标记的 action 属性,就可以使用 JavaScript 激活表单。

By the Way

正如图 9-4 所示,在同一个表单中包含标签和占位符文本看上去很笨拙,但是可以使用.sr-only 类,对屏幕阅读器之外的设备隐藏这些标签。

> **警告:不要仅使用占位符作为标签**
> 使用 placeholder 属性作为表单元素的标签很有诱惑力。但是这可能使页面无法供屏幕阅读器访问,旧浏览器可能不显示占位符文本。

Watch Out!

▼ TRY IT YOURSELF

创建带有隐藏标签的内联表单

如果您打算创建带有隐藏标签的表单，Bootstrap 提供了 .sr-only 类，以便对屏幕阅读器之外的设备隐藏标签。本环节介绍如何调整表单以隐藏标签。

1. 在 Web 浏览器中打开 Bootstrap 网站。
2. 创建自己的 Web 表单。一定要是将整个表单组放在<div>标记中，将标签放在<label>标记中，将表单控件放在另一个<div>标记中。

```
<div class="form-group">
  <label for="email">Email Address</label>
  <div>
    <input type="email" required id="email"
    placeholder="Email Address" class="form-control">
  </div>
</div>
```

3. 为<label>标记添加 .sr-only 类。

```
<label class="sr-only" for="email">Email Address</label>
```

4. 在 Web 浏览器中打开该表单，测试标签是否隐藏。如果可以访问屏幕阅读器，也应该进行测试。

如图 9-5 所示，表单看上去清晰多了。代码清单 9-5 展示了完整的表单 HTML。

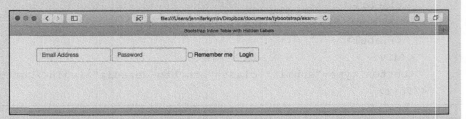

图 9-5
带有隐藏标签的内联表单

代码清单 9-5　带有隐藏标签的内联表单 HTML

```
<form action="#" class="form-inline">
  <div class="form-group">
    <label for="email" class="sr-only">Email Address</label>
    <div>
    <input type="email" required id="email"
    placeholder="Email Address" class="form-control">
    </div>
  </div>
  <div class="form-group">
```

```html
    <label for="password" class="sr-only">Password</label>
    <div>
      <input type="password" required id="password"
      placeholder="Password" class="form-control">
    </div>
  </div>
  <div class="checkbox">
    <label>
      <input type="checkbox"> Remember me
    </label>
  </div>
  <button type="submit" class="btn btn-default">Login</button>
</form>
```

> **注释：检查表单字段宽度**
>
> Bootstrap 将标准表单控件的宽度设置为 100%。为了创建内联表单，将宽度重置为 auto（自动）。这可能导致奇怪的设计，所以一定要对内联表单进行测试。如果需要设置某些字段的宽度，可以使用 id 属性设置特定字段的不同宽度。例如：
>
> ```
> #email { width: 100px; }
> ```
>
> 将把代码清单 9-5 中的 email 表单控件宽度设置为 100 像素。

9.2 Bootstrap 支持的表单控件

HTML 5 提供了许多不同的表单控件，以收集 Web 表单中的特定数据，Bootstrap 支持大部分控件。

9.2.1 基本输入标记

HTML 5 的 `<input>` 标记有 16 种：

- checkbox
- color
- date
- datetime
- datetime-local
- email
- month
- number

- password
- radio
- search
- tel
- text
- time
- url
- week

Bootstrap 中<input>标记的 HTML 代码如下：

```
<input type="text" class="form-control" id="textField">
```

更改 id 以反映表单字段的名称。您必须包含 type 属性和 class="form-control"，输入控件才能正确显示。使用所要收集的正确数据类型。还可以使用其他需要的<input>属性。

> **警告：不是所有浏览器中的输入类型都会改变显示**
>
> 使用不同的 HTML 5 输入类型的好处是可以收集特定信息，如 URL、电子邮件地址、数值或者日期。大部分现代浏览器更改不同类型的显示，更高效地收集数据。但是，即使 month 输入类型不会在浏览器中显示一个日历，它仍然显示为文本字段，您可以验证所需的数据。可以在 *Sams Teach Yourself HTML5 Mobile Application Development in 24 Hours* 一书中看到更多相关的知识。

Bootstrap 还支持<textarea>表单标记，这可以提供多行的输入字段。这个字段和 Bootstrap 之外的文本区域工作方式相同，但是不需要 cols 属性，因为 Bootstrap 自动将控件大小设置为 100%宽度。HTML 代码如下：

```
<textarea id="textAreaField" rows="4" class="form-control">
</textarea>
```

更改 id 以反映文本区域名称。按照需要更改 rows 属性。和其他表单控件一样，包含 class="form-control"可以确保样式正确。如果需要创建只读表单字段的效果，可以在<p>标记上使用.formcontrol-static 类：

```
<p class=" form-control-static ">email@example.com</p>
```

将上述代码放在通常放置表单控件的位置。该段落将拥有类似表单控件的属性，但是它是只读的。

9.2.2 复选框和单选按钮

Bootstrap 为复选框和单选按钮添加了几种附加类。总是需要使用的两个类是.checkbox

和.radio。将这些类放在表单控件周围的容器元素上。您可以用标准的 HTML disabled 属性创建禁用的控件，但是如果对容器元素添加 Bootstrap .disabled 类，鼠标悬停于标签之上时将显示一个"不允许"的光标。代码清单 9-6 展示如何在 Bootstrap 中创建复选框和单选按钮。

代码清单 9-6　Bootstrap 复选框和单选按钮

```html
<div class="checkbox">
  <label>
    <input type="checkbox" value="one">
    Option one
  </label>
</div>
<div class="checkbox">
  <label>
    <input type="checkbox" value="two">
    Option two
  </label>
</div>
<div class="checkbox disabled">
  <label>
    <input type="checkbox" value="three" disabled>
    Option three - disabled
  </label>
</div>
<div class="radio">
  <label>
    <input type="radio" value="r-one">
    First radio button
  </label>
</div>
<div class="radio">
  <label>
    <input type="radio" value="r-two">
    Second radio
  </label>
</div>
<div class="radio disabled">
  <label>
    <input type="radio" value="r-three" disabled>
    Third radio - disabled
  </label>
</div>
```

从图 9-6 中可以看到，当鼠标悬停于禁用项目的标签之上时，光标将改变，从视觉上提示该字段已禁用。

图 9-6 带有禁用字段的复选框和单选按钮

您还可以用 .checkbox-inline 和 .radio-inline 类创建内联复选框和单选按钮组。使用这些类代替容器元素中的 .checkbox 和 .radio 类，将创建如图 9-7 所示的表单字段。

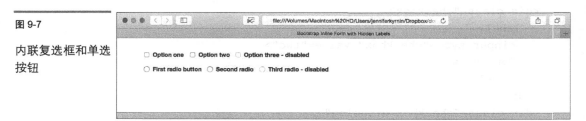

图 9-7 内联复选框和单选按钮

有时候，在页面上显示完全没有标签文本的复选框或者单选按钮很有用。您可以用 Bootstrap 实现，但是建议的最佳实践是包含某种标签以提高可访问性。最简单的方法是使用 aria-label 属性加入标签，如下所示：

```
<input type="checkbox" id="soloCheckbox" value="value"
aria-label="Label for assistive devices" >
```

9.2.3　下拉菜单

可以用 HTML 的 \<select\> 和 \<option\> 标记创建下拉式菜单，这和常规的 HTML 下拉菜单相似，只是一定要使用 .form-control 类保证其样式正确。代码清单 9-7 展示了一个标准下拉菜单。

代码清单 9-7　标准下拉菜单

```
<select id="dropdown" class="form-control">
  <option>pick one</option>
  <option>one</option>
  <option>two</option>
  <option>three</option>
</select>
```

您还可以使用 multiple 属性允许多个答案，使用 \<optgroup\> 标记组合菜单中的菜单选项。

> **TRY IT YOURSELF**
>
> **更改下拉菜单的四角**
>
> 许多浏览器默认为下拉菜单提供圆角。Bootstrap 在 CSS 重置中没有删除这些圆角（参见第 4 章），所以如果希望使用直角，就需要调整自定义 CSS。下面是具体的方法。
>
> 1. 在 HTML 编辑器中打开 Boostrap 页面。
> 2. 用上面提到的<select>和<option>标记将下拉菜单添加到页面上。
> 3. 指定菜单 id 为#myMenu。
>
>    ```
>    <select id="myMenu" class="form-control">
>    ```
>
> 4. 在文档的<head>部分添加指向个性化样式表的链接。一定要将这个样式表放在 Bootstrap CSS 之后。
>
>    ```
>    <link href="css/myStyles.css" rel="stylesheet">
>    ```
>
> 5. 在编辑器中打开您的样式表。
> 6. 添加如下 CSS。
>
>    ```css
>    #myMenu {
>      -moz-border-radius: 0px;
>      -webkit-border-radius: 0px;
>      border-radius: 0px;
>    }
>    ```
>
> 7. 保存 CSS 文件和页面，在浏览器和其他设备上测试。
>
> 通过删除圆角，您可以使下拉菜单融入不适合其他外观的设计。

9.2.4 设置表单控件的大小

Bootstrap 允许设置表单控件的宽度和高度。要设置控件的宽度，可使用.col-md-*等网格类。第 5 章已经介绍了这些类。

设置高度也同样简单。为表单控件添加.input-lg 和.input-sm 类分别扩大和缩小控件。

```
<input type="text" id="textField" class="form-control input-lg ">
<input type="text" id="textField" class="form-control input-sm ">
```

您还可以为表单组容器添加.form-group-lg 或.formgroup-sm，设置表单组中所有元素的大小。

```
<div class="form-group form-group-lg ">
<div class="form-group form-group-sm ">
```

上述代码设置水平表单内标签和表单控件的大小。

9.2.5 帮助块

Bootstrap 提供.help-block 类，定义描述表单字段和告知用户相关信息的文本块。将该类放在表单字段之后的<p>或者<span>标记上。

```
<span id="helpfield" class=" help-block ">This text describes a
form field.</span>
```

然后，您应该用 aria-describedby 属性关联帮助文本和适用的表单字段。屏幕阅读器在用户进入表单控件（获得焦点）时读出帮助文本。

```
<input type="text" id="inputWithHelpBlock" class="form-control"
aria-describedby="helpfield" >
```

一定要将 aria-describedby 属性指向该元素帮助块的 id。您可以在表单中包含任意数量的帮助块。

9.3 输入组

有些表单和表单控件可以从周围的附加元素中获益。输入组使您可以在<input>表单控件前后（或者两者兼有）添加字段，帮助客户更高效地填写表单。

9.3.1 基本输入组

您可以在表单字段之前创建一个有美元符号（$）的表单控件，在字段之后创建两个空白的小数点（.00）。图 9-8 展示了这些控件的外观。

图 9-8

包含输入组和附加控件的内联表单

要创建这个表单字段，可以使用两个附加类：.input-group 和.inputgroup-addon。输入组是一组与表单控件相关的项目，而附加控件连接到表单控件，作为后者的一部分。一定不要混用输入组和表单组或者其他网格元素。始终使输入组嵌套在表单组/网页元素内部。代码清单 9-8 展示了图 9-8 中的表单所用的 HTML。

代码清单 9-8　包含输入组的表单

```
<form action="#" class="form-inline">
  <div class="form-group">
    <div class="input-group">
      <label for="cost" class="sr-only">Amount</label>
      <div class="input-group-addon">$</div>
      <div><input type="number" required id="cost"
      placeholder="Amount" class="form-control"></div>
      <div class="input-group-addon">.00</div>
    </div>
  </div>
  <button type="submit" class="btn btn-default">Send Funds</button>
</form>
```

9.3.2　设置输入组的大小

输入组将保持默认尺寸，但是您可以用.input-group-lg 和.input-group-sm 类扩大和缩小它们，以适应需求。图 9-9 展示了输入组的 3 种尺寸，代码清单 9-9 展示了代码。

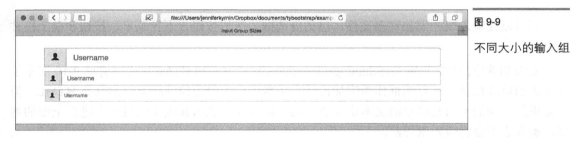

图 9-9

不同大小的输入组

代码清单 9-9　不同大小的输入组

```
<p>
<div class="input-group input-group-lg">
  <label for="username" class="sr-only">Username</label>
  <span class="input-group-addon"><span
  class="glyphicon glyphicon-user"></span></span>
  <input type="text" required id="email" placeholder="Username"
  class="form-control">
</div>
</p>
<p>
<div class="input-group">
  <label for="username" class="sr-only">Username</label>
  <span class="input-group-addon"><span
  class="glyphicon glyphicon-user"></span></span>
  <input type="text" required id="email" placeholder="Username"
  class="form-control">
</div>
```

```
</p>
<p>
<div class="input-group input-group-sm">
  <label for="username" class="sr-only">Username</label>
  <span class="input-group-addon"><span
    class="glyphicon glyphicon-user"></span></span>
  <input type="text" required id="email" placeholder="Username"
    class="form-control">
</div>
</p>
```

> **警告:在设置输入组大小时使用\<span\>**
>
> 在代码清单 9-8 中,组附加控件添加到容器\<div\>元素上。但是如果您在设置输入组大小时使用\<div\>标记,就可能得到大小不匹配、外观难看的控件。更改代码清单 9-9 的.input-group-lg 组中的\<span class="input-group-addon"\>,然后在 Chrome 中查看,以测试这种情况。

9.3.3 奇妙的附加控件

您可以在输入组中添加许多控件,包括复选框、单选按钮、下拉菜单、按钮和以上控件的组合。

要添加这些控件,只需要在.input-group-addon 元素中添加 HTML。代码清单 9-10 展示了如何添加单选按钮或者复选框作为附加控件。虽然可以在附加控件区域添加其他 HTML,但是如果您添加的不只是简短的文本块或者代码,应该在浏览器和较小的设备上进行全面的测试,确保它不会将输入组弄乱。

代码清单 9-10 作为输入组附加控件的单选按钮和复选框

```
<div class="row">
  <div class="col-lg-6">
    <div class="input-group">
      <span class="input-group-addon">
        <input type="checkbox" id="other" aria-label="Other"
        value="other">
      </span>
      <input type="text" id="otherText" class="form-control"
      aria-label="Other Text" placeholder="other text">
    </div>
  </div>
  <div class="col-lg-6">
    <div class="input-group">
      <span class="input-group-addon">
        <input type="radio" id="other2" aria-label="Other 2"
        value="other2">
      </span>
```

```
        <input type="text" id="otherText2" class="form-control"
        aria-label="Other Text 2" placeholder="other text">
    </div>
  </div>
</div>
```

如图 9-10 所示，复选框或者单选按钮出现在输入控件旁边，就像前几个例子中的文本块一样。

图 9-10

作为输入附加控件的单选按钮和复选框

您还可以使用按钮作为输入组附加控件。第 11 章将更详细地讨论这一点。

9.4 Bootstrap 表单的交互性

Boostrap 提供了表单交互性样式，使表单更加易用。这些样式如下所示。

- **Focus**（焦点）——在浏览器中选中表单字段。
- **Disabled**（禁用）——表单字段被禁用。
- **Read-Only**（只读）——表单字段只读。
- **Validation**（验证）——表单字段成功、出现警告或者出错。

9.4.1 焦点状态

当表单控件获得焦点时，Boostrap 删除默认的 outline 样式，添加 box-shadow 样式。您可以使用自定义 CSS 样式改变颜色以匹配自己的样式。代码清单 9-11 展示了输入控件<input type="text" id="formField">焦点状态样式的 CSS。

代码清单 9-11　重新设置输入字段焦点样式的 CSS

```
#formField:focus {
  border-color: #7B66E9;
  outline: 0;
  -webkit-box-shadow: inset 0 1px 1px rgba(0,0,0,.075),
    0 0 8px rgba(170,158,232,0.5);
  box-shadow: inset 0 1px 1px rgba(0,0,0,.075),
    0 0 8px rgba(170,158,232,0.75);
}
```

9.4.2 禁用和只读状态

为表单控件添加属性 disabled 时,将阻止用户填写字段,并改变字段的外观。您也可以为<fieldset>标记添加该属性,禁用组内的所有表单字段:

```
<input type="text" class="form-control" id="textfld" disabled >
```

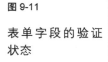

> **警告:禁用的字段集有一些问题**
> 在<fieldset>标记上使用 disabled 属性时存在一些问题。如果在字段集中使用了<a>标记,它们将不会被禁用,只是得到一个样式 pointer-events: none。您应该用 JavaScript 禁用这些元素。而且,Internet Explorer 11 及以下版本不支持<fieldset>上的 disabled 属性。所以,应该添加自定义 JavaScript 作为后备选项。

您可以为表单添加 readonly 属性,使所有表单控件变成只读。

```
<input type="text" class="form-control" id="textfld" readonly >
```

9.4.3 验证状态

可以用.has-error、.has-warning 和.has-success 类定义错误、警告和成功验证状态。图 9-11 展示了这些字段的外观;代码清单 9-12 展示了 HTML 代码。

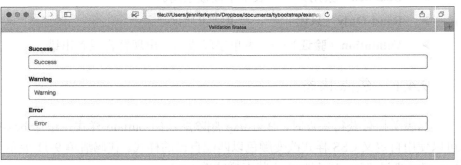

图 9-11 表单字段的验证状态

代码清单 9-12 表单字段的验证状态

```
<form>

  <div class="form-group has-success ">
    <label for="textSuccess">Success</label>
    <input type="text" class="form-control" id="textSuccess"
    placeholder="Success">
  </div>

  <div class="form-group has-warning ">
    <label for="textWarning">Warning</label>
```

```
    <input type="text" class="form-control" id="textWarning"
    placeholder="Warning">
  </div>

  <div class="form-group has-error ">
    <label for="textError">Error</label>
    <input type="text" class="form-control" id="textError"
    placeholder="Error">
  </div>
</form>
```

通过为表单组添加 .has-feedback 类并使用合适的 Glyphicon（将在第 10 章中详细讨论）和 .form-control-feedback 类，可添加一个反馈图标。图 9-12 是带有反馈图标的表单元素。代码清单 9-13 展示了 HTML。

图 9-12

带有反馈图标的验证状态

代码清单 9-13　带有反馈图标的验证状态

```
<div class="form-group has-success has-feedback">
  <label for="textSuccess">Success</label>
  <input type="text" class="form-control" id="textSuccess"
  placeholder="Success">
  <span class="glyphicon glyphicon-ok form-control-feedback"
  aria-hidden="true"></span>
</div>
```

9.5　小结

本章介绍了 Web 表单的创建和样式。您学习了如何创建基本表单以及垂直（默认）、水平和内联放置。

Bootstrap 支持大量表单控件。本章介绍了基本的输入标记、复选框和单选按钮，用 <select> 和 <option> 标记创建下拉菜单，调整表单字段大小，添加帮助块以协助用户使用表单。

输入组通过添加附加文本、图标和其他字段，使文本输入字段更易于使用。本章解释了如何使用输入组，以及如何设置其样式，使其更好地与您的设计相配合。

最后，您学习了 Bootstrap 提供的用于表单交互的许多样式。本章介绍了焦点、禁用和只读状态，以及表单的 3 种验证状态。

表 9-1 展示了 Bootstrap 增加的表单 CSS 类。

表 9-1　　　　　　　　　　　　　Bootstrap 表单类

CSS 类	描述
.checkbox	表示控件是一个复选框
.checkbox-inline	表示控件样式应该设置为内联复选框
.control-label	表示元素是表单控件的标签
.form-control	元素是表单控件。这个类应该放置在所有 Bootstrap 表单控件上
.form-controlfeedback	放置图标，以提供表单控件验证状态的视觉反馈
.form-group	表示元素包含一组表单控件
.form-group-lg	使表单组字段变得更大
.form-group-sm	使表单组字段变得更小
.form-horizontal	将表单标签水平放置在表单控件旁边
.has-error	表示表单控件有错误状态
.has-feedback	表示表单控件有反馈图标
.has-success	表示表单控件有成功状态
.has-warning	表示表单控件有警告状态
.input-group	表示元素包含一个输入组
.input-group-addon	表示元素是输入组前后的一个附加控件
.input-group-lg	使输入组变得更大
.input-group-sm	使输入组变得更小
.input-lg	使表单控件变得更大
.input-sm	使表单控件变得更小
.radio	表示控件是一个单选按钮
.radio-inline	表示控件是一个内联单选按钮

9.6　讨论

讨论部分包含了帮助您巩固本章所学知识的测验。先尝试回答所有问题再看答案。

9.6.1　问答

问：禁用和只读表单控件有何不同？

答：只读表单控件仍然可以得到焦点，在表单提交时，该控件的值（如果有的话）和表单的其余内容一同提交。禁用的元素无法得到焦点，不会随表单字段一起提交。Bootstrap 显示的背景颜色稍有不同，但是其他方面都一样。

问：静态控件和只读控件有何不同？

答：只读表单控件仍然显示为可填写的表单元素，而静态控件看上去就像文本。静态控件最好用于创建后不再修改的字段，如用户名。这将告诉读者该信息将自动提交，但是没有更改它的视觉提示。

问：Bootstrap 表单验证状态是否在屏幕阅读器中出现？

答：不会。和其他上下文类一样，表单验证状态只提供视觉反馈。您需要添加指向验证标签的 aria-describedby 属性，使屏幕阅读器知道需要读取它们。您可以用和验证状态一起出现的帮助块，或者用 .sr-only 类隐藏的标签完成这一功能。

9.6.2 测验

1. 为什么 Boostrap 表单中的标签很重要？
   a. Bootstrap 不为没有标签的表单控件设置样式
   b. 表单控件没有标签就无法工作
   c. 标签使屏幕阅读器可以访问表单
   d. 标签不是必要的

2. 水平表单和标准的 Bootstrap 样式表单有何不同？
   a. 水平表单的标签显示在表单控件的同一行，而常规表单将标签放在表单控件的正上方
   b. 水平表单占据宽度的 100%，而常规表单只占据控件所需的宽度
   c. 水平表单的标签比标准表单宽
   d. 没有差别。水平表单是 Bootstrap 的默认表单

3. 判断正误：.col-md-3 网格类用在表单控件上，设置水平表单的大小。

4. 判断正误：Boostrap 自动在 date 和 datetime 输入控件上显示日历。

5. 以下哪一个是设置输入表单控件样式的 Bootstrap 类？
   a. .color
   b. .url
   c. .radio
   d. .week

6. 判断正误：multiple 属性是 Bootstrap 的一个功能。

7. .input-lg 类有何作用？
   a. 使输入组中的所有输入标记变得更大
   b. 使表单组中的所有输入标记变得更大
   c. 使表单中的所有输入标记变得更大
   d. 使应用该类的输入标记变得更大

8. Bootstrap 中的输入组是什么？

a．一组输入标记

b．任何表单标记组

c．一组元素，在输入控件起点或者终点（或者两者）创建带有图标或者文本的独立字段

d．创建表单字段的任何标记组

9. 如何使输入组变小？

a．.input-sm

b．.input-group-sm

c．.form-group-sm

d．以上均可

10. Bootstrap 如何处理得到焦点的表单字段？

a．更改字段的背景颜色

b．更改字段的阴影效果

c．更改字段文本的字体颜色

d．完全不更改字段

9.6.3 测验答案

1．c。标签使屏幕阅读器可以访问表单控件。

2．a。水平表单在表单控件的同一行显示标签，而常规表格将标签放在表单控件正上方。

3．正确。

4．错误。日期由浏览器或者备用脚本添加。

5．c。.radio 是帮助设置单选按钮的类。

6．错误。multiple 属性是 HTML 的一部分，而不是 Bootstrap 特有的。

7．d。.input-lg 使应用该类的输入标记变得更大。

8．c。输入组是一组元素，在输入控件的开始或者结束（或者两者）创建带有图表或文本的单独字段。

9．b。.input-group-sm

10．b。更改字段的阴影效果。

9.6.4 练习

1．为 Bootstrap 网页添加一个表单。一定要包含表单组和输入组。

2．添加一个下拉菜单，作为表单中输入组的附加控件。除了使用<select>和<option>标记之外，这和为输入组添加复选框一样。

第 10 章

图像、媒体对象和 Glyphicons

本章讲解了如下内容：

- 如何在 Bootstrap 页面上添加图像；
- 如何使图像成为响应式对象；
- 如何更改图像的形状；
- 如何用媒体对象在图像旁边添加文本块；
- 如何用缩略图在图像下面添加文本块；
- 如何使用免费的 Glyphicons 字体添加图标。

图像在任何网站上都很有用，Bootstrap 提供了多种样式，帮助您最大限度地利用图像。而且 Bootstrap 提供了一种称为 Glyphicons 的免费字体，可以作为网站上的可伸缩图标。

10.1 图像

您可以用标准 HTML 标记在网页上添加图像。一定要包含 src 和 alt 属性（标记中仅有的必需属性），并将图像放在页面中预期的位置。下面是一个标准的 HTML 图像标记。

```
<img src="myimage.gif" alt="my image">
```

> **警告：始终包含替代文本** *Watch Out!*
> 很多网页上的图像标记不是未包含 alt 属性，就是写成 alt=""。这是一个坏习惯，将使您的网页更加难以被屏幕阅读器和其他辅助性设备访问。

10.1.1 响应式图像

Bootstrap 通过为图像添加.img-responsive 类，帮助您实现响应式图像。

```
<img src="myimage.gif" alt="my image" class="img-responsive" >
```

上述代码对图像应用样式 max-width: 100%和 height: auto;，所以它将在父元素中伸缩。注意，如果您使用带有.img-responsive 类的 SVG 图像，Internet Explorer 8～10 在设置图像大小时不成比例。为了解决这个问题，在个人样式表中添加用于该图像的 width:100% \9;样式。\9;使该属性无效，所以其他浏览器将忽略它，而 Internet Explorer 8～10 将应用这条规则。记住，这只是一种破解手段，即使在 Internet Explorer 中也可能无法产生预期的效果。一定要全面测试网页。

您在创建图像时应该尽可能达到响应式布局所需的大小，然后用 CSS 改变图像大小为更容易控制的尺寸。但是，这意味着您始终需要一个设置了某个尺寸的容器元素，使图像不会太大而需要滚动到屏幕之外。如果页面放在网格元素中（参见第 5 章），可以直接对图像应用网格类，以设置其大小。

10.1.2 图像形状

但是，对图像的处理不仅是使其成为响应式图像。Bootstrap 为图像提供了三种不同的形状/设计。这三个类如下所示。

- .img-rounded——为图像提供圆角。
- .img-circle——图像被裁剪为一个圆。
- .img-thumbnail——周围有一个狭窄方框的缩略图。

像代码清单 10-1 那样为图像添加上述类，可以得到不同的效果，图 10-1 展示了图像的外观。

代码清单 10-1　图像形状

```
<img src="images/dandy-header-bg.png" alt="Dandylions"
  class="img-rounded">
<img src="images/dandy-header-bg.png" alt="Dandylions"
  class="img-circle">
<img src="images/dandy-header-bg.png" alt="Dandylions"
  class="img-thumbnail">
```

> **警告：图像形状类有一些问题**
> Internet Explorer 8 不支持圆角，所以.img-circle 和.img-rounded 无法正常工作，.img-thumbnail 将显示直角。如果直接在图像上放置网格类改变其大小（而不是在<div>标记等容器元素上进行），.img-rounded 的圆角在所有浏览器中都不能显示。

图 10-1

图像形状

10.2 媒体对象

媒体对象是添加同时显示文本内容、图像和与文本左右对齐的其他媒体（视频和音频）的组件的一种手段。

> **注解：代替媒体的 HTML**
>
> 媒体对象中不仅限于图像、视频和音频，您可以在块中放置 HTML，以复制醒目引文。但是更好的办法是使用 .pull-left 或 .pull-right 类，.pull-* 类的更多信息参见第 7 章。

Bootstrap 提供了多种定义媒体对象及媒体组的类：

- .media
- .media-body
- .media-bottom
- .media-heading
- .media-left
- .media-list
- .media-middle
- .media-object
- .media-right

.media 类定义媒体组，.media-object 类定义对象，.media-list 类定义媒体列表。其他类与媒体对象在页面上的位置有关。

TRY IT YOURSELF

构建包含两个元素的媒体对象

媒体对象看上去很令人困惑，但是通过如下几个步骤，就可以快速、轻松地创建一个。

1. 首先添加一个带有 .media 类的 <div>。

```
<div class="media"></div>
```

2．在.media <div>中添加第二个<div>标记，并添加.media-left 类。

```
<div class="media-left"></div>
```

这是文本左侧媒体对象的容器。

3．在.media-left <div>内添加一个图像，为其加上.media-object 类。

```
<img class="media-object" src="..." alt="...">
```

这是媒体对象。一定要在图像所用的 CSS 中包含尺寸信息，避免其占据整个屏幕。

4．在.media-left <div>之后添加另一个<div>，为其加上.media-body 类。

```
<div class="media-body"></div>
```

5．在这个<div>里，您可以放置一个添加了.media-heading 类的标题。这不是必需的。

```
<h4 class="media-heading">My Media Heading</h4>
```

6．然后，在.media-body 段中放置任何其他文本或者 HTML。

7．在.media-body <div>之后，可以添加另一个添加了.media-right 类的<div>，在右侧放置媒体对象。构建的方法和 .media-left <div>完全相同。

```
<div class="media-right">
  <img class="media-object" src="..." alt="...">
</div>
```

图 10-2 展示了前面几个步骤产生的内容（包含真实的图像），代码清单 10-2 展示了创建这一结果的 HTML。

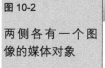
图 10-2
两侧各有一个图像的媒体对象

代码清单 10-2　两侧各有一个图像的媒体对象

```
<div class="media">
  <div class="media-left">
    <img src="images/dandy-header-bg.png" class="media-object"
      alt="dandylions">
  </div>
  <div class="media-body">
    <h4 class="media-heading">My Media Headline</h4>
    <p>Lorem ipsum dolor sit amet, consectetur adipiscing elit.
```

```
        Duis ac mattis mauris. Donec blandit, augue in convallis
        hendrerit, arcu orci scelerisque neque, luctus gravida magna
        odio at massa. Sed lacinia fermentum velit vel pretium. In sit
        amet metus vitae libero iaculis maximus. In felis eros, rutrum
        sed rhoncus eu, tristique vitae diam. Phasellus condimentum ex
        ac erat imperdiet pretium.</p>
    </div>
    <div class="media-right">
      <img src="images/dandy-header-bg.png" class="media-object"
        alt="dandylions">
    </div>
</div>
```

有了一个媒体对象之后，可以在页面上添加更多媒体对象，甚至在其中嵌套另一个对象。如果有许多内容且图像较小，可以调整媒体对象的垂直和水平位置。默认情况是顶部对齐，但是也可以用.media-middle 与文本的中央对齐，或者用.media-bottom 与底部对齐。在图 10-3 中可以看到这几种对齐方式的外观。

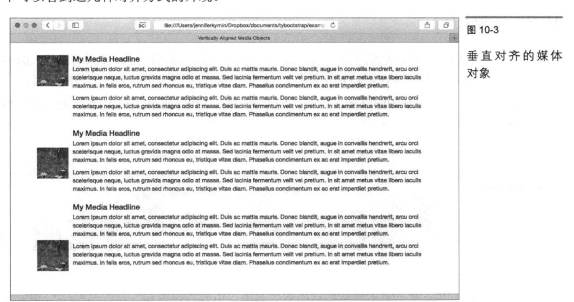

图 10-3

垂直对齐的媒体对象

您还可以用.media-list 类，在列表内使用媒体对象。要建立媒体列表，可以创建一个无序列表，并对其应用.media-list 类。这将删除列表上的内边距，并将列表类型改为 none，因此列表中没有项目符号或者编号。在定义.media-list 之后，在<li>标记上添加.media 类，像非列表中一样放置媒体对象和媒体主题。代码清单 10-3 展示了简单媒体列表的 HTML。

代码清单 10-3　简单的媒体列表

```
<ul class=" media-list ">
  <li class="media">
```

```
      <div class="media-left">
        <img src="images/dandy-header-bg.png" class="media-object"
          alt="dandylions">
      </div>
      <div class="media-body">
        <h4 class="media-heading">My Media List Headline</h4>
        <p>Lorem ipsum dolor sit amet, consectetur adipiscing elit.
          Duis ac mattis mauris. Donec blandit, augue in convallis
          hendrerit, arcu orci scelerisque neque, luctus gravida magna
          odio at massa. Sed lacinia fermentum velit vel pretium. In
          sit amet metus vitae libero iaculis maximus. In felis eros,
          rutrum sed rhoncus eu, tristique vitae diam. Phasellus
          condimentum ex ac erat imperdiet pretium.</p>
      </div>
    </li>
  </ul>
```

这样，很容易使用 PHP 或者其他脚本创建 Twitter 流或者包含描述的产品照片等项目的列表。

10.3 缩略图

当人们考虑图像（特别是照片库）时，总会想起缩略图。缩略图是链接到图像较大版本的小图像组。您可以使用 Bootstrap 网格系统，以.thumbnail 类创建布局美观的缩略图组。

要创建如图 10-4 所示的缩略图，首先一定要有网格.container 和.row 元素，更多细节参见第 5 章。

图 10-4

网格中的缩略图

然后，在另一个容器元素内添加您的图像。容器可以是一个链接（<a>）或<div>或者需要的任何元素，但是容器上要应用.thumbnail 类。代码清单 10-4 展示了图 10-4 所需的编码。

代码清单 10-4　网格中的缩略图

```
<div class="container">
  <div class="row">
    <div class="col-xs-6 col-md-2 thumbnail">
      <img src="images/thumb1.png" alt="Pets">
    </div>
    <div class="col-xs-6 col-md-2 thumbnail">
```

```
      <img src="images/thumb2.png" alt="Pets">
    </div>
    <div class="col-xs-6 col-md-2 thumbnail">
      <img src="images/thumb3.png" alt="Pets">
    </div>
    <div class="col-xs-6 col-md-2 thumbnail">
      <img src="images/thumb4.png" alt="Pets">
    </div>
    <div class="col-xs-6 col-md-2 thumbnail">
      <img src="images/thumb1.png" alt="Pets">
    </div>
    <div class="col-xs-6 col-md-2 thumbnail">
      <img src="images/thumb2.png" alt="Pets">
    </div>
  </div>
</div>
```

> **注释：使用相同大小的缩略图**
>
> 虽然可以使用任意大小的缩略图，但是.thumbnail 类在所有缩略图大小相同时工作得最好。否则，您将得到空白点和奇怪的堆叠。如果需要使用不同大小的图像演示，应该使用 Masonry 插件（http://masonry.desandro.com/）。

您还可以在缩略图下添加标题。要为代码清单 10-4 添加标题，应该首先从.thumbnail 中分离网格列<div>，例如：

```
<div class="col-xs-6 col-md-2">
  <div class="thumbnail">
    <img src="images/thumb1.png" alt="Pets">
  </div>
</div>
```

然后，您可以在<div class="thumbnail"></div>内放置另一个带有.caption 类的容器。代码清单 10-5 展示了 HTML。

代码清单 10-5　包含标题的缩略图

```
<div class="col-xs-6 col-md-2">
  <div class="thumbnail">
    <img src="images/thumb1.png" alt="Pets">
    <div class=" caption ">
    Shasta &amp; McKinley
    </div>
  </div>
</div>
```

您可以在标题中包含任意 HTML，包括提要、按钮甚至其他图像或者图标。图 10-5 展示了包含标题的缩略图。

图 10-5

包含标题的缩略图

10.4 Glyphicon

Glyphicon 是 Glyphicon Halflings 的一个包含 260 个图标的字体族。这些图标通常不是免费的，但是它的创始人将其免费提供给 Bootstrap 客户。为了表示感谢，您应该在网站上加入指向 Glyphicons（http://glyphicons.com/）的链接。

图 10-6 展示了包含在 Bootstrap 3 中的 Glyphicon。

图 10-6

Bootstrap 中的 Glyphicon

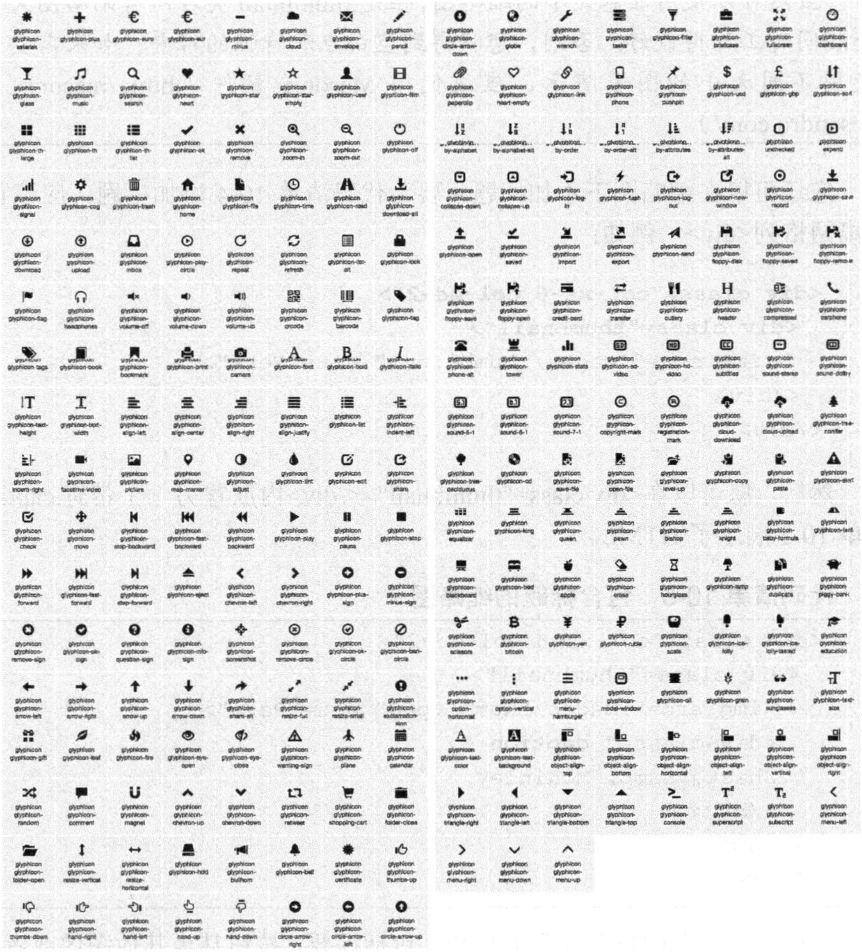

Glyphicon 非常易用。您需要使用.glyphicon 基类和特定的图标类。您将这些类放在一个空白的`<span>`标记上，并将该标记放在需要图标出现的位置。例如，代码清单 10-6 在某些文本行内显示 Glyphicon。

代码清单 10-6　放在文本行内的 Glyphicon

```
<h1>I <span class="glyphicon glyphicon-heart-empty"
style="color: red;"></span> you!</h1>
```

您将会注意到，Glyphicon`<span>`标记上有一个 style="color: red;"属性。因为 Glyphicon 是一种字体，您可以像对其他字体那样设置其样式——添加颜色、更改大小、设置阴影效果等。

下面是使用 Glyphicon 时需要注意的几点。

➢ 将所有图标放在一个空白的 HTML 元素上，`<span>`标记是最好的选择，但是也可以使用任何空白容器。

➢ 始终包含.glyphicon 基类和特定的图标类。

➢ 不要将图标添加到另一个元素。

➢ 不要将图标类添加到已经有类的元素。

使用 Glyphicon 时需要注意，它们只是视觉媒介。这意味着，任何使用辅助技术的客户无法看到它们，结果可能令人困惑。下面是使用 Glyphicon 的两种可能场景：

➢ 图标是一种装饰，不增加内容的意义；

➢ 图标表达某种含义。

对于装饰性的图标，您应该使用 aria-hidden="true"属性，对辅助设备隐藏它们。代码清单 10-7 展示了具体的做法。

代码清单 10-7　对辅助设备隐藏图标

```
<span class="glyphicon glyphicon-ok" aria-hidden="true" ></span>
```

当图标需要传达某种含义时（如代码清单 10-6 中的情况），应该在.sr-only 类中隐藏附加内容。这将确保向所有页面访问者清晰地传达页面的含义。代码清单 10-8 说明如何包含附加内容，图 10-7 展示了页面的外观。

代码清单 10-8　有意义的图标

```
<h1>I <span class="glyphicon glyphicon-heart-empty"
style="color: red;" aria-hidden="true"></span>
<span class="sr-only">love</span> you!</h1>
<p class="small">
Icon courtesy <a href="http://glyphicons.com/">Glyphicons</a>.
</p>
```

图 10-7
单词"love"对屏幕阅读器之外的设备隐藏

10.5 小结

本章介绍 Bootstrap 图像的基本知识。您学到了如何实现响应式图像，使其更好地适应多种设备，还学习了用于更改图像形状的多个 Bootstrap 类。

本章还介绍了如何创建媒体对象和缩略图，以便用图像创建装饰性的方框和布局。媒体对象可以组合图像和水平区域中的 HTML 块。缩略图提供类似的选项，但用于垂直的块。

最后，本章解释了 Glyphicon 的使用方法，这是一种在 Bootstrap 中免费提供的图标字体。表 10-1 展示了本章介绍的类，表 10-2 列出了所有 Glyphicon 图标类。

表 10-1　　　　　　　　　　用于图像的 Bootstrap 类

CSS 类	描　　述
.caption	缩略图的描述性文本
.glyphicon	Glyphicon 基类，是使用这个字体集所必需的。具体的 Glyphicon 类参见表 10-2
.img-circle	将图像转换为圆形
.img-responsive	使图像响应容器的宽度，以适应设备的尺寸
.img-rounded	为图像添加圆角
.img-thumbnail	表示图像是缩略图或者较小的图像副本
.media	定义包含媒体对象的媒体组
.media-body	媒体对象的主体内容
.media-bottom	将媒体对象放在内容框的底部
.media-heading	媒体对象的标题元素
.media-left	将媒体对象放在左侧
.media-list	定义媒体对象列表
.media-middle	将媒体对象放在内容框垂直居中的位置
.media-object	媒体元素
.media-right	将媒体对象放在右侧
.thumbnail	定义缩略图对象

表 10-2　　　　　　　　　　　Bootstrap Glyphicon 类

CSS Glyphicon 类		
glyphicon-adjust	glyphicon-gift	glyphicon-refresh
glyphicon-alert	glyphicon-glass	glyphicon-registrationmark
glyphicon-align-center	glyphicon-globe	glyphicon-remove
glyphicon-align-justify	glyphicon-grain	glyphicon-remove-circle
glyphicon-align-left	glyphicon-hand-down	glyphicon-remove-sign
glyphicon-align-right	glyphicon-hand-left	glyphicon-repeat
glyphicon-apple	glyphicon-hand-right	glyphicon-resize-full
glyphicon-arrow-down	glyphicon-hand-up	glyphicon-resizehorizontal
glyphicon-arrow-left	glyphicon-hdd	glyphicon-resize-small
glyphicon-arrow-right	glyphicon-hd-video	glyphicon-resize-vertical
glyphicon-arrow-up	glyphicon-header	glyphicon-retweet
glyphicon-asterisk	glyphicon-headphones	glyphicon-road
glyphicon-baby-formula	glyphicon-heart	glyphicon-ruble
glyphicon-backward	glyphicon-heart-empty	glyphicon-save
glyphicon-ban-circle	glyphicon-home	glyphicon-save-file
glyphicon-barcode	glyphicon-hourglass	glyphicon-saved
glyphicon-bed	glyphicon-ice-lolly	glyphicon-scale
glyphicon-bell	glyphicon-ice-lollytasted	glyphicon-scissors
glyphicon-bishop	glyphicon-import	glyphicon-screenshot
glyphicon-bitcoin	glyphicon-inbox	
glyphicon-blackboard		
glyphicon-bold	glyphicon-indent-left	glyphicon-sd-video
glyphicon-book	glyphicon-indent-right	glyphicon-search
glyphicon-bookmark	glyphicon-info-sign	glyphicon-send
glyphicon-briefcase	glyphicon-italic	glyphicon-share
glyphicon-bullhorn	glyphicon-king	glyphicon-share-alt
glyphicon-calendar	glyphicon-knight	glyphicon-shopping-cart
glyphicon-camera	glyphicon-lamp	glyphicon-signal
glyphicon-cd	glyphicon-leaf	glyphicon-sort
glyphicon-certificate	glyphicon-level-up	glyphicon-sort-byalphabet
glyphicon-check	glyphicon-link	glyphicon-sort-byalphabet-
glyphicon-chevron-down	glyphicon-list	alt
glyphicon-chevron-left	glyphicon-list-alt	glyphicon-sort-byattributes
glyphicon-chevron-right	glyphicon-lock	glyphicon-sort-byattributes-
glyphicon-chevron-up	glyphicon-log-in	alt

CSS Glyphicon 类		
glyphicon-circle-arrowdown	glyphicon-log-out	glyphicon-sort-by-order
glyphicon-circle-arrowleft	glyphicon-magnet	glyphicon-sort-by-orderalt
glyphicon-circle-arrowright	glyphicon-map-marker	glyphicon-sound-5-1
glyphicon-circle-arrow-up	glyphicon-menu-down	glyphicon-sound-6-1
glyphicon-cloud	glyphicon-menu-hamburger	glyphicon-sound-7-1
glyphicon-cloud-download	glyphicon-menu-left	glyphicon-sound-dolby
glyphicon-cloud-upload	glyphicon-menu-right	glyphicon-sound-stereo
glyphicon-cog	glyphicon-menu-up	glyphicon-star
glyphicon-collapse-down	glyphicon-minus	glyphicon-star-empty
glyphicon-collapse-up	glyphicon-minus-sign	glyphicon-stats
glyphicon-comment	glyphicon-modal-window	glyphicon-step-backward
glyphicon-compressed	glyphicon-move	glyphicon-step-forward
glyphicon-console	glyphicon-music	glyphicon-stop
glyphicon-copy	glyphicon-new-window	glyphicon-subscript
glyphicon-copyright-mark	glyphicon-object-alignbottom	glyphicon-subtitles
glyphicon-credit-card	glyphicon-object-alignhorizontal	glyphicon-sunglasses
glyphicon-cutlery	glyphicon-object-alignleft	glyphicon-superscript
glyphicon-dashboard	glyphicon-object-alignright	glyphicon-tasks
glyphicon-download	glyphicon-object-aligntop	glyphicon-tent
glyphicon-download-alt	glyphicon-object-alignvertical	glyphicon-text-background
glyphicon-duplicate	glyphicon-off	glyphicon-text-color
glyphicon-earphone	glyphicon-oil	glyphicon-text-height
glyphicon-edit	glyphicon-ok	glyphicon-text-size
glyphicon-education	glyphicon-ok-circle	glyphicon-text-width
glyphicon-eject	glyphicon-ok-sign	glyphicon-th
glyphicon-envelope	glyphicon-open	glyphicon-th-large
glyphicon-equalizer	glyphicon-open-file	glyphicon-th-list
glyphicon-erase	glyphicon-optionhorizontal	glyphicon-thumbs-down
glyphicon-eur	glyphicon-option-vertical	glyphicon-thumbs-up
glyphicon-euro	glyphicon-paperclip	glyphicon-time
glyphicon-exclamationsign	glyphicon-paste	glyphicon-tint
glyphicon-expand	glyphicon-pause	glyphicon-tower
glyphicon-export	glyphicon-pawn	glyphicon-transfer
glyphicon-eye-close	glyphicon-pencil	glyphicon-trash
glyphicon-eye-open	glyphicon-phone	glyphicon-tree-conifer

续表

CSS Glyphicon 类		
glyphicon-facetime-video	glyphicon-phone-alt	glyphicon-tree-deciduous
glyphicon-fast-backward	glyphicon-picture	glyphicon-triangle-bottom
glyphicon-fast-forward	glyphicon-piggy-bank	glyphicon-triangle-left
glyphicon-file	glyphicon-plane	glyphicon-triangle-right
glyphicon-film	glyphicon-play	glyphicon-triangle-top
glyphicon-filter	glyphicon-play-circle	glyphicon-unchecked
glyphicon-fire	glyphicon-plus	glyphicon-upload
glyphicon-flag	glyphicon-plus-sign	glyphicon-usd
glyphicon-flash	glyphicon-print	glyphicon-user
glyphicon-floppy-disk	glyphicon-pushpin	glyphicon-volume-down
glyphicon-floppy-open	glyphicon-qrcode	glyphicon-volume-off
glyphicon-floppy-remove	glyphicon-queen	glyphicon-volume-up
glyphicon-floppy-save	glyphicon-tag	glyphicon-warning-sign
glyphicon-floppy-saved	glyphicon-tags	glyphicon-wrench
glyphicon-folder-close	glyphicon-question-sign	glyphicon-yen
glyphicon-folder-open	glyphicon-random	glyphicon-zoom-in
glyphicon-font	glyphicon-record	glyphicon-zoom-out
glyphicon-forward		
glyphicon-fullscreen		
glyphicon-gbp		

10.6 讨论

讨论部分包含了帮助您巩固本章所学知识的测验。先尝试回答所有问题再看答案。

10.6.1 问答

问：为图像添加.img-responsive 类似乎不足以使其变成响应式对象，如何使之生效？

答：如果您已经阅读过我的 *Sams Teach Yourself Responsive Web Design in 24 Hours* 一书，就知道使用固定宽度的图像是使图像适应浏览器宽度的简易方式。.img-responsive 依靠内建的布局元素限制图像尺寸。有许多方法可以加速图像，帮助其为 Retina 显示器做好准备，但是这超出了 Bootstrap 的范围。

问：我可以用 Bootstrap 将图像转换为其他形状吗？

答：Bootstrap 提供了 3 种图像形状：圆形、圆角和缩略图。但是您可以用 CSS 进一步调整图像。

10.6.2 测验

1. 下面的属性中哪一个是图像标记所必需的？
   a. alt
   b. class
   c. src
   d. a 和 c
   e. 以上都是

2. .img-responsive 类对图像有何影响？
   a. 使其宽度变成 100%
   b. 使其最大宽度变成 100%
   c. 使其自动确定高度
   d. b 和 c
   e. 以上都是

3. 如何用 Bootstrap 将图像转换成圆形？
   a. .circle
   b. .img-circle
   c. .img-rounded
   d. 不能

4. 判断正误：图像形状类在所有浏览器中都有效。

5. 判断正误：HTML 在媒体对象内有效。

6. 如何在.media-left 元素中放置 HTML？
   a. 应该在媒体主体之前。
   b. 应该在媒体主体之后。
   c. 包含在媒体主体中。
   d. 放在什么位置都没有关系。

7. .media 元素和.media-list 元素之间有何不同？
   a. .media 定义一个媒体组，可以包含.media-list
   b. .media-list 元素定义一个媒体列表，可以包含.media 元素
   c. 它们都是媒体对象的容器类，但是.media-list 放在<ul>或者<ol>列表标记上
   d. 两者没有区别

8. 如何在 Bootstrap 中设置缩略图的大小？
   a. .thumbnail 类将图像设置为 150×150 像素

b．.img-thumbnail 类将图像设置为容器宽度的 50%

c．在图像上使用网格类

d．不能设置大小，应该使用 width 和 height 属性

9．.caption 元素中可以使用哪类内容？

a．任何 HTML

b．标题文本

c．说明文本

d．图像

10．下面哪一个是在 Bootstrap 页面中添加图标的正确方法？

a．<div class="col-xs-2 glyphicon glyphicon-bed">Column 1</div>

b．<span class="glyphicon glyphicon-bed"></span>

c．<span class="glyphicon-bed"></span>

d．<button class="button glyphicon">button</button>

10.6.3　测验答案

1．d。<img>标记要求 alt 和 src 属性。

2．d。.img-responsive 将图像设置为 max-width: 100%;和 height: auto;。

3．b。.img-circle 类将图像显示在一个圆中。

4．错误。图像形状在 Internet Explorer 8 等旧浏览器中无效。

5．正确。您通常使用图像、视频或音频等媒体，但是其他 HTML 元素也有效。

6．a。在从左向右（英语及类似语言）的页面上，HTML 中的第一个元素在左侧，这是.media-left 元素的位置。

7．c。它们都是媒体对象的容器元素，但是.media-list 类用于列表标记。

8．c。使用 Bootstrap 网格类和.thumbnail 类创建缩略图网格并重设图像的大小。

9．a。可以使用.thumbnail 和.caption 类包含任何 HTML，创建垂直缩略图框。

10．b。<span class="glyphicon glyphicon-bed"></span>

10.6.4　练习

1．在 Bootstrap 网页上，将图像添加到某个形状中。

2．找到一个能够为网页增添趣味（装饰）或者信息（含义）的图表，将其添加到页面上。

第 11 章
按钮和按钮组样式设置及使用

本章讲解了如下内容：
- ➢ 如何在 Bootstrap 中设置按钮样式；
- ➢ 如何改变按钮的大小与颜色；
- ➢ 如何创建按钮组；
- ➢ 如何设置按钮组的颜色、大小和显示样式。

创建交互式网站时，您需要一种工具来向客户指示，当他们单击鼠标可能导致某个操作。按钮是很容易识别的界面，Bootstrap 可以很简单地在网页上添加按钮。

本章中您将学习如何用 Bootstrap 创建基本按钮和调整它们在页面上的外观。您还将学习如何创建按钮组，甚至使用按钮创建下拉式菜单。

11.1 基本按钮

Bootstrap 中的按钮外观和您预想的一样。图 11-1 展示了基本按钮的外观。

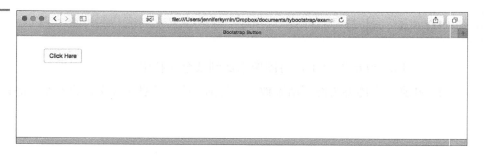

图 11-1 标准 Bootstrap 按钮

默认情况下,Bootstrap 按钮很朴素,采用小的圆角、白色背景和细灰边框。当鼠标放在按钮之上时,它们会变成浅灰色,鼠标点击时,Bootstrap 将在按钮上增加内凹的灰色阴影。

11.1.1 按钮标记

要在页面上添加一个按钮,首先添加.btn 类,然后添加.btn-default 类,创建默认按钮。您可以在 3 个 HTML 标记上创建按钮:

- \<button>
- \<a>
- \<input>

\<input>标记可以使用 type="button" 或 type="submit"属性。如代码清单 11-1 所示,为这些 HTML 元素添加类。

代码清单 11-1 四种按钮标记

```
<a class="btn btn-default">Link</a>
<button class="btn btn-default" type="submit">Button</button>
<input type="button" class="btn btn-default" value="Input">
<input type="submit" class="btn btn-default" value="Submit">
```

如图 11-2 所示,这些标记创建的按钮外观相同。所以,您可以使用最适合于自己网站的 HTML 标记。

图 11-2

用不同 HTML 标记创建的 4 种 Bootstrap 按钮

注释:按钮最佳实践

利用 Bootstrap,您可以用上面列出的 4 种标记创建按钮,但是应该尽量遵循一些最佳实践。您只能在导航中的\<button>元素上使用按钮类(参见第 12 章)。如果以按钮形式创建一个链接,应该用 role="button" 属性指出角色。而且,为了得到最广泛的支持,应该始终将\<button>元素作为第一选择。

11.1.2 按钮类和大小

和其他 Bootstrap 元素一样,您可以用不同的辅助类改变按钮的颜色和大小。有 7 种可用的类。

- btn-default——标准按钮。

第 11 章 按钮和按钮组样式设置及使用

- btn-primary——一组按钮中的首选项。
- btn-success——表示成功或者正面的行为。
- btn-info——用于信息警告按钮的上下文按钮。
- btn-warning——表示该操作应该谨慎为之。
- btn-danger——表示危险或者负面的行为。
- btn-link——使按钮看起来像链接，同时仍然表现得像按钮。

> **警告：用其他方式表达含义**
> 使用上下文类表达含义时，有些客户可能因为不能识别颜色或者使用音频浏览器而无法访问该含义。一定要用按钮颜色之外的某种其他方式提供内容，使其可以访问。方法之一是使用.sr-only 类对非屏幕阅读器隐藏内容。

代码清单 11-2 说明如何在 HTML 中添加这些按钮类型，图 11-3 展示它们的外观。

代码清单 11-2　Bootstrap 中的 7 种按钮类型

```
<button class="btn btn-default">Default</button>
<button class="btn btn-primary">Primary</button>
<button class="btn btn-success">Success</button>
<button class="btn btn-info">Info</button>
<button class="btn btn-warning">Warning</button>
<button class="btn btn-danger">Danger</button>
<button class="btn btn-link">Link</button>
```

图 11-3　Bootstrap 中的 7 种按钮类型

Bootstrap 中的按钮有 4 种尺寸。默认为中等大小的按钮，您也可以用不同的类创建大、中、小或者超小按钮：

- .btn-lg
- .btn-sm
- .btn-xs

您可以组合尺寸类和上下文类创建大的警告按钮或者超小型按钮。还可以用.btn-block 类创建跨越整个父元素宽度的按钮。图 11-4 展示了这些尺寸类对按钮外观的影响。在代码清单 11-3 中可以看到 HTML。

图 11-4 更改按钮大小

代码清单 11-3　更改按钮大小

```
<div class="container">
  <button class="btn btn-default btn-lg">Large Button</button>
  <button class="btn btn-primary">Medium Button</button>
  <button class="btn btn-success btn-sm">Small Button</button>
  <button class="btn btn-warning btn-xs">Extra Small
  Button</button>
  <button class="btn btn-danger btn-block">Full Width
  Button</button>
  <div class="row">
    <div class="col-md-6">
        <button class="btn btn-info btn-block">Half Width
        Button</button>
    </div>
  </div>
</div>
```

更改块级按钮大小的最简单方法是将其放在网格上的列元素内。在代码清单 11-3 中，将按钮放在一个 6 列宽的元素中，它将横跨屏幕宽度的一半。

11.1.3　按钮状态

按钮和链接一样有状态。它们可以活动（显示为按下），或者禁用（无法点击）。Bootstrap 为这些状态添加一些额外的样式，使按钮显得更有交互性。

在按钮上单击时，活动按钮将通过较深的背景、较深的边框和内凹的阴影显示"按下"状态。图 11-5 展示了活动状态下的按钮。

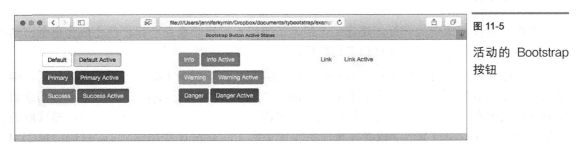

图 11-5 活动的 Bootstrap 按钮

禁用的按钮不能点击，为它们设置的样式使其淡出到页面背景。您可以用 disabled 属性禁用任何按钮。例如：

```
<button class="btn btn-default" disabled >Disabled Button</button>
```

图 11-6 展示了 Bootstrap 显示禁用按钮的方式。

图 11-6

被禁用的 Bootstrap 按钮

警告：不要对<a>标记使用 disabled 属性

disable 属性不是<a>标记的有效属性，如果使用可能造成问题。大部分现代浏览器将正确地显示用锚（<a>）标记编写的禁用按钮，但是这个按钮可能仍然可以点击，这有悖于该属性的目的。作为替代，可以在该标记上使用.disabled 类禁用它。

您使用.active 和.disabled 类在按钮上强制设置的这些样式，在其他情况下显示效果可能不同。一定要知道，用锚（<a>）标记创建的按钮在设置.active 或者.disabled 时的表现略有不同。如果使用该标记创建按钮，一定要在设备中测试。

注释：为什么禁用按钮

在网页上禁用按钮似乎很奇怪。毕竟，如果不能单击某个按钮，客户不是会感到沮丧吗？但是，禁用网页上的元素可能使表单更容易使用。例如，如果表单有大量必填字段，您可以禁用提交按钮，直到所有必要字段都已经填写完毕。这能够帮助客户在第一次尝试时就正确地提交表单。您还可以禁用"条款和条件"字段上的按钮，这样在读者滚动查看整个条款之前"下一步"按钮就不会激活。您应该将 disabled 属性看成使表单更易填写，避免使客户烦恼的手段。

11.2 按钮组

您可以将按钮集中为一行，建立一个组。按钮组将按钮联系在一起，使之成为更紧密结合的整体。可以创建水平、垂直和工具栏按钮组。

要创建按钮组，可以用添加了.btn-group 类的容器元素（如<div>）包围按钮。然后，确保包含合适的 role 属性：对工具栏使用 toolbar，对按钮组使用 group。这将确保屏幕阅读器知道按钮集中在一起。最后，为了提供完整的可访问性，应该包含一个供屏幕阅读器读取的标签，如使用 aria-label 属性，或者在按钮中包含文本并以.sr-only 类隐藏它们。代码清单 11-4 展示了简单按钮组的 HTML。

代码清单 11-4　简单按钮组

```
<div class="btn-group" role="group" aria-label="Button Group">
  <button type="button" class="btn btn-default">Fast</button>
  <button type="button" class="btn btn-default">Slow</button>
  <button type="button" class="btn btn-default">Stop</button>
</div>
```

11.2.1　水平按钮组

水平按钮组是按钮组的默认布局。

正如独立按钮，您可以用 3 个类更改按钮组的大小：

➢ .btn-group-lg

➢ .btn-group-sm

➢ .btn-group-xs

这些类使按钮组变大和变小，如图 11-7 所示。

图 11-7

不同大小的按钮组

可以在按钮组上使用的另一个类是.btn-group-justified。这个类将拉伸组中的按钮，以横跨容器的整个宽度。

如果使用<a>标记创建按钮，只将该类添加到按钮组的容器，如代码清单 11-5 所示。图 11-8 展示了其外观。

代码清单 11-5　两端对齐的按钮组

```
<div class="btn-group btn-group-justified" role="group"
    aria-label="Button Group">
  <a href="#" class="btn btn-default">Fast</a>
  <a href="#" class="btn btn-default">Slow</a>
  <a href="#" class="btn btn-default">Stop</a>
</div>
```

<button>标记略微麻烦一些。大部分浏览器不能正确地应用 Bootstrap CSS 实现两端对齐。所以，为了使其能够正常工作，应该用另一个.btn-group 元素包围每个按钮，如代码清单 11-6 所示。

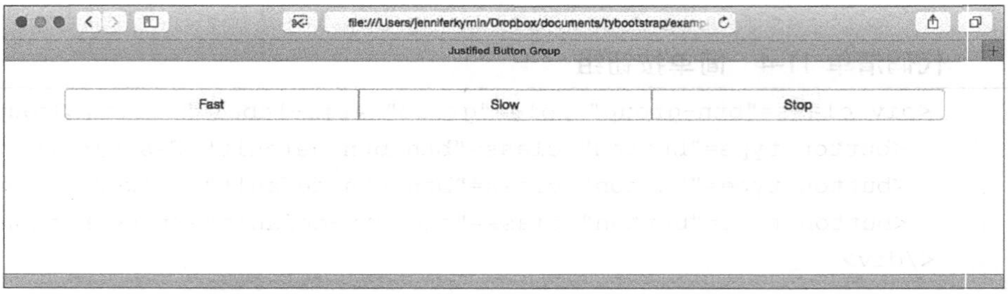

图11-8

两端对齐的按钮组

代码清单11-6　包含\<butto>元素的两端对齐按钮组

```
<div class="btn-group btn-group-justified" role="group"
  aria-label="Button Group">
  <div class="btn-group">
    <button type="button" class="btn btn-default">Fast</button>
  </div>
  <div class="btn-group">
    <button type="button" class="btn btn-default">Slow</button>
  </div>
  <div class="btn-group">
    <button type="button" class="btn btn-default">Stop</button>
  </div>
</div>
```

11.2.2　垂直按钮组

如果希望按钮组垂直堆叠，使用.btn-group-vertical 类。将该类添加到代码清单11-4中的HTML，就可以得到如图11-9所示的按钮组。

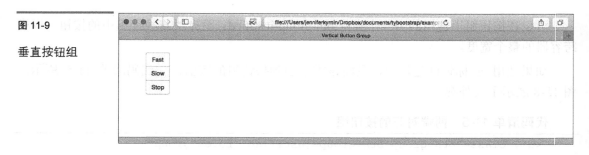

图11-9

垂直按钮组

11.2.3　按钮工具栏

组合多个按钮组可以建立工具栏。这使您可以为更复杂的元素设置样式。代码清单11-7展示了包含3个按钮组的按钮工具栏的HTML代码。图11-10展示了默认Bootstrap样式下一些有趣按钮的外观。

代码清单 11-7　按钮工具栏

```
<div class="btn-toolbar">
  <div class="btn-group" role="group" aria-label="Button Group">
    <button type="button" class="btn btn-primary">1</button>
    <button type="button" class="btn btn-default">2</button>
    <button type="button" class="btn btn-default">3</button>
  </div>
  <div class="btn-group" role="group" aria-label="Button Group">
    <button type="button" class="btn btn-default">4</button>
    <button type="button" class="btn btn-default">5</button>
    <button type="button" class="btn btn-default">6</button>
    <button type="button" class="btn btn-default">7</button>
  </div>
  <div class="btn-group" role="group" aria-label="Button Group">
    <button type="button" class="btn btn-default">8</button>
    <button type="button" class="btn btn-default">9</button>
    <button type="button" class="btn btn-danger">10</button>
  </div>
</div>
```

图 11-10

按钮工具栏

从图 11-10 中可以看出，您总是可以调整按钮，使用不同的按钮类型。

11.3　按钮 JavaScript

Bootstrap 包含 button.js 脚本，可以使用按钮完成更多工作。您可以用这个脚本控制按钮状态，切换按钮开关，将复选框和输入字段转换为按钮。您将在第 18 章中学到这些用法。

11.4　小结

本章介绍如何使用 Bootstrap 中的按钮和按钮组。Bootstrap 提供一些类，可将<button>、<a>和<input>标记转换为响应客户交互的按钮。您还学习了如何将多个按钮组合为按钮组和工具栏，以及创建按钮和按钮组、改变其大小及颜色的类。此外，您学习了将按钮组转换为垂直按钮组和工具栏的类。表 11-1 展示了本章介绍的类。

表 11-1　　按钮和按钮组所用的 Bootstrap 类

CSS 类	描述
.active	将元素置于活动状态，即使在它处于不活动状态的时候
.btn	将元素转换为按钮
.btn-block	该按钮是一个块级按钮，和父元素等宽
.btn-danger	表示该按钮是危险的，或者有危险的结果
.btn-default	默认按钮样式
.btn-group	表示该元素包含一组按钮
.btn-group-lg	显示大按钮组
.btn-group-sm	显示小按钮组
.btn-group-xs	显示超小按钮组
.btn-info	表示按钮是信息性的，或者提供信息
.btn-lg	显示大按钮
.btn-link	将按钮显示为链接，降低按钮的优先级和重要性
.btn-primary	表示该按钮提供重要信息
.btn-sm	显示小按钮
.btn-success	表示该按钮提供成功或者正面的结果
.btn-toolbar	表示该元素包含多个按钮组，这些按钮组以一个工具栏的形式显示
.btn-warning	表示该按钮可能有负面结果
.btn-xs	显示超小按钮
.disabled	设置禁用状态元素的样式，即使它没有被禁用

11.5　讨论

讨论部分包含了帮助您巩固本章所学知识的测验。先尝试回答所有问题再看答案。

11.5.1　问答

问：如何让按钮完成某种工作？

答：Bootstrap 是提供网站外观和少量交互性的框架。当您点击 Bootstrap 网站上的按钮时，必须有某种脚本（JavaScript、PHP 或者其他）完成一些工作。第 18 章介绍 Bootstrap 提供的基本操作，但是如果想要完成更多功能，应该阅读 Brad Dayley 的 *Sams Teach Yourself jQuery and JavaScript in 24 Hours* 或者 Julie Meloni 的 *Sams Teach Yourself PHP, MySQL, and Apache All in One* 等书。

问：我喜欢使用<a>标记创建按钮，这有没有问题？

答：您可以使用<a>、<button>或者<input>标记创建按钮。Firefox 30 以下的版本有一个显示方面的 bug，使得<input>按钮的高度与其他按钮稍有不同。其他浏览器可能有类似的差异。最好是选择一种 HTML 元素，在按钮中一致地使用。Bootstrap 建议使用<button>，但是您可以使用上面三种标记中的任何一个。

问：我能否将复选框和单选按钮转换为按钮？

答：为了将复选框或者单选输入按钮转换为 Bootstrap 按钮，您必须进行一些处理。必须使用 button.js 脚本，为按钮组容器添加 data-toggle="buttons"属性，然后对输入字段附近的<label>元素添加.btn 和.btn- type 类。这些内容将在第 18 章中详细介绍。

11.5.2 测验

1. 哪一个是创建按钮的有效标记？

    a. <a>

    b. <button>

    c. <input>

    d. 以上都是

2. 哪一个是用于创建按钮的最佳标记？

    a. <a>

    b. <button>

    c. <input>

    d. 以上都是

3. 哪一个类是创建 Bootstrap 按钮所必需的？

    a. .btn

    b. .btn-default

    c. .btn-link

    d. .button

4. .btn-link 类有什么功能？

    a. 将链接标记（<a>）转换为按钮

    b. 创建一个外观像按钮、表现像链接的链接

    c. 创建外观和链接相似的按钮

    d. 不是有效的 Bootstrap 类

5. 哪一个不是按钮所用的辅助类？

    a. .btn-correct

    b. .btn-default

c. .btn-primary

d. .btn-success

6. 哪一个类将改变按钮的大小？

   a. .btn-lg

   b. .btn-md

   c. .btn-small

   d. 以上都是

7. 如何禁用<button>元素？

   a. 添加.disabled 类

   b. 添加 disabled 属性

   c. 同时添加.disabled 类和 disabled 属性

   d. 无法禁用<button>元素

8. 何时应该使用状态类.active 和.disabled？

   a. 每当按钮状态变化时使用

   b. 在需要明确显示状态时使用

   c. 仅在<a>标记按钮上使用

   d. 在您需要的任何时候使用

9. 定义按钮组的类是哪些？

   a. .btn 和.group

   b. .btngroup

   c. .btn-group

   d. .group

10. 如何确保按钮组的可访问性？

    a. 使用.btn-group 或.btn-toolbar 类实现可访问性

    b. 在按钮组上添加<role>标记

    c. 使用 ARIA 标签

    d. 使用 role 属性将其定义为 toolbar 或者 group

11.5.3 测验答案

1. d。以上都是。

2. b。<button>是建议的最佳实践。

3. a。必须在所有按钮上添加.btn。

4. c。创建外观像链接的按钮。

5. a。.btn-correct 类不是 Bootstrap 辅助类。
6. a。btn-lg 将使按钮大于默认大小。
7. b。添加 disabled 属性。
8. b。应该在希望状态明确显示时使用状态类。
9. c。.btn-group
10. d。使用 role 属性将其定义为 toolbar 或者 group。

11.5.4 练习

1. 打开您的 Bootstrap 页面并添加一个按钮。
2. 在按钮组中创建一组按钮。

第 12 章

用 Bootstrap 创建导航系统

本章讲解了如下内容：
- 如何构建标准导航元素；
- 如何创建下拉式和上拉式菜单；
- 如何用 navbar 添加网站导航；
- 如何构建面包屑导航和分页；
- 如何创建列表组。

导航是任何网站的重要部分。这是访问者浏览网站和网站所有者放置可寻找内容的手段。

Bootstrap 提供了多种导航功能。在本章中您将学习创建标准导航和导航栏、下拉菜单、面包屑导航和列表组甚至为网页添加分页的方法。

12.1 标准导航元素

Bootstrap 中的导航系统称作 nav。您可以在容器元素上使用.nav 基类创建一个 nav。在 HTML5 中，您应该从<nav>元素入手定义导航。这个元素可以为整个网站、页面甚至其中的一个部分定义导航。在<nav>元素上包含 role="navigation"属性可以增强导航的可访问性。导航将是一个列表元素（如<ul>），每个导航项目将是包含一个链接（<a>）的<li>元素。

标准导航有两类：
- .nav-pills——为每个导航项目创建一个小按钮；
- .nav-tabs——将导航元素转换为简单的选项卡。

TRY IT YOURSELF

在 Bootstrap 中构建简单的导航

Bootstrap 帮助您轻松地将标准 HTML5 导航转换为 Bootstrap 导航。本环节带您经历在 Bootstrap 页面上创建简单导航的各个步骤。

1. 在 HTML 编辑器中打开 Bootstrap 页面。
2. 添加如下 HTML。

```
<nav role="navigation">
  <ul>
    <li role="presentation"><a href="#">Home</a></li>
    <li role="presentation"><a href="#">About</a></li>
    <li role="presentation"><a href="#">Articles</a></li>
    <li role="presentation"><a href="#">Support</a></li>
  </ul>
</nav>
```

3. 为<ul>标记添加.nav 类。
4. 为<ul>标记添加.nav-pills 类。
5. 为第一个<li>标记添加.active 类。

如图 12-1 所示，上述代码创建了一组导航链接，活动的按钮显示为蓝色。您可以将导航更改为.nav-tabs，创建一个选项卡式导航。代码清单 12-1 展示了选项卡的 HTML。

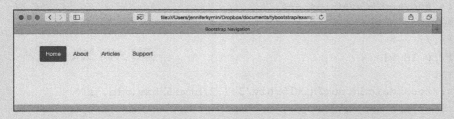

图 12-1

有一个按钮处于活动状态的胶囊导航

代码清单 12-1 选项卡式导航的 HTML

```
<nav role="navigation">
  <ul class="nav nav-tabs">
    <li role="presentation" class="active"><a
      href="#">Home</a></li>
    <li role="presentation"><a href="#">About</a></li>
    <li role="presentation"><a href="#">Articles</a></li>
    <li role="presentation"><a href="#">Support</a></li>
  </ul>
</nav>
```

如果使用.nav-pills 类，可以添加.nav-stacked 类，创建一个垂直导航，这将把导航元素转换为和容器等宽。您可以将导航放在一个网格列中，将主内容放在另一列中，创建如图 12-2 所示的标准两列布局。

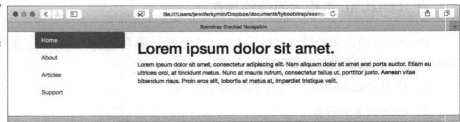

图 12-2 带有堆叠式胶囊导航的两列布局

从代码清单 12-2 中可以看到，在<nav>和<article>元素上添加了列类。

代码清单 12-2　带有堆叠式胶囊导航的两列布局

```html
<!DOCTYPE html>
<html lang="en">
  <head>
    <meta charset="utf-8">
    <meta http-equiv="X-UA-Compatible" content="IE=edge">
    <meta name="viewport"
        content="width=device-width, initial-scale=1">
    <title>Bootstrap Stacked Navigation</title>

    <!-- Bootstrap -->
    <link href="css/bootstrap.min.css" rel="stylesheet">
    <!-- HTML5 shim and Respond.js for IE8 support of HTML5
    elements and media queries -->
    <!-- WARNING: Respond.js doesn't work if you view the page
    via file:// -->
    <!--[if lt IE 9]>
      <script
src="https://oss.maxcdn.com/html5shiv/3.7.2/html5shiv.min.js">
      </script>
      <script
src="https://oss.maxcdn.com/respond/1.4.2/respond.min.js"></script>
    <![endif]-->
  </head>
  <body>
  <div class="container">
    <div class="row">
    <nav role="navigation" class="col-sm-3">
      <ul class="nav nav-pills nav-stacked">
        <li role="presentation" class="active">
          <a href="#">Home</a></li>
        <li role="presentation"><a href="#">About</a></li>
        <li role="presentation"><a href="#">Articles</a></li>
```

```
      <li role="presentation"><a href="#">Support</a></li>
    </ul>
  </nav>
  <article class="col-sm-9">
    <h1>Lorem ipsum dolor sit amet.</h1>
    <p>Lorem ipsum dolor sit amet, consectetur adipiscing elit.
    Nam aliquam dolor sit amet erat porta auctor. Etiam eu
    ultrices orci, at tincidunt metus. Nunc at mauris rutrum,
    consectetur tellus ut, porttitor justo. Aenean vitae
    bibendum risus. Proin eros elit, lobortis et metus at,
    imperdiet tristique velit.</p>
  </article>
 </div>
 </div>
 </body>
</html>
```

您可以用.nav-justified 类使选项卡和胶囊导航等宽。这将在宽于 768 像素的浏览器中改变导航链接的大小。如果浏览器宽度小于上述值,导航链接将堆叠显示。在图 12-3 中可以看到胶囊导航和选项卡的外观。

图 12-3
两端对齐的导航

如果想要禁用导航中的某些部分,只需要在<li>项目中添加.disable 类。例如:

```
<li role="presentation" class="disabled" ><a href="#">Games</a></li>
```

这将使链接变为灰色,删除所有鼠标悬停效果。记住,<a>标记仍然有效,使用 JavaScript 才能完全禁用这种链接。

12.2 下拉菜单

下拉菜单是为网页添加简单导航的极佳手段。您添加一个带有.dropdown 类的容器,包含带有.dropdown-toggle 类的按钮(按钮的更多知识参见第 11 章)。然后,用.dropdown-menu 类添加菜单。代码清单 12-3 展示了实现这一功能的代码。

代码清单 12-3　下拉式菜单

```
<div class=" dropdown ">
  <button class="btn btn-default dropdown-toggle " data-toggle="dropdown">
    Choose One...
```

```
    <span class="caret"></span>
  </button>
  <ul class=" dropdown-menu ">
    <li><a href="#">Item 1</a></li>
    <li><a href="#">Item 2</a></li>
    <li><a href="#">Item 3</a></li>
    <li><a href="#">Item 4</a></li>
  </ul>
</div>
```

建立下拉菜单之后,一定要在 HTML 文档的最后包含指向 jQuery 和 Bootstrap JavaScript 的链接。例如:

```
<script src="http://code.jquery.com/jquery-latest.js"></script>
<script src="js/bootstrap.min.js"></script>
```

还可以为下拉菜单添加几种其他类。

> .dropdown-menu-left——强制菜单左对齐于容器(默认)。
> .dropdown-menu-right——强制菜单右对齐于容器。
> .dropdown-header——创建标题菜单项。
> .divider——在菜单内创建一个分隔符。
> .disabled——禁用菜单项。

图 12-4 展示了菜单项上 .dropdown-header、.divider 和 .disabled 类的显示效果。

图 12-4

添加了特殊类的下拉菜单

警告:下拉菜单只有一级

Bootstrap3 无法帮助您创建多级下拉菜单,您能得到的只有一级。如果需要比单级下拉菜单更复杂的导航结构,必须添加自定义 CSS 和 JavaScript。您可以在网上找到很多相关的文章。This Fiddle(http://jsfiddle.net/chirayu45/YXkUT/16/)就是一个好的例子。

12.2.1 拆分下拉菜单

拆分按钮下拉菜单是在按钮组上创建的下拉菜单,其外观像是一侧有下拉菜单的单一按钮。

要创建这样的下拉菜单，需要使用有两个按钮的按钮组：上有文本的动作按钮，以及只定义了触发下拉菜单的.caret 图标类的下拉按钮。

TRY IT YOURSELF

创建一个拆分按钮下拉菜单

如果您阅读了第 11 章，就已经知道如何创建按钮组，拆分按钮就是包含一个按钮和一个下拉菜单的按钮组。在本环节中，您将看到，使用按钮组中的下拉菜单创建拆分按钮有多么简单。

1. 在 Web 编辑器中打开您的 Bootstrap 页面。
2. 创建一个包含动作按钮的按钮组。

   ```
   <div class="btn-group">
     <button class="btn btn-primary">Choose One...</button>
   </div>
   ```

3. 在第一个按钮下添加另一个按钮，使其成为下拉菜单的开关。

   ```
   <button class="btn btn-primary dropdown-toggle"
           data-toggle="dropdown">
     <span class="caret"></span>
     <span class="sr-only">Trigger Dropdown Menu</span>
   </button>
   ```

4. 在按钮组容器中创建一个列表，包含您的下拉菜单链接。

   ```
   <ul class="dropdown-menu">
     <li>...</li>
   </ul>
   ```

5. 验证您已经在文档最后添加了 jQuery 和 Bootstrap JavaScript 文件的连接，然后在浏览器中测试。

如代码清单 12-4 所示，HTML 看上去似乎很复杂，但并非如此。图 12-5 展示了拆分按钮的外观。

代码清单 12-4　拆分按钮下拉菜单

```
<div class="btn-group">
  <button class="btn btn-primary">Choose One...</button>
  <button class="btn btn-primary dropdown-toggle"
          data-toggle="dropdown">
    <span class="caret"></span>
    <span class="sr-only">Trigger Dropdown Menu</span>
```

```
    </button>
    <ul class="dropdown-menu">
      <li class="dropdown-header">Section 1</li>
      <li><a href="#">Item 1</a></li>
      <li><a href="#">Item 2</a></li>
      <li class="disabled"><a href="#">Item 3</a></li>
      <li class="divider"></li>
      <li class="dropdown-header">Section 2</li>
      <li><a href="#">Item 4</a></li>
      <li><a href="#">Item 5</a></li>
    </ul>
  </div>
```

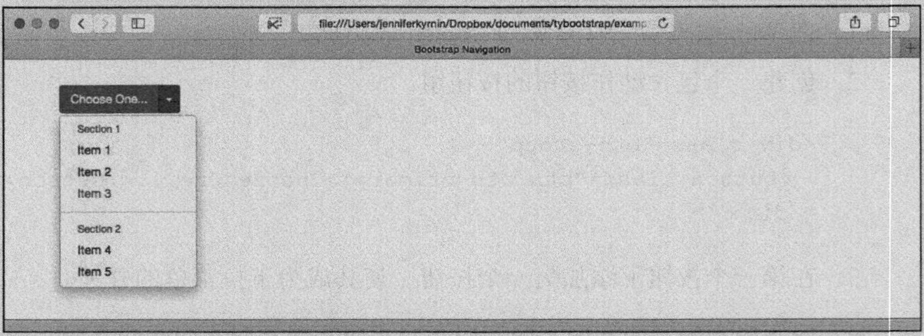

图 12-5 包含下拉菜单的拆分按钮

12.2.2 上拉式变种

有时候，您不希望菜单出现在按钮或者开关元素的下方，而是出现在上方。Bootstrap 也提供了一种使用 .dropup 类实现该效果的方法。

您所要做的就是像使用 .dropdown 类一样，将 .dropup 类应用到按钮组容器上。代码清单 12-5 展示了一个简单的上拉菜单。

代码清单 12-5　简单上拉菜单

```
<div class="btn-group dropup">
  <button class="btn btn-default dropdown-toggle"
          data-toggle="dropdown">
    Choose One...
    <span class="caret"></span>
  </button>
  <ul class="dropdown-menu">
    <li class="dropdown-header">Section 1</li>
    <li><a href="#">Item 1</a></li>
    <li><a href="#">Item 2</a></li>
    <li class="disabled"><a href="#">Item 3</a></li>
```

```html
    <li class="divider"></li>
    <li class="dropdown-header">Section 2</li>
    <li><a href="#">Item 4</a></li>
    <li><a href="#">Item 5</a></li>
  </ul>
</div>
```

> **警告：为上拉菜单留出空间**
> 您不应该在网页顶部使用上拉菜单，因为窗口的顶部将截断菜单。浏览器不会在菜单出现时添加滚动条，所以如果打开时超出了窗口，就无法看到或者点击菜单。

一定要在代码清单中的 HTML 之前添加文本或者其他内容，避免浏览器窗口像上面的"警告"中一样切断菜单。

使用.dropup 类还要注意一点，它在.btn-group 元素上工作得最好。如果希望上拉菜单不出现在按钮组中，只需要在容器中添加.btn-group 类，但不要添加多个按钮。代码清单 12-5 展示了这一做法。

12.3 导航栏

网页中的导航常常以导航栏（navbar）的形式出现，Bootstrap 增加了用于导航栏的特殊功能。这些导航栏可以作为网站或者 Web 应用的标题。

Bootstrap 有如下特性：

- 在移动视图中折叠，可以切换开关；
- 包含了用于品牌文本或者图像的位置；
- 可以包含按钮、按钮组、下拉菜单和非导航链接；
- 允许表单包含搜索框；
- 可以向右或者向左对齐、固定在屏幕的顶部或者底部，也可以在页面上静态放置；
- 有不同颜色的反转选项。

在 Bootstrap 中构建导航栏时，牢记 Bootstrap 是移动优先的框架，这十分重要。因此，您所构建的所有元素首先是为移动设备设计的，然后在更大的设备上添加特性。图 12-6 展示了代码清单 12-6 中的导航在较窄的窗口和全尺寸窗口中的效果。

代码清单 12-6　导航栏的 HTML

```html
<nav class="navbar navbar-default">
  <div class="container-fluid">
    <div class="navbar-header">
      <button type="button" class="navbar-toggle collapsed"
              data-toggle="collapse" data-target="#collapsedNav">
        <span class="sr-only">Toggle navigation</span>
        <span class="icon-bar"></span>
```

```
          <span class="icon-bar"></span>
          <span class="icon-bar"></span>
        </button>
        <a href="#" class="navbar-brand">
        <img src="images/dandylion-logo.png"
             style="height:100%; width: auto;" alt="Dandylions"/>
        </a>
        <p class="navbar-text"><strong>Dandylions</strong></p>
      </div>

      <div class="collapse navbar-collapse" id="collapsedNav">
        <ul class="nav navbar-nav">
          <li class="active"><a href="#">Home</a></li>
          <li><a href="">Products</a></li>
          <li><a href="">Support</a></li>
        </ul>
        <form class="navbar-form navbar-right" role="search">
          <div class="form-group">
            <input type="text" class="form-control"
                   placeholder="Search">
          </div>
        </form>
        <ul class="nav navbar-nav navbar-right">
          <li><a href="">Contact Us</a></li>
        </ul>
      </div>
    </div>
  </nav>
```

图 12-6

窄窗口和宽窗口中的同一个导航

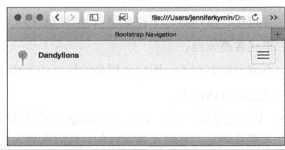

> **警告：注意您的导航栏长度**
>
> Bootstrap 无法告诉您导航的宽度，如果其宽度超过了当前窗口的处理能力，它将卷绕到第 2 行。为了避免这种现象，您可以从导航中删除项目，减小导航中项目的宽度，用响应式工具类仅在较大的宽度上显示某些项目（参见第 13 章），或者用 CSS 更改导航栏从折叠切换到水平模型的时机。

折叠导航是导航栏折叠插件的一部分，包含在 Bootstrap JavaScript 文件中。一定要在页面上的 Bootstrap JavaScript 中包含折叠插件；否则，您的导航将无法在移动浏览器中开关。

要在 Bootstrap 中创建导航栏，首先添加包含.navbar 类的<nav>元素。最常见的导航栏使用.navbar-default 类。在<nav>元素中，放置添加.container 或者 container-fluid 类的容器 div，定义导航显示位置。最后，在导航栏中按照自己的喜好放置品牌元素、按钮、链接、表单字段和其他导航工具。

12.3.1 导航栏标题和品牌

导航栏标题是导航中大部分用户将看到的一个部分，通常包含品牌和图标、切换导航开关的按钮以及其他重要项目。导航栏标题用.navbar-header 类定义。

可以用.navbar-brand 类为 Bootstrap 导航栏添加图标或者品牌。您可以为导航栏品牌使用文本或者图像。代码清单 12-7 展示了使用文本的基本导航栏品牌。

代码清单 12-7　导航栏品牌

```
<nav class="navbar navbar-default">
  <div class="container-fluid">
    <div class="navbar-header">
      <a href="#" class="navbar-brand">Dandylions</a>
    </div>
  </div>
</nav>
```

12.3.2 切换导航开关

为了实现响应式设计，移动浏览器中通常折叠和隐藏导航，这也就意味着，您需要一种让移动用户看到导航元素的手段。最好是将切换按钮和品牌元素集合起来，为移动用户提供更好的体验。可以将它们集中在刚刚学过的.navbar-header 中。

您可以根据自己的需要创建切换按钮，但是使用 Bootstrap，仅使用 HTML 和 CSS 就可以轻松地创建"汉堡"图标。在代码清单 12-8 中，可以看到 3 个 span 标记：<span class="icon-bar"></span>。每个标记创建按钮中的一条细线，堆叠成汉堡图标。

代码清单 12-8　构建导航开关按钮

```
<button type="button" class="navbar-toggle collapsed"
```

```
                data-toggle="collapse" data-target="#collapsedNav">
    <span class="sr-only">Toggle navigation</span>
    <span class="icon-bar"></span>
    <span class="icon-bar"></span>
    <span class="icon-bar"></span>
</button>
```

该按钮使用.navbar-toggle 和.collapsed 类，表示这是一个仅在导航栏处于折叠状态时显示的开关按钮。下面是您应该知道的另外两个属性。

> data-toggle="collapse"——这个数据字段告诉 JavaScript，该元素是折叠的。脚本用这个字段知道何时折叠和展开菜单。

> data-target="#collapsedNav"——这个数据字段告诉 JavaScript 哪些元素折叠、哪些元素展开。在之后的菜单中，将有一个 id 为 collapsedNav 的容器元素。这个元素在导航切换为开和关时出现和消失。

创建可开关的导航系统最终需要确定被开关的导航元素。添加一个容器元素<div>，并设置.collapse 和.navbar-collapse 类。一定要为其设置与开关按钮中列出的 data-target 相匹配的 id。然后，将需要开关的所有导航元素放入该容器。图 12-7 展示了用开关按钮打开的导航。

图 12-7

打开的导航栏

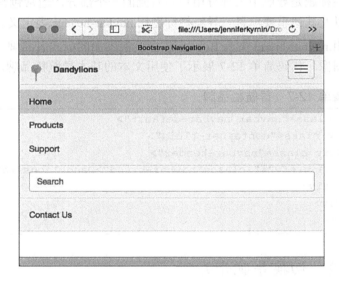

12.3.3 导航栏中的链接、文本、按钮和表单

大部分导航栏由链接、按钮和下拉菜单组成，您可以将这些元素包含在 Bootstrap 导航栏和文本中。

用无序列表将链接添加到导航栏。为该列表设置.nav 和.navbar-nav 类，在导航栏中正确显示它们。代码清单 12-9 所示了包含 3 个链接的可折叠导航栏的 HTML。

代码清单 12-9　包含 3 个链接的可折叠导航栏

```
<div class="collapse navbar-collapse" id="collapsedNav">
    <ul class="nav navbar-nav">
```

```
    <li class="active"><a href="#">Link</a></li>
    <li><a href="#">Link</a></li>
    <li><a href="#">Link</a></li>
  </ul>
</div>
```

在完成的 Bootstrap 页面中包含了 JavaScript 之前，collapse 函数所做的只是在较大的屏幕上消失。完整的代码参见代码清单 12-11。

虽然可以在导航栏上添加文本，但是这可能造成外观古怪的布局。所以，Bootstrap 提供了.navbar-text 样式，为文本设置正确的颜色和行距。此外，.navbar-link 类可用于导航栏中的链接，它们不是导航的一部分，这使它们有了更加标准的链接外观。例如：

```
<p class=" navbar-text ">
  We love <a href="" class=" navbar-link ">Weeds</a>!
</p>
```

可以用和在其他位置添加按钮一样的方式添加按钮——使用.btn 和.btn- style 类。但是应该使用.navbar-btn 类，这样按钮可以在导航栏中垂直居中。例如：

```
<button class="btn btn-default navbar-btn "
        type="button">Click Me</button>
```

添加表单的方法也类似——使用.navbar-form 类。该类确保表单在导航栏中正确地垂直对齐，并在较小的窗口中折叠。一定要在多种浏览器中仔细检查表单字段，因为某些表单控件需要固定的宽度才能在导航栏中正确显示。代码清单 12-10 展示了表单和按钮的 HTML。

代码清单 12-10　导航栏中的表单和按钮

```
<nav class="navbar navbar-default">
  <div class="container-fluid">
    <div class="collapse navbar-collapse" id="collapsedNav">
      <form class="navbar-form navbar-right" role="search">
        <div class="form-group">
          <input type="text" class="form-control"
                placeholder="Search">
        </div>
      </form>
      <button type="button"
              class="btn btn-default navbar-btn navbar-right">
        Contact Us
      </button>
    </div>
  </div>
</nav>
```

图 12-8 展示了有多个不同组件的导航栏，代码清单 12-11 展示了对应的 HTML。

156 | 第 12 章 用 Bootstrap 创建导航系统

图 12-8

有多个组件的导航栏

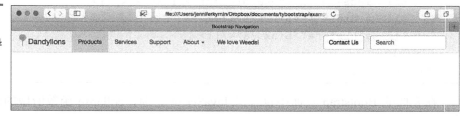

代码清单 12-11 多组件导航栏的 HTML

```
<!DOCTYPE html>
<html lang="en">
  <head>
    <meta charset="utf-8">
    <meta http-equiv="X-UA-Compatible" content="IE=edge">
    <meta name="viewport"
          content="width=device-width, initial-scale=1">
    <title>Bootstrap Navigation</title>

    <!-- Bootstrap -->
    <link href="css/bootstrap.min.css" rel="stylesheet">
    <!-- HTML5 shim and Respond.js for IE8 support of HTML5
    elements and media queries -->
    <!-- WARNING: Respond.js doesn't work if you view the page
    via file:// -->
    <!--[if lt IE 9]>
      <script
src="https://oss.maxcdn.com/html5shiv/3.7.2/html5shiv.min.js">
      </script>
      <script
src="https://oss.maxcdn.com/respond/1.4.2/respond.min.js"></script>
    <![endif]-->
    <style>
    img#dandylionLogo {
      height:100%; width: auto; display: inline; margin-top: -10px;
    }
    </style>
  </head>
  <body>
    <nav class="navbar navbar-default">
      <div class="container-fluid">
        <div class="navbar-header">
          <button type="button" class="navbar-toggle collapsed"
                  data-toggle="collapse"
                  data-target="#collapsedNav">
            <span class="sr-only">Toggle navigation</span>
            <span class="icon-bar"></span>
            <span class="icon-bar"></span>
```

```html
      <span class="icon-bar"></span>
    </button>
    <a href="#" class="navbar-brand">
      <img src="images/dandylion-logo.png" alt="Dandylion"
          id="dandylionLogo" />Dandylions
    </a>
  </div>

  <div class="collapse navbar-collapse" id="collapsedNav">
    <ul class="nav navbar-nav">
      <li class="active"><a href="#">Products</a></li>
      <li><a href="#">Services</a></li>
      <li><a href="#">Support</a></li>
    <li class="dropdown">
    <a href="#" class="dropdown-toggle"
      data-toggle="dropdown" role="button"
      aria-expanded="false">
      About <span class="caret"></span>
    </a>
    <ul class="dropdown-menu" role="menu">
      <li><a href="#">Articles</a></li>
      <li><a href="#">Related Sites</a></li>
    </ul>
    </li>
    </ul>
    <p class="navbar-text">
      We love <a href="" class="navbar-link">Weeds</a>!
    </p>
    <form class="navbar-form navbar-right" role="search">
      <div class="form-group">
        <input type="text" class="form-control"
            placeholder="Search">
      </div>
    </form>
    <button type="button"
          class="btn btn-default navbar-btn navbar-right">
      Contact Us
    </button>
  </div>
  </div>
</nav>

<script src="http://code.jquery.com/jquery-latest.js"></script>
<script src="js/bootstrap.min.js"></script>

</body>
</html>
```

12.3.4 改变导航栏的颜色和对齐方式

Bootstrap 导航栏默认为浅灰色背景，高亮显示时为深灰色。但是存在一个深色的备选版本，您可以用.navbar-inverse 类切换到反转导航栏。图 12-9 所示为这种导航栏的外观。

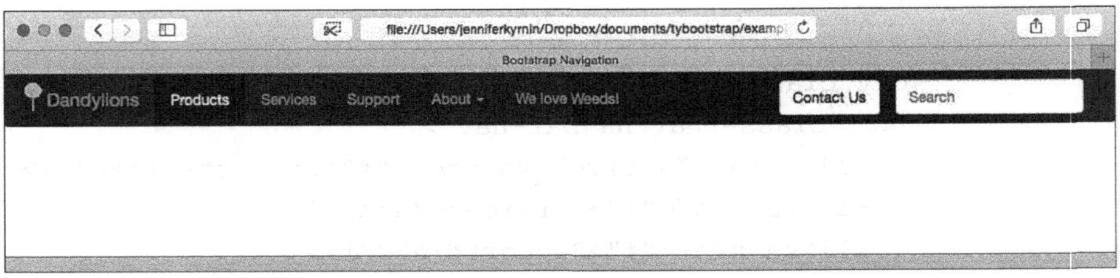

图 12-9
反转颜色的导航栏

在导航栏容器元素上添加.navbar-inverse 类，将把颜色改为黑色导航栏和深灰色的高亮显示。您将在第 21 章中学习修改 Bootstrap 以使用其他颜色的方法。

您也可以调整导航栏的显示位置和内容的滚动。对于有许多信息或者页面极长的网站来说，将导航栏固定在屏幕顶部或者底部可能很实用。在 Bootstrap 中可以用如下类轻松地调整导航位置。

> .navbar-static-top——删除导航栏周围的内外边距，将其直接放在页面顶部。导航栏将随着页面的其余部分一起滚动。
> .navbar-fixed-top——删除导航栏顶部的内外边距，将其放在窗口顶部。内容将在其下滚动，但是导航栏不会离开窗口。
> .navbar-fixed-bottom——删除导航栏底部的内外边距，将其放在窗口底部。内容将在其下滚动，但是导航栏不会离开窗口。

将导航栏固定在窗口顶部时，必须在 body 标记上添加一些 CSS，使其不会被导航覆盖。导航栏的初始高度为 50 像素，但是应该测试适于网页设计的值：

```
body { padding-top: 70px; }
```

如图 12-10 所示，滚动对固定导航栏下方的内容起作用。

图 12-10
滚动的内容和固定的导航栏

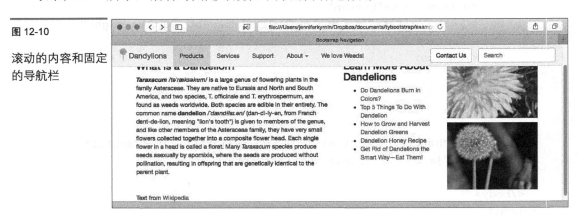

您还可以用.navbar-left 和.navbar-right 类定位导航栏内的元素。这些类添加指定方向的 CSS float 属性。一定要注意，.navbar-right 元素的放置方式是有限制的，外边距可能会消失。一定要在浏览器中测试，这个组件在 Bootstrap 4 中的修改有待观察。

12.4 面包屑导航和分页

另外两种常见的导航形式是面包屑导航和分页。这些形式通常被用作大网站或者大型文档的附加导航方式。面包屑创建网站的层次化结构，允许客户快速、轻松地发现自己所在的位置。Bootstrap 自动地为面包屑链接添加分隔符。用.breadcrumb 类可以将有序列表转换成面包屑导航。然后，您可以用.active 类指明当前页面。代码清单 12-12 说明了用法。

代码清单 12-12　Bootstrap 面包屑导航

```
<ol class="breadcrumb" >
  <li><a href="">Dandelions</a></li>
  <li><a href="">Recipes</a></li>
  <li><a href="">Drinks</a></li>
  <li class="active">Dandelion Wine</li>
</ol>
```

分页为网站或者应用中的多页内容提供链接，有两种方法：标准分页和翻页。

要创建分页，编写一个页面链接列表，并添加.pagination 类。大部分分页在列表的开始和结束包含图标，使客户可以移到下一页和上一页。添加包含图标或者字符的上页和下页链接可以实现这一功能。代码清单 12-13 展示了标准的 Bootstrap 分页列表。

代码清单 12-13　标准的 Bootstrap 分页

```
<ul class="pagination">
  <li>
    <a href="" aria-label="Previous">
      <span class="glyphicon glyphicon-arrow-left"></span>
    </a>
  </li>
  <li><a href="">1</a></li>
  <li><a href="">2</a></li>
  <li><a href="">3</a></li>
  <li><a href="">4</a></li>
  <li><a href="">5</a></li>
  <li>
    <a href="" aria-label="Next">
      <span class="glyphicon glyphicon-arrow-right"></span>
    </a>
  </li>
</ul>
```

您可以用.pagination-lg 类得到更大的分页链接，用.pagination-sm 类得到较小的分页链接。使用.active 和.disabled 类，可以高亮显示当前页，禁用无法工作的页面（如文档首页上的"前页")。

如果不想列出每个页面,或者只需要简单的"上一页/下一页"风格分页,Bootstrap 提供了 .pager 类。将该类添加到无序列表,该列表中的两个列表项应该是"上一页"和"下一页"。如果为这些列表项添加 .previous 和 .next 类,它们将向容器的左侧和右侧对齐。代码清单 12-14 展示了包含向两侧对齐的链接的分页列表。

代码清单 12-14 链接向两侧对齐的分页列表

```
<ul class="pager">
  <li class="previous"><a href="">
    <span class="glyphicon glyphicon-arrow-left"></span> Previous
  </a></li>
  <li class="next"><a href="">
    Next <span class="glyphicon glyphicon-arrow-right"></span>
  </a></li>
</ul>
```

图 12-11 展示了 Bootstrap 中的面包屑导航和分页。

图 12-11

Bootstrap 中的面包屑和分页

12.5 列表组

列表组是可用于显示包含自定义内容的简单和复杂列表的一个组件。也可以用它们创建有趣的垂直导航。

要创建一个列表组,构建标准的 HTML 列表,并为容器(<ul>或者<ol>)添加 .list-group 类。然后,为列表中的每个<li>项目添加 .list-group-item 类。图 12-12 展示了简单的列表组。

图 12-12

简单列表组

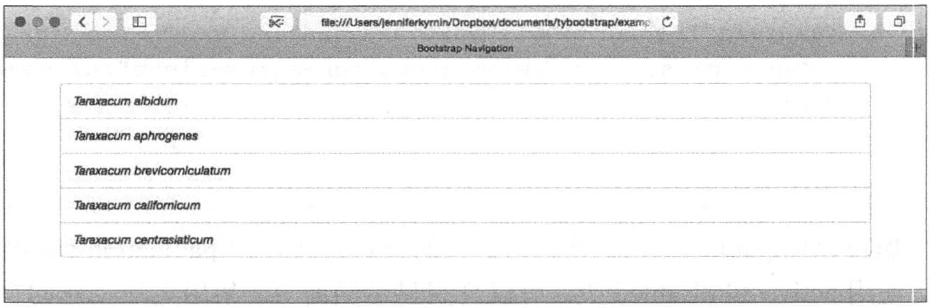

如果在列表组中添加徽章（徽章的知识参见第 6 章），它们将自动向右对齐。代码清单 12-15 展示了带有徽章的列表组的 HTML。

代码清单 12-15　包含徽章的列表组

```
<ul class="list-group">
  <li class="list-group-item"><em>Taraxacum albidum</em>
    <span class="badge">14</span></li>
  <li class="list-group-item"><em>Taraxacum aphrogenes</em>
    <span class="badge">3</span></li>
  <li class="list-group-item"><em>Taraxacum brevicorniculatum</em>
    <span class="badge">5</span></li>
  <li class="list-group-item"><em>Taraxacum californicum</em>
    <span class="badge">27</span></li>
  <li class="list-group-item"><em>Taraxacum centrasiaticum</em>
    <span class="badge">0</span></li>
</ul>
```

可以将一组链接转换为列表组，以创建导航菜单。您甚至不需要<ul>或者<li>标记（但是使用它们可以提高可访问性）。代码清单 12-16 所示为如何将一组链接转换为导航列表组。

代码清单 12-16　列表组形式的一组链接

```
<div class=" list-group ">
  <a href="" class=" list-group-item "><em>Taraxacum albidum</em></a>
  <a href="" class=" list-group-item active"><em>Taraxacum aphrogenes</em></a>
  <a href="" class=" list-group-item "><em>Taraxacum brevicorniculatum</em></a>
  <a href="" class=" list-group-item "><em>Taraxacum californicum</em></a>
  <a href="" class=" list-group-item "><em>Taraxacum centrasiaticum</em></a>
</div>
```

您可以用.disabled 和.active 类调整列表组项目的外观，可以在每个列表组项目中添加多种上下文类：

> .list-group-item-info——表示内容是信息性的；
> .list-group-item-success——表示成功或者正面的项目；
> .list-group-item-danger——表示危险或者负面的项目；
> .list-group-item-warning——表示可能危险或者困难的事情。

和所有上下文类一样，如果这些类提供内容的关键信息，您应该始终提供非可视浏览器和屏幕阅读器使用的替代方案。

作为垂直导航，列表组的闪光点是在添加.list-group-itemheading 和.list-group-item-text 类时，您可以创建具有标题和描述性文本的链接块，如图 12-13 所示。

图 12-13

精美的列表组

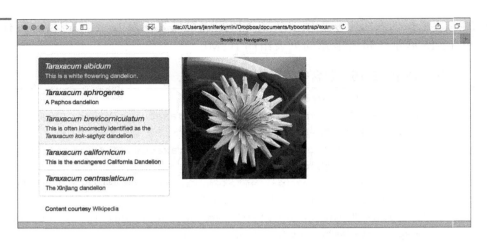

在图 12-13 中，列表组描述了多种蒲公英，显示选中项目的照片，经常出现识别错误的种类用一个警告颜色强调。这为您的图片库提供了极好的导航结构，您可以为每个导航项目提供附加信息。图 12-13 的 HTML 如代码清单 12-17 所示。

代码清单 12-17　精美的列表组

```
<div class="container">
  <div class="row">
  <div class="list-group col-md-4">
    <a href="" class="list-group-item active">
      <h4 class="list-group-item-heading"><em>Taraxacum
      albidum</em></h4>
      <p class="list-group-item-text">This is a white flowering
      dandelion.</p>
    </a>
    <a href="" class="list-group-item">
      <h4 class="list-group-item-heading"><em>Taraxacum
      aphrogenes</em></h4>
      <p class="list-group-item-text">A Paphos dandelion</p>
    </a>
    <a href="" class="list-group-item list-group-item-warning">
      <h4 class="list-group-item-heading"><em>Taraxacum
      brevicorniculatum</em></h4>
      <p class="list-group-item-text">This is often incorrectly
      identified as the <em>Taraxacum kok-saghyz</em> dandelion</p>
    </a>
    <a href="" class="list-group-item">
      <h4 class="list-group-item-heading"><em>Taraxacum
      californicum</em></h4>
      <p class="list-group-item-text">This is the endangered
      California Dandelion</p>
    </a>
    <a href="" class="list-group-item">
      <h4 class="list-group-item-heading"><em>Taraxacum
```

```
            centrasiaticum</em></h4>
      <p class="list-group-item-text">The Xinjiang dandelion</p>
    </a>
  </div>
  <img src="images/T_albidum01.jpg" alt="T. albidum"
       class="col-md-4">
  <p class="col-md-12">Content courtesy
  <a href="http://en.wikipedia.org/wiki/Taraxacum">Wikipedia</a>
  </div>
</div>
```

12.6 小结

本章介绍了在 Bootstrap 中创建导航和其他链接列表的各种方法。您学习了按钮、链接、下拉菜单等标准导航元素的相关知识，还学习了创建导航栏（navbar）的方法。导航栏为网页提供了标题和品牌等许多功能，以及链接、表单和文本等导航栏特性。您还学习了更改导航栏和其中项目的对齐，以及将颜色从灰色改为黑色的方法。此外，本章介绍了非标准的导航结构，如分页、面包屑导航和列表组。本章中的所有 CSS 类在表 12-1 中列出。

表 12-1　　　　　　　　导航元素所用的 Bootstrap 类

CSS 类	描　　述
.breadcrumb	表示该列表是面包屑列表
.caret	显示插入符号图标
.collapse	表示该导航栏元素应该是可折叠组的一部分
.collapsed	该元素应该显示为折叠（移动浏览器除外）
.divider	在下拉菜单中放置一个分隔符
.dropdown	表示该元素包含下拉菜单列表
.dropdown-header	下拉菜单列表的标题
.dropdown-menu	下拉菜单列表
.dropdown-menu-left	将下拉菜单放在容器的左侧
.dropdown-menu-right	将下拉菜单放在容器的右侧
.dropdown-toggle	表示该元素应该开/关下拉菜单
.dropup	该元素所包含的菜单应该在项目之上打开，而不是下拉菜单
.icon-bar	显示条状或者虚线图标
.list-group	该元素包含一个列表组
.list-group-item	该元素是一个列表组项目
.list-group-item-danger	该列表组项目有某种危险或者负面效果
.list-group-item-heading	列表组项目的标题

续表

CSS 类	描述
.list-group-item-info	该列表组项目提供信息
.list-group-item-success	该列表组项目是成功的或者有某种正面效果
.list-group-item-text	列表组项目中的文本块
.list-group-item-warning	列表组项目可能是危险的或者有某种负面效果
.nav	导航元素
.nav-justified	将导航项目的大小设为和列表中的所有导航项目相同
.nav-pills	显示为按钮或者胶囊的导航列表
.nav-tabs	显示为选项卡的导航列表
.navbar	导航栏容器
.navbar-collapse	导航栏中在移动或者小屏幕设备上折叠的部分
.navbar-default	标准外观的导航栏
.navbar-fixed-bottom	将导航栏放在窗口底部，使内容在其下滚动
.navbar-fixed-top	将导航栏放在窗口顶部，使内容在其下滚动
.navbar-form	导航栏中的表单元素
.navbar-header	导航栏中的标题部分
.navbar-inverse	将标准颜色从灰色切换为黑色
.navbar-link	在导航栏中创建一个标准链接
.navbar-nav	表示导航栏内的实际导航
.navbar-static-top	删除导航栏上的内外边距，将其放在窗口顶部
.navbar-text	设置导航栏内的标准文本样式
.navbar-toggle	表示在小屏幕设备上切换导航栏开关的按钮或者链接
.next	将.pager 列表中的按钮放在最右边
.pager	创建小的翻页按钮组合
.pagination	表示列表是一个分页方案
.pagination-lg	在分页列表中创建较大的按钮
.pagination-sm	在分页列表中创建较小的按钮
.previous	将.pager 列表中的按钮放在最左边

12.7 讨论

讨论部分包含了帮助您巩固本章所学知识的测验。先尝试回答所有问题再看答案。

12.7.1 问答

问：nav 元素和 navbar 元素有何不同？

答：这两个元素很相似。区分两者的最简单方法是，nav 类可用于页面上的任何导航结构（从页面本身的目录到整个网站的导航）。navbar 类几乎专用于网站的主导航。虽然它可以用在其他位置，但是它的设计适合于页面的顶部和底部。

问：我使用 Bootstrap 2，注意到.nav-list 和.nav-header 类已经被删除，要用什么来替代它们？

答：在 Bootstrap 中没有直接等价的类，但是使用前面详细介绍的列表组或第 6 章中详细介绍的面板组是最佳的选择。

12.7.2 测验

1. 您可以将.nav 类添加到哪些元素上？

   a. 只有<nav>元素

   b. 只有<div>元素

   c. 只有<nav>和<div>元素

   d. 任何块级元素

2. .nav-pill 和.nav-tab 之间有何不同？

   a. 胶囊类为每个导航元素创建一个按钮，而选项卡类创建一个选项卡

   b. 胶囊类创建一个按钮，选项卡类创建一个文本链接

   c. 胶囊类创建一个文本链接，选项卡类创建一个按钮

   d. 胶囊类创建一个菜单，选项卡类创建一个选项卡

3. .dropdown-header 类有何作用？

   a. 创建描述下拉菜单的标题

   b. 在表示下拉菜单的导航中创建一个标题元素

   c. 在下拉菜单中创建一个标题

   d. 没有作用；它不是有效的 Bootstrap 类

4. 判断正误：这是创建上拉菜单的正确 HTML：<button class="btn-dropdown dropup" type="button">...</button>。

5. 拆分下拉菜单与按钮组有何不同？

   a. 按钮组不能包含下拉菜单

   b. 按钮组必须包含两个以上的按钮

   c. 拆分下拉菜单不使用按钮

d. 它们之间没有差别

6. 导航栏允许使用如下哪个元素？

    a. 按钮

    b. 表单

    c. 文本

    d. 以上均可

    e. 以上都不允许

7. 为什么应该创建可折叠导航？

    a. 在较小设备上折叠的导航更灵敏，更容易使用

    b. 折叠导航占据的空间更小，所以内容有更多的空间

    c. 在 Web 设计中使用折叠导航符合大部分人的预期

    d. 您不应该创建可折叠导航，因为它不是移动优先的

8. 应该将.breadcrumb 类应用到哪些 HTML 标记上？

    a. <div>

    b. <ul>或者<ol>标记

    c. <p>

    d. 任何 HTML 标记

9. 如下哪一种方法可以为页面创建分页系统？

    a. 方法1：

    ```
    <ul class="pagination">
      <li><a href="" aria-label="Previous">&lt;</a></li>
      <li><a href="">1</a></li>
      <li><a href="">2</a></li>
      <li><a href="" aria-label="Next">&gt;</a></li>
    </ul>
    ```

    b. 方法2：

    ```
    <ul class="paginate">
      <li>
        <a href="" aria-label="Previous">
          <span class="glyphicon glyphicon-arrow-left"></span>
        </a>
      </li>
      <li>
        <a href="" aria-label="Next">
          <span class="glyphicon glyphicon-arrow-right"></span>
        </a>
      </li>
    </ul>
    ```

c. 方法 3：
```
<ul class="pager">
  <li class="previous"><a href="">Previous</a></li>
  <li class="next"><a href="">Next</a></li>
</ul>
```
d. a 和 b

e. a 和 c

f. 以上均可

10. 徽章将被放置在列表组中的哪个位置？

　　a. 它们被放在 HTML 中所定义的位置

　　b. 它们被自动放置在左侧

　　c. 它们被自动放置在右侧

　　d. 它们被自动隐藏

12.7.3　测验答案

1. d。您可以在任何块级元素上添加.nav 类，但是为了可访问性和最佳实践，您应该使用<nav>元素。

2. a。胶囊类创建一个按钮，选项卡类创建一个选项卡。

3. c。在下拉菜单内创建标题。

4. 错误。使用.dropup 类代替.dropdown 类，而不是一起使用。

5. d。它们没有差别。拆分下拉菜单就是包含两个按钮的按钮组，其中一个按钮是只显示插入符号的下拉菜单。

6. d。以上均可。

7. a。可折叠导航在移动和小屏幕设备上更容易使用。

8. b。虽然可以在任何 HTML 标记上添加该类，但是最好的做法应该是使用列表标记——<ul>或者<ol>。

9. e。方法 1 和 3。如果仔细观察，方法 2 有.paginate 类，这不是有效的 Bootstrap 类。

10. c。徽章自动放置在列表组项目的右侧。

12.7.4　练习

1. 添加一个包含下拉菜单和两个其他导航元素的导航栏。将导航栏放在网页顶部或者底部，测试固定导航栏。

2. 创建固定在页面底部的导航栏。一定要测试尽可能多的设备。

第 13 章

Bootstrap 实用工具

本章讲解了如下内容：
- 如何更改前景和背景颜色；
- 如何在页面上对齐内容；
- 如何以多种方式显示和隐藏内容；
- 如何以响应式风格嵌入媒体；
- 提高页面可访问性的技术。

Bootstrap 提供了许多工具类，帮助您更有效地管理页面和内容。本章介绍的一些类已经在本书的其他部分中介绍过，但是因为它们可以应用到更多的组件，您将在本章中更详细地学习。

本章将介绍：
- 如何更改页面元素的前景和背景颜色；
- 如何向左、向右浮动元素，如何居中元素；
- 如何根据设备大小或者是否打印输出内容以及设计原因显示和隐藏内容。

您还将学习如何嵌入媒体，使其根据设备大小缩放，但仍保持正确的长宽比。而且，您将学习提高页面可访问性的一些技术，以方便人们使用屏幕阅读器等辅助技术。

13.1 助手类

Bootstrap 中的助手类扩展了现有组件，但是更重要的是，它们为标准 HTML 提供了附加功能。换言之，您可以添加颜色、浮动和图标，显示和隐藏标准<p>标记中的内容，而不仅仅是超大屏幕（见第 6 章）或者导航栏（见第 12 章）中的内容。

13.1.1 更改颜色

您可以使用多种助手类更改前景（文本）颜色和背景颜色。这些类称为上下文类，因为它们提供了与内容相关的上下文附加线索。在前面几章中，您学习了用于特定元素和组件的上下文类。这些类可以用于更改任何文本块的颜色。

如下文本颜色类更改前景或者文本颜色：

- .text-muted
- .text-primary
- .text-success
- .text-info
- .text-warning
- .text-danger

这些类可以直接应用到容纳所需文本的容器元素。也可以用一个<span>标记包围文本，更改特定单词的颜色。代码清单 13-1 展示了添加了不同类或者不应用类的 7 行文本。图 13-1 展示了对应的外观。

代码清单 13-1　文本颜色上下文类

```
<p>This paragraph is plain text, with no contextual class.</p>
<p class="text-muted">This paragraph is muted, class:
  <code>text-muted</code>.</p>
<p class="text-primary">This paragraph is primary, class:
  <code>text-primary</code>.</p>
<p class="text-success">This paragraph is success, class:
  <code>text-success</code>.</p>
<p class="text-info">This paragraph is information, class:
  <code>text-info</code>.</p>
<p class="text-warning">This paragraph is warning, class:
  <code>text-warning</code>.</p>
<p class="text-danger">This paragraph is danger, class:
  <code>text-danger</code>.</p>
```

图 13-1

文本颜色上下文类

您还可以使用文本类设置链接样式。当客户鼠标悬停于链接上时，文本和无样式链接一样变深为上下文颜色。

您还可以用上下文类设置文本的背景颜色。背景颜色类如下：

- .bg-primary
- .bg-success
- .bg-info
- .bg-warning
- .bg-danger

图 13-2 展示了这些类的外观。

图 13-2

背景颜色上下文类

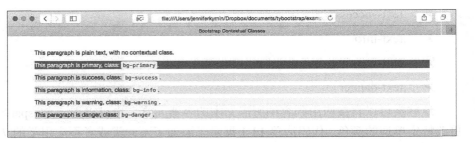

和其他上下文类一样，您必须记住，屏幕阅读器不呈现视觉元素。所以，如果文本或者背景颜色提供对页面很关键的附加意义，应该用其他方式包含该意义。最有效的方法是用.sr-only 类加入对非屏幕阅读器隐藏的文本块。代码清单 13-2 给出了一个例子。

代码清单 13-2　实现上下文类的可访问性

```
<p class="bg-danger">
  <span class="sr-only">Danger!</span> Tigers will eat people if
  you annoy them.
</p>
```

> **警告：CSS 特异性可能带来障碍**
>
> 有时候，上下文类可能被更特定的其他 CSS 类覆盖。最好的解决方案是用容纳 text-*类的<span>标记包围这些文本，用容纳 bg-*类的<div>标记包围文本。

13.1.2　图标

除了 Glyphicons（参见第 10 章），您还可以用两个类为文本添加其他图标。

.caret 类显示一个插入符号（^），表示下拉式功能。在使用上拉菜单（参见第 12 章）时，它还会自动转向。

在空白的<span>标记中放置该类，如代码清单 13-3 所示。

代码清单 13-3　使用.caret 类

```
<span class="caret"></span>
```

.close 类添加到按钮，以创建用于模态对话框和警告框的关闭按钮。它在容器右侧添加一个小的灰色"x"。当鼠标悬停时，"x"变暗。代码清单 13-4 展示了添加.close 图标按钮的方法。

代码清单 13-4　使用.close 类

```
<button type="button" class="close" aria-label="Close">
  <span aria-hidden="true">&times;</span>
</button>
```

图 13-3 展示了.caret 和.close 类的效果。

图 13-3
插入和关闭图标

13.1.3　布局类

Bootstrap 中有多种调整网页布局的方法。这些实用工具类帮助您浮动页面上的内容，居中某些元素甚至整个页面。

您可以用.pull-left 和.pull-right 类将内容放在左侧和右侧。不应该在导航栏上使用这些类，而应该使用.navbar-left 和.navbar-right。记住，如果元素没有设置某种宽度（在 CSS 中明确设置，或者是 Bootstrap 网格的列宽），浮动该元素就毫无效果，因为它已经占据了容器的整个宽度。

TRY IT YOURSELF

从一个段落创建引文

Boostrap 可以只用几个样式就轻松地将段落转换为美观的引文。

1. 在网页编辑器上打开想要添加引文的页面。
2. 添加一个<div>容器。

```
<div class="container">
</div>
```

3. 在容器中添加1~3个文本段落。
4. 将引文作为一个段落加入。将引文放在页面上需要的位置。
5. 为引文所在的段落添加 .col-sm-3 类。这将重新设置引文的尺寸为3列宽。
6. 为该段落添加 .pull-right 类。
7. 创建使引文变大的样式，然后添加背景和前景颜色以及其他样式，装饰引文。

代码清单13-5 展示了用于创建图13-4 所示页面的 HTML。

代码清单13-5 从一个段落创建引文

```html
<!DOCTYPE html>
<html lang="en">
  <head>
    <meta charset="utf-8">
    <meta http-equiv="X-UA-Compatible" content="IE=edge">
    <meta name="viewport"
          content="width=device-width, initial-scale=1">
    <title>Pull Quote Paragraph</title>

    <!-- Bootstrap -->
    <link href="css/bootstrap.min.css" rel="stylesheet">
    <!-- HTML5 shim and Respond.js for IE8 support of HTML5
    elements and media queries -->
    <!-- WARNING: Respond.js doesn't work if you view the page
    via file:// -->
    <!--[if lt IE 9]>
      <script src="https://oss.maxcdn.com/html5shiv/3.7.2/html5shiv.min.js">
      </script>
      <script src="https://oss.maxcdn.com/respond/1.4.2/respond.min.js"></script>
    <![endif]-->
    <style>
    p.pull-right {
      border: solid green 3px;
      color: #F0E433;
      background-color: #025301;
      padding: 1em;
      margin-left: 1em;
      font-size: 1.5em;
    }
    </style>
  </head>
  <body>
    <p> </p>
    <div class="container">
      <p class="col-sm-3 pull-right">&#8220;If dandelions were hard
      to grow, they would be most welcome on any lawn.&#8221;<br>
```

```
        <span class="small">~Andrew V. Mason</span></p>
        <p>Taraxacum /təˈræksəkəm/ is a large genus of flowering
        plants in the family Asteraceae. They are native to Eurasia
        and North and South America, and two species, T. officinale
        and T. erythrospermum, are found as weeds worldwide. Both
        species are edible in their entirety. The common name
        dandelion (/ˈdændɪˌlaɪ.ən/ dan-di-ly-ən, from French
        dent-de-lion, meaning "lion's tooth") is given to members of
        the genus and, like other members of the Asteraceae family,
        they have very small flowers collected together into a
        composite flower head. Each single flower in a head is called
        a floret. Many Taraxacum species produce seeds asexually by
        apomixis, where the seeds are produced without pollination,
        resulting in offspring that are genetically identical to the
        parent plant.</p>
        <p>Text courtesy
        <a href="http://en.wikipedia.org/wiki/Taraxacum">
          Wikipedia</a>.
        </p>
      </div>
  </body>
</html>
```

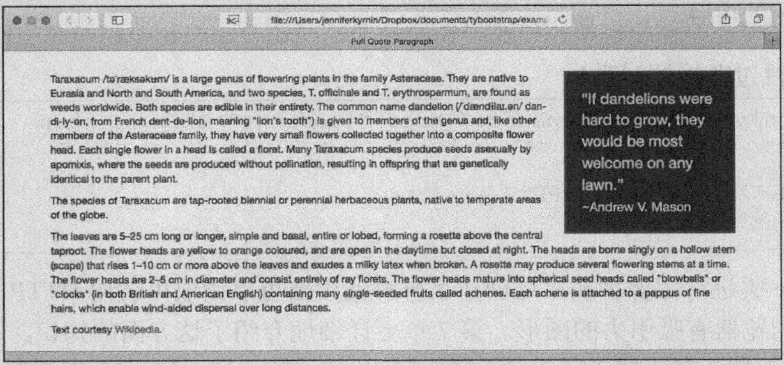

图 13-4 带有引文的页面

浮动元素时，您必须具备清除浮动效果使内容停止浮动的能力。为此，Bootstrap 提供了 .clearfix 类。当您希望在某个元素之后清除浮动，可以应用 .clearfix 类。注意，这和 Web 上找到的其他清除浮动样式稍有不同。

Bootstrap 包含一个 .center-block 类，可以将任何元素作为一个块居中。它将元素转换为块元素显示，然后用自动的左右外边距将其居中放置。

> **警告：居中的块必须设定宽度**
>
> 为了使带有 .center-block 类的块能够真正居中，它们必须明确设置宽度。这意味着，您必须在该元素上包含设置宽度的样式。不能使用 Bootstrap 网格类设置宽度和居中元素。

代码清单 13-6 所示为如何用.center-block 类居中一个段落。

代码清单 13-6　居中一个段落

```
<p class="center-block" style="width:300px;" >
  &#8220;If dandelions were hard to grow, they would be most
  welcome on any lawn.&#8221;<br>
  <span class="small">~Andrew V. Mason</span>
</p>
```

注意，这里用 style 属性设置段落宽度。这样做更容易观察其效果，但是更好的方法是将其作为您的个人样式表中的一个类设置。

13.1.4　显示和隐藏内容

在不同的情况下，可以使用多种助手类显示和隐藏内容。其中两个类有助于可访问性：.sr-only 和.sr-only-focusable 类。.sr-only 类之前已经提到过，它使所包含的内容仅可对屏幕阅读器可见。这个类使文本在标准浏览器中无法显示，但是屏幕阅读器仍能读取。如果需要在元素得到焦点时再次显示，可以为其添加.sr-only-focusable 类。这对于仅有键盘的用户特别有用。

代码清单 13-7 所示为如何编写屏幕阅读器的跳过链接，使其跳过导航列表，直接转到不对标准浏览器用户显示的内容。

代码清单 13-7　跳过链接的 HTML

```
<a class="sr-only sr-only-focusable" href="#content">Skip to main
content</a>
<!-- ... navigation to be skipped ... -->
<a name="content"></a>
```

可以使用.text-hide 类进行图像替换。这创建了屏幕阅读器可以读取可访问 HTTP 内容，同时又使用了对可视浏览器有吸引力的图形。第 7 章更详细地介绍了这方面的知识。

有几个类可以直接显示和隐藏页面上的块级内容。

➢ .show——内容将对所有设备可见，包括屏幕阅读器。

➢ .hidden——内容将从页面上移除，不可见于任何设备，包括屏幕阅读器。

➢ .invisible——内容在页面上不可见，但是仍然在内容流中占据空间。

注意，.hide 类在 Bootstrap 3.0.1 中已被弃用，不应该使用它，可使用.hidden、.invisible 或者.sr-only 代替。

13.2　响应式实用工具

Bootstrap 提供了许多工具类，可根据媒体查询，对特定设备显示和隐藏内容。

和 Bootstrap 布局网格一样，您可以针对 4 种标准尺寸：超小（xs）、小（sm）、中（md）

和大（lg）。您可以定义 3 类元素：block、inline 和 inline-block。可以隐藏（hidden）或者显示（visible）元素。组合以上设置可以创建响应式类。

隐藏元素的类如下：

- .hidden-xs——对超小型设备隐藏内容；
- .hidden-sm——对小型设备隐藏内容；
- .hidden-md——对中型设备隐藏内容；
- .hidden-lg——对大型设备隐藏内容。

显示元素的类包括显示内容的方式：

- .visible-xs-block——对超小型设备以块级元素显示；
- .visible-xs-inline——对超小型设备以内联元素显示；
- .visible-xs-inline-block——对超小型设备以内联-块元素显示；
- .visible-sm-block——对小型设备以块级元素显示；
- .visible-sm-inline——对小型设备以内联元素显示；
- .visible-sm-inline-block——对小型设备以内联-块元素显示；
- .visible-md-block——对中型设备以块级元素显示；
- .visible-md-inline——对中型设备以内联元素显示；
- .visible-md-inline-block——对中型设备以内联-块元素显示；
- .visible-lg-block——对大型设备以块级元素显示；
- .visible-lg-inline——对大型设备以内联元素显示；
- .visible-lg-inline-block——对大型设备以内联-块元素显示。

要使用这些类，可以将其添加到想要显示或者隐藏的元素。也可以在想要修改显示的内容周围添加一个容器。

> **警告：您的页面应该使用渐进增强**
>
> 对不同设备的不同内容创建外观完全不同的网页很有诱惑力，但是这不是渐进增强。渐进增强是创建移动优先的网站，然后对更大的设备进行增强。这意味着，所有重要内容可以对每个人显示，然后为具备处理能力的设备添加改进网站的特性。所以，除非绝对需要，否则应该谨慎使用响应式类，因为它们可能使网站的渐进增强能力下降。

Bootstrap 中还存在.visible-xs、.visible-sm、.visible-md 和.visible-lg 类，但是它们在 Bootstrap 3.2.0 中已经被弃用，可以使用 visible-*-block 类代替。表 13-1 展示这些类在不同设备尺寸下的显示。

表 13-1　　　　　　　　响应式类在不同设备尺寸上的显示

类	超小型设备	小型设备	中型设备	大型设备
.hidden-xs	隐藏	可见	可见	可见

续表

类	超小型设备	小型设备	中型设备	大型设备
.hidden-sm	可见	隐藏	可见	可见
.hidden-md	可见	可见	隐藏	可见
.hidden-lg	可见	可见	可见	隐藏
.visible-xs-*	可见	隐藏	隐藏	隐藏
.visible-sm-*	隐藏	可见	隐藏	隐藏
.visible-md-*	隐藏	隐藏	可见	隐藏
.visible-lg-*	隐藏	隐藏	隐藏	可见

13.3 打印类

Bootstrap 还提供了几个帮助您在打印网页时显示和隐藏内容的实用工具类。这在您不想创建完整的打印样式表，只需要在打印输出时显示或者隐藏少数内容时很有用。

打印类包括下面这些。

- .hidden-print——在打印视图中隐藏内容。
- .visible-print-block——在打印视图中将内容作为块级元素显示。
- .visible-print-inline——在打印视图中将内容作为内联元素显示。
- .visible-print-inline-block——在打印视图中将内容作为内联-块元素显示。

要使用这些类，只要将其添加到希望显示或者隐藏的元素上。下面是决定打印内容时需要考虑的几件事。

- 图像可能花费许多墨粉或者墨水，所以应该隐藏对内容不关键的图像，如图标和导航图像。
- 链接在打印输出时是不可点击的，但是您可以添加.visible-print-inline 形式的 URL，作为脚注，甚至紧挨着链接。
- 导航元素在打印网页上没有用，所以应该隐藏。
- 广告在打印输出上也没有用。
- 包含网站名称、小标志和页面 URL，因为打印输出的页眉和页脚可以使打印输出更实用，而且可以作为网站的一个广告。

用打印类隐藏不想打印的内容（如受版权保护的图像）可能很有诱惑力。如果您绝对不允许打印这些内容，应该考虑不将其发布到网上。

13.4 响应式嵌入

Bootstrap 提供了根据容器元素的宽度嵌入视频和幻灯片的类。可以对包含媒体元素（<iframe>、<embed>、<video>或<object>）的容器添加.embed-responsive 类。然后对媒体元

素本身添加 .embed-responsive-item 类。最后，在容器元素上用 .embed-responsive-16by9 或 .embed-responsive-4by3 类定义视频尺寸。

代码清单 13-8 展示了 16×9 视频的显示方式。

代码清单 13-8　Bootstrap 中的 16×9 视频

```
<div class="embed-responsive embed-responsive-16by9">
  <video class="embed-responsive-item">
    <source src="...">
  </video>
</div>
```

13.5　Bootstrap 中的可访问性

正如前面所学，Bootstrap 有一系列帮助人们使用屏幕阅读器等辅助技术的类。下面是 Bootstrap 建议包含在所有页面以提高其可访问性的措施。

- **跳过链接**——这些链接放在网页的最开始，帮助使用屏幕阅读器的人们跳到主要内容。Bootstrap 类 .sr-only 和 .sr-only-focusable 对标准浏览器隐藏这些链接，这样它们就不会影响设计。为了实现可访问性，应该在每个页面的开始包含一个跳过链接。
- **对比色**——Bootstrap 中的某些默认颜色组合不能提供很好的对比。为了提高可访问性，应该调整颜色实现更高的对比度。
- **嵌套标题**——尽管可以任意使用标题（<h1>到<h6>），但是可访问性最好的用法是将其作为大纲。对文档的主标题使用<h1>标记，然后按照逻辑顺序使用后续的标记。

保持网站的可访问性还需要考虑其他几个简单的措施。最重要的是为任何可能难以使用的技术或者特征提供替代方案。因为 Bootstrap 是移动优先的，所以已经为您完成了许多这方面的工作。但是必须记住，要为图像提供替代文本，为视频使用多个源文件，为网站上的任何脚本提供备用选项。

13.6　小结

本章介绍了许多为 Bootstrap 提供附加功能的类，包括助手类、响应式实用工具类、打印类和嵌入视频类。

助手类最为繁多，包括更改页面前景颜色和背景颜色，为按钮和下拉菜单添加简单图表的类，还包括多种在页面上定位内容、显示和隐藏内容的类。

响应式实用工具让您根据设备大小显示和隐藏内容。打印类让您在打印网页时显示和隐藏内容，而响应式嵌入类让您改变视频的大小，保持正确的长宽比。

本章还讲解了保持 Bootstrap 页面可访问性的方法。表 13-2 列出了本章介绍的 CSS 类。

表 13-2　　　　　　　　　　　　Bootstrap 实用工具类

CSS 类	描述
.bg-danger	更改背景颜色，表示元素是"危险"的
.bg-info	更改背景颜色，表示元素是"信息"
.bg-primary	更改背景颜色，表示元素是"主要"的
.bg-success	更改背景颜色，表示元素是"成功"的
.bg-warning	更改背景颜色，表示元素是"警告"
.caret	添加一个表示下拉菜单的小图标。上拉菜单自动切换到向上指的图标
.center-block	居中块级元素
.close	添加表示关闭按钮的小"x"图标
.embed-responsive	指明根据容器宽度改变大小的嵌入式元素
.embed-responsive-16by9	改变嵌入式媒体大小为 16:9 长宽比
.embed-responsive-4by3	改变嵌入式媒体大小为 4:3 长宽比
.embed-responsive-item	指明应该响应式嵌入的媒体项目
.hidden-lg	在大型设备中隐藏元素
.hidden-md	在中型设备中隐藏元素
.hidden-print	在打印页面时隐藏元素
.hidden-sm	在小型设备中隐藏元素
.hidden-xs	在超小型设备中隐藏元素
.pull-left	元素向左浮动
.pull-right	元素向右浮动
.sr-only	仅对屏幕阅读器和辅助技术显示内容
.sr-only-focusable	接收焦点时再次显示内容
.text-danger	更改前景（字体）颜色表示"危险"
.text-hide	隐藏文本进行图像替换
.text-info	更改前景（字体）颜色表示"信息"
.text-muted	更改前景（字体）颜色表示不太重要或者柔化
.text-primary	更改前景（字体）颜色表示"主要"
.text-success	更改前景（字体）颜色表示"成功"
.text-warning	更改前景（字体）颜色表示"警告"
.visible-lg-block	元素在大型设备上显示为块级元素
.visible-lg-inline	元素在大型设备上显示为内联元素
.visible-lg-inline-block	元素在大型设备上显示为内联-块元素
.visible-md-block	元素在中型设备上显示为块级元素

续表

CSS 类	描述
.visible-md-inline	元素在中型设备上显示为内联元素
.visible-md-inline-block	元素在中型设备上显示为内联-块元素
.visible-print-block	元素在打印时显示为块级元素
.visible-print-inline	元素在打印时显示为内联元素
.visible-print-inlineblock	元素在打印时显示为内联-块元素
.visible-sm-block	元素在小型设备上显示为块级元素
.visible-sm-inline	元素在小型设备上显示为内联元素
.visible-sm-inline-block	元素在小型设备上显示为内联-块元素
.visible-xs-block	元素在超小型设备上显示为块级元素
.visible-xs-inline	元素在超小型设备上显示为内联元素
.visible-xs-inline-block	元素在超小型设备上显示为内联-块元素

13.7 讨论

讨论部分包含了帮助您巩固本章所学知识的测验。先尝试回答所有问题再看答案。

13.7.1 问答

问：您似乎在说，我们不应该使用响应式实用工具类，如.hidden-sm 或.visible-lg-block。但是，如果使用它们不是好主意，为什么 Bootstrap 要提供这些类？

答：Bootstrap 致力于满足大部分 Web 设计人员的需求。尽管最佳实践表明页面应该设计为移动优先，并进行渐进增强，为所有访问者提供相同的内容，但是并不是所有设计人员都愿意或者必须完成这些工作。

我的建议是谨慎使用这些类。但是如果需要使用它们，不要觉得行不通。设计它们就是要使用的——在为移动用户建立完全不同于桌面用户的网站之前，一定要考虑您的客户。

问：为什么对不同元素有许多不同的上下文类，如.btn-warning、.has-success 和.text-info？

答：似乎应该仅用一个上下文类影响所有元素和组件。但是 Bootstrap 开发者认识到，不同元素有不同的样式问题，所以他们开发特定的上下文类以满足这些需求。使用上下文类时，最好是使用特定于所用元素或者组件的类，仅在没有特定的类时使用本章列出的通用类。

问：您所提出的可访问性指导方针似乎对于少数人来说是个大麻烦，它们真的很重要吗？

答：可访问性对某些网站来说更为重要。许多政府制定了网站必须遵循的可访问性法规，如果您设计的是公用事业网站，就必须遵循可访问性指导方针。当然，为具备不同能力的人们服务的网站也应该有高访问性。但是，即使是主流的非政府网站，具备可访问性也是一个好主意，因为您永远不知道谁将访问您的网站。创建更高可访问性的网站只需要考虑少数几件事，如跳过链接、图像替代文本、为文本使用高对比色。这些措施都能使网站更适用于任何人，并惠及所有人。

13.7.2 测验

1. 更改文本颜色的助手类叫做什么？
   a. 颜色类
   b. 背景类
   c. 上下文类
   d. 帮助类
2. 使用问题 1 中的类更改链接颜色会发生什么情况？
   a. 链接仅在鼠标悬停时改变颜色
   b. 链接改变颜色并在悬停时使用更深的颜色
   c. 链接在活动时改变颜色
   d. 没有任何事情发生；链接保持平常的颜色
3. 判断正误：在助手类为元素添加关键信息时，除了添加类，您不需要做任何事就能实现元素的可访问性。
   a. 对。类自动向所有客户提供信息
   b. 对。类使元素实现可访问性
   c. 错。您需要为元素添加另一个类，实现其可访问性
   d. 错，您需要添加更多辅助技术的信息，使其可访问
4. 下面哪一个是添加关闭图标的正确方法？
   a. `<button type="button" class="close btn">`
   b. `<button type="close button" class="btn">`
   c. `<span class="close"></span>`
   d. `<div class="close"></div>`
5. 如何向右浮动导航栏元素？
   a. .nav-right
   b. .navbar-right
   c. .pull-right
   d. .right
6. `<p class="pull-right">`有何作用？
   a. 创建一个右对齐段落，其中的文本向左对齐

b．创建一个右对齐段落，其中的文本向右对齐

c．创建一个左对齐段落，其中的文本向左对齐

d．创建一个左对齐段落，其中的文本向右对齐

e．没有作用。该段落和周围的其他段落一样

7．下面哪一个是 Bootstrap 从流中删除内容的有效方法？

   a．.hide

   b．.hidden

   c．.invisible

   d．以上都对

8．如何仅对很小的移动设备隐藏某个元素？

   a．.hidden

   b．.hidden-xs

   c．.hidden-sm

   d．.hide-xs

9．为什么在打印输出中隐藏内容？

   a．减少墨水或者碳粉的使用量

   b．删除无法打印的元素

   c．删除打印输出时不需要的广告或者其他元素

   d．a 和 b

   e．以上均是

10．下面哪一个不是可访问性问题？

   a．难以理解的模糊图像

   b．低对比度颜色

   c．标题没有按照大纲的顺序

   d．没有替代文本的视频

13.7.3　测验答案

1．c。上下文类，因为它提供上下文信息。
2．b。链接更改颜色，在悬停时使用更深的颜色。
3．错，您需要添加用于辅助工作的信息，使其更可访问。
4．a。`<button type="button" class="close btn">`
5．b。.navbar-right
6．e。没有，因为段落没有设置宽度，它将占据容器的整个宽度，就像周围的每个其他

段落一样。

7. b。.hidden 将 display 属性设置为 none 以删除内容。.hide 已经被弃用。.invisible 只将可视性设置为隐含。

8. b。.hidden-xs

9. e。以上均是。

10. a。模糊的图像不适合放在网页上，但是因为它们很模糊，所以不会使任何页面变得更有访问性或者更没有访问性。

13.7.4 练习

1. 为网页添加打印类，使您的网页对打印更友好。
2. 用可访问性检查程序检查您的网站，如使用 W3C 上的检查程序：http://www.w3.org/WAI/ER/tools/。查看建议，了解您是否已经尽可能地提高页面的可访问性。

第 14 章

使用 Bootstrap JavaScript 插件

本章讲解了如下内容：

- ➤ 如何添加 Bootstrap JavaScript 插件；
- ➤ 如何为插件设置选项；
- ➤ 如何使用 JavaScript API；
- ➤ 如何避免 Bootstrap 插件的一些常见问题。

在第 2 部分中，您学习了 Bootstrap 提供的各种 CSS 样式和组件。但是，Bootstrap 还包含 10 多种 JavaScript 插件，您可以用它们为网站增添交互性和动态元素。在本章中，您将学习这些插件的使用，以及如何使用 API 编写具有特殊功能的自定义插件。在第 3 部分的后续章节中，您将学习更多关于不同插件及其使用的细节。

14.1 如何使用 Bootstrap JavaScript 插件

使用任何 Bootstrap 插件的第一步都是包含 JavaScript 文件，有 3 种方法可以包含 JavaScript。

- ➤ 包含编译的压缩 JavaScript 文件`<script src="js/bootstrap.min.js"></script>`。
- ➤ 包含编译的非压缩 JavaScript 文件`<script src="js/bootstrap.js"></script>`。
- ➤ 仅包含您想要使用的插件`<script src="js/dropdown.js"></script>`。

在文档最后的`</html>`标记之前包含 JavaScript 一次。确保 src 属性指向正确的位置和文件名。

> **注释：最佳实践——使用压缩的完整 Script 文件**
>
> 除非网站需要极端的下载速度，否则最好是包含压缩的已编译 JavaScript 文件，而不是单独包含每个插件。这能够确保在页面上添加新功能时，脚本总是就绪的，压缩的版本只有 35KB，下载速度仍然相当快。

安装 Bootstrap JavaScript 之后，还必须包含 jQuery。所有插件都需要 jQuery，所以应该在 Bootstrap JavaScript 之前包含一个对 jQuery 的调用。Bootstrap 3.3.2 需要 jQuery 1.9.1 或者更高版本。代码清单 14-1 展示了典型 Bootstrap 文档的最后部分。

代码清单 14-1　Bootstrap 文档的最后部分

```
<script src="http://code.jquery.com/jquery-latest.js"></script>
<script src="js/bootstrap.min.js"></script>
</body>
</html>
```

14.2 设置插件选项

Bootstrap 提供的许多插件包含选项，您可以用它们修改插件在页面上的工作方式。您可以两种方式包含这些选项：

- 将选项作为 JavaScript 方法的参数发送；
- 在 HTML 中使用数据属性。

这两种方法工作得一样好，使用它们都有充分的理由。如果熟悉 JavaScript 的编写，您可能觉得参数更容易使用，而数据属性需要的编程知识较少。许多 Bootstrap 网站组合使用这些选项。

14.2.1 参数形式的选项

如果您完全用 JavaScript 构建插件，这是合理的方法。用 JavaScript 触发插件并包含 JSON 数组形式的选项。代码清单 14-2 展示了这种方法。

代码清单 14-2　以参数形式设置选项

```
$('#example').tooltip({
  html:true,
  delay: 200,
  trigger:"click"
});
```

代码清单 14-2 设置一个工具提示（见第 17 章）的选项：HTML 交付、延时 200 毫秒、以单击方式触发。您也可以将这些选项放在一个数组变量中传递。

Bootstrap 插件使用 JSON 数组保存选项数据。如果想要学习更多关于 JSON 的知识，应该访问 JSON 网站：http://json.org/。

14.2.2 数据属性形式的选项

如果前一小节中的数组、变量、JSON 等让您感到紧张，您尽可以放松，因为使用 Bootstrap 插件并不一定要使用这些概念。作为替代，您可以使用数据属性为插件指定选项。

数据属性是 HTML5 的新特性。它们是 HTML 元素的属性，以 data-开头，然后是数据属性的名称。

> **警告：数据属性可能无法通过验证**
> 如果使用 HTML 验证程序检查 HTML，您可能会得到错误消息，指出用于 Bootstrap 插件的 data-*属性无效。一定要在网页上使用 HTML5 文档类型<!doctype html>；如果仍然得到特定于 data-*属性的验证错误，应该忽略它们，考虑使用不同的 HTML 验证程序。

例如，在代码清单 14-2 中，有一个选项 delay。要用数据属性设置该选项，您可以为工具提示元素添加一个 data-delay 属性。代码清单 14-3 展示了一个按钮，该按钮包含和代码清单 14-2 中相同的选项，但是选项用数据属性设置。

代码清单 14-3　用数据属性设置的选项

```
<button type="button" class="btn btn-default" data-toggle="tooltip"
        data-html="true" data-delay="200" data-trigger="click"
        title="You did it!">
    Click to toggle Tooltip
</button>
```

如图 14-1 所示，工具提示在没有任何 JSON 或者 JavaScript 变量/数组的情况下显示。

图 14-1

使用数据属性的工具提示

使用 Bootstrap 插件时，数据属性应该始终是您的首选。它们易于使用，在定义插件的 HTML 元素上直接使用选项可以使页面更容易维护。观察代码清单 14-2 中的按钮示例可以明显地看到，因为 data-toggle="tooltip"属性，为这个按钮指定了一个工具提示。仔细观察该属性，就会知道这个工具提示的结果是 HTML、延迟为 200 毫秒，由鼠标单击触发。如果想要改变这些选项，可以直接在 HTML 中进行。

但是，数据属性也有一些问题，具体如下。

> ➢ 每个元素只能有一个插件。换言之，您的按钮无法同时触发工具提示和模态。如果需要这样的功能，需要用第二个元素包装第一个元素，并为其连接第二个插件。

> 一次只能为一个元素设置选项。如果设置 HTML 中显示的每个工具提示为 200 毫秒延时，必须为每个有工具提示的元素添加数据属性。

> 不能在数据属性中使用复杂的 JSON 选项。例如，您可能想要将工具提示的显示延迟设置为 200 毫秒，而将隐藏延迟设置为 500 毫秒。使用 JavaScript，可以将选项设置为 delay: { "show": 200, "hide": 500 }。但是在 Bootstrap 中没有办法设置。如果需要，就不得不修改 bootstrap.js 文件。

如果网站必须禁用数据属性，也同样能做到。如代码清单 14-4 所示，在文档脚本中添加 $(document).off('.data-api')。

代码清单 14-4 关闭数据属性

```
...
<script src="http://code.jquery.com/jquery-latest.js"></script>
<script src="js/bootstrap.min.js"></script>
<script>
  $(document).off('.data-api')
</script>
</body>
</html>
```

您还可以关闭特定插件的数据属性，方法是将插件的名称作为命名空间，和 data-api 命名空间一起使用。例如，$(document).off(' .tooltip .data-api')可以关闭工具提示的数据属性。

14.3 使用 JavaScript API

Bootstrap 也可以通过 JavaScript API 使用 JavaScript 插件。所有 API 被设置为单独的可链接方法，返回所操作的集合。

这意味着，您可以从脚本中访问插件，并在需要时添加到其他元素。例如，代码清单 14-5 展示如何将工具提示添加到 ID 为#myToolTip 的按钮上。

代码清单 14-5 编程添加工具提示

```
$('#myToolTip').tooltip('toggle');
```

所有 Bootstrap 方法都接受 3 种值。

> **无**——例如，tooltip()。这表明该方法用默认值初始化。

> **选项对象**——例如，tooltip({ html: true })。这就像设置选项值的数据属性一样。

> **针对特定方法的字符串**——例如，tooltip('toggle')。这条命令初始化工具提示，立即调用 toggle 方法。

后面的几章将详细介绍每个插件的具体选项。

如果需要访问插件的原始构造程序，可以从 Constructor 属性中访问，例如$.fn.tooltip.Constructor。还可以使用 Constructor 属性更改插件的默认设置。代码清单 14-6 所示为如何修改 Constructor.DEFAULTS 对象，以更改默认值。

代码清单14-6　将工具提示的默认值设置为 HTML True

```
$.fn.tooltip.Constructor.DEFAULTS.html = true;
```

可以用 Constructor.VERSION 对象获取插件的版本号，例如$.fn.tooltip.Constructor.VERSION。

14.3.1　事件

Bootstrap 为大部分插件提供自定义事件。这些事件的命名采用不定式（show）和过去分词（shown）形式。不定式形式在事件开始时触发，过去分词形式在操作完成时触发。

所有 Bootstrap 事件在版本 3.0.0 中都指定了命名空间。

您还可以用 preventDefault 功能在事件开始之前停止它们。代码清单 14-7 所示为如何实现这一操作。

代码清单14-7　用 preventDefault 阻止事件

```
$('#myModal').on('show.bs.modal', function (e) {
  if (!data) return e.preventDefault() // stops modal showing
})
```

14.3.2　无冲突

有时候，您可能想将 Bootstrap 和另一个 UI 框架一同使用。如果 Bootstrap 和其他框架使用相同的命名，可能导致冲突。为了解决这个问题，可以在想要恢复原值的插件上调用.noConflict。然后，可以将这些值重新指定为无冲突的名称。代码清单 14-8 展示了具体的方法。

代码清单14-8　在一个按钮上使用.noConflict

```
// return $.fn.button to previously assigned value
var bootstrapButton = $.fn.button.noConflict();
// give $().bootstrapBtn the Bootstrap functionality
$.fn.bootstrapBtn = bootstrapButton;
```

> **警告：Bootstrap 不支持第三方库**
> 尽管 Bootstap 有.noConflict 方法和指定命名空间的事件，但是不能保证这些事件能够正常地与第三方库和其他框架共存。如果必须使用 jQuery UI 等附加库，就必须进行测试，并自己修复发现的任何问题。

14.3.3　禁用 JavaScript

在极少数情况下，您的客户可能禁用了 JavaScript。Bootstrap 的设计初衷是与 JavaScript 协同工作，如果 JavaScript 关闭，插件将无法工作。

当关闭 JavaScript 的客户访问包含 Bootstrap 插件的网页时，可能得到奇怪的结果，或者完全看不到任何内容。如果有必要，可以使用<noscript></noscript>元素提供附加信息，例如启用 JavaScript 的方法。您还可以创建 JavaScript 被禁用或者关闭时的备用措施。

14.4 小结

在本章中，您学习了有关 Bootstrap JavaScript 插件工作原理的知识，还学习了安装和使用插件所需的工作，以及如何用不同方法设置插件的选项。

本章介绍了 JavaScript API 的使用方法，包括更改默认值、获得插件版本和触发插件事件。您还学习了两种可能出现的问题（与其他框架的冲突以及禁用 JavaScript）及其解决方法。

14.5 讨论

讨论部分包含了帮助您巩固本章所学知识的测验。先尝试回答所有问题再看答案。

14.5.1 问答

问：如果我不想在页面上使用任何插件，该怎么做？

答：如果您不使用任何插件，就不需要在 HTML 中包含 Bootstrap JavaScript 文件或者 jQuery。但是包含它们，可以为将来决定添加插件时做好准备。

问：我关心下载的速度。这些插件不会使页面加载变慢吗？

答：添加到页面上的任何内容都将增加下载的时间。因为 JavaScript 无法和其他内容同时加载，可能进一步增加时间。但是您可以采用许多措施降低这一加载时间：

- **使用压缩 JavaScript 文件**——完整文件只有 35KB。
- **仅使用您所需要的插件脚本**——在第 21 章中将学到更多相关知识。
- **始终将 JavaScript 放在文档最后**——这能够确保页面的其余部分在脚本开始下载之前加载，从而使读者更快地看到页面。
- **使用脚本的缓冲拷贝**——从内容交付网络（CDN）加载脚本文件。利用 Web 缓冲，帮助文件更快加载。在本章的代码示例中，jQuery 从 CDN 上安装。您甚至可以从 CDN 加载 Bootstrap，如 Microsoft Ajax 内容交付网络（http://www.asp.net/ajax/cdn#Bootstrap_Releases_on_the_CDN_14）。

14.5.2 测验

1. 以下哪一个不是包含 Bootstrap 插件的方法？

    a. 包含完整的 bootstrap.js 文件

    b. 包含压缩脚本文件

    c. 包含插件 JavaScript 文件

d. 以上都不对

2. 判断正误：jQuery 是使用 Bootstrap 插件的可选工具。

3. 下面哪一个是为插件添加选项的最佳方法？

   a. 作为参数

   b. 作为数据属性

   c. 作为脚本变量

   d. 选择最适合于您的页面和技能的方法

4. 如何编写参数？

   a. 作为一个变量

   b. 作为一个数组

   c. 作为一个 JSON 数组

   d. 普通文本

5. 如何添加数据属性？

   a. 添加包围信息的<data>标记

   b. 为 HTML 标记添加名为 data-*的属性（用数据名称替换*，如 data-show）

   c. 在 meta-data 属性中包含数据

   d. 为 HTML 标记添加与数据名称相同的属性（如 show）

6. 在如下的 HTML 中，哪个部分设置在一定的延迟之后打开工具提示？

   ```
   <button type="button" class="btn btn-default" data-toggle="tooltip"
   data-html="true" data-delay="200" data-trigger="click"
   title="You did it!">
   ```

   a. `data-toggle="tooltip"`

   b. `data-delay="200"`

   c. `data-trigger="click"`

   d. `title="You did it!"`

7. 下面的写法是添加工具提示的有效方法吗？

   ```
   $('#myToolTip').tooltip();
   ```

   a. 是

   b. 否

8. 下面这行代码有何作用？

   ```
   $.fn.tooltip.Constructor.DEFAULTS.placement = 'bottom';
   ```

   a. 验证工具提示 placement 默认选项为 bottom

b. 将工具提示 placement 默认选项更改为 bottom

c. 创建名为 placement 的新工具提示选项，默认值为 bottom

d. 返回默认值为 bottom 的任意工具提示选项

9. 如何返回下拉插件的版本号？

a. `$.fn.tooltip.Constructor.VERSION`

b. `$.fn.dropdown.constructor.VERSION`

c. `$.fn.dropdown.Constructor.VERSION`

d. `$.fn.dropdown.Constructor.Version`

10. Bootstrap 如何处理没有 JavaScript 的客户？

a. Bootstrap 有一个自动备用措施，告诉客户开启 JavaScript

b. Bootstrap 有特定的备用选项，每个插件各不相同

c. Bootstrap 强制浏览器开启 JavaScript

d. Bootstrap 不做任何处理

14.5.3 测验答案

1. d。所有答案都是包含 Bootstrap 插件的正确方法。
2. 错。必须包含 jQuery 才能使用 Bootstrap 插件。
3. d。没有包含 Bootstrap 插件的最佳方法。您应该使用最适合于您的脚本、网站和技能的方法。
4. c。作为 JSON 数组。
5. b。为 HTML 标记添加名为 data-* 的属性（用数据名称代替 *，如 data-show）。
6. b。data-delay="200"
7. a。是，使用 Bootstrap API 在 DOM 中直接为元素添加工具提示。
8. b。将工具提示的 placement 默认选项更改为 bottom。
9. c。$.fn.dropdown.Constructor.VERSION
10. d。Bootstrap 不做任何处理。运行 Bootstrap 必须使用 JavaScript，如果它没有启用，没有任何备选措施。您必须自己构建备选措施。

14.5.4 练习

开始考虑网站所需的交互性。Bootstrap 提供工具提示、模态、下拉菜单、警告、漂浮选单等许多特性。如果对 jQuery 不熟悉，您应该考虑学习其构造方法。Brad Dayley 所著的 *Sams Teach Yourself JavaScript and jQuery in 24 Hours* 是很好的入门书籍。

第 15 章

模态窗口

本章讲解了如下内容：

- 如何在 Bootstrap 中构建模态窗口；
- 触发模态窗口的两种方法；
- 如何调整模态的大小和布局；
- 包含动态内容的模态窗口的使用方法。

在本章中，您将学习如何在 Bootstrap 页面上添加模态窗口，还将学习调整模态窗口的大小和动画以及更改模态窗口中内容的方法，并了解在网页设计中使用模态窗口的一些思路。

15.1 什么是模态窗口

模态窗口在特定时间内用程序强制用户交互。在大部分情况下，它们打开并阻止主窗口的访问，直到模态得以处理。当程序弹出窗口询问"您确定要删除该文件？"时，这种窗口就是模态窗口。用户应该说明是否删除文件，否则就无法继续操作。

网页上的模态窗口可能无法完全阻止主网页的交互，但是在其他方面和软件程序中的模态窗口一样。它们弹出一个较小的窗口，允许用户在不加载整个新页面的情况下做出更改。

模态窗口不限于提出问题。您可以使用模态窗口完成许多不同的任务，包括：

- 用于视频、图像或者幻灯片的灯箱；
- 联系和登录表单；
- 警告和信息；
- 搜索和结果框；

➢ PDF 等嵌入媒体或者其他文档；
➢ 帮助窗口。

Bootstrap 可以帮助您轻松地创建简单和复杂的模态窗口。Bootstrap 模态窗口是具有圆角的小窗口，以灯箱特效显示在常规内容之上。常规内容将变成模糊的灰色，进一步强调模态窗口。图 15-1 展示了 Bootstrap 模态窗口的一个示例。

图 15-1

标准 Bootstrap 模态窗口

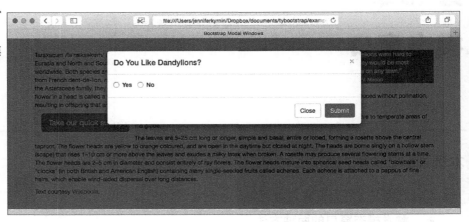

15.2 如何构建模态窗口

在 Bootstrap 页面上添加模态窗口需要两样东西：窗口本身的 HTML，以及用于打开模态窗口的触发器 HTML 或者 JavaScript。大部分人认为先构建触发器最为容易，这样在构建窗口时，就可以打开并且看到窗口。

但是在完成任何一项工作之前，必须确保在 Web 文档的最后加载 jQuery 和 Bootstrap JavaScript 文件。您可以使用 bootstrap.js（或者压缩版本），如果计划只使用这个插件，可以使用 modal.js。

15.2.1 触发模态窗口

正如第 14 章中您所学到的，可以两种方式触发模态插件：使用 JavaScript 或者数据属性。代码清单 15-1 展示了用 JavaScript 触发模态窗口的方法。

代码清单 15-1 触发模态窗口的 JavaScript

```
$('#myModal').modal(options);
```

上述代码打开 ID 为 myModal 的模态窗口，使用 options 数组中的选项。

在模态窗口上可以设置 3 个选项。

➢ backdrop——这个选项告诉浏览器是否应该有一个背景（将原来的页面内容变成灰色）。默认值为 true。将其设置为 false 会完全删除背景，迫使用户点击模块窗口上的关闭按钮。此外，static 值保留背景但是移除关闭模态窗口的能力（模态窗口上的关闭按钮不受影响）。

- keyboard——如果这个选项为 true，可以用 Esc 键关闭模态窗口。如果为 false，Esc 键不能关闭窗口。
- show——如果这个选项为 true，模态窗口在初始化时显示。如果为 false，模态窗口将初始化，但是不显示。

您还可能在旧版本的 Bootstrap 上看到一个废弃的选项 remote。这个选项用于从服务器上的一个单独 HTML 文档加载模态窗口。Bootstrap 4 将删除这个选项，所以不应该使用。作为替代，您应该使用客户端模板或者数据绑定框架，或者调用 jQuery load()。

触发模态窗口的另一种方法是使用数据属性。您可以包含属性 data-toggle="modal"，触发模态窗口。您需要用 <button> 标记上的 data-target="#myModal" 属性或者 <a> 标记上的 href="#myModal" 属性，包含对所显示模态窗口的引用。代码清单 15-2 展示了单击时触发模态窗口的按钮。

代码清单 15-2　触发模态窗口的按钮

```
<button type="button" class="btn btn-warning btn-lg"
        data-toggle="modal" data-target="#myModal">
  Click to Open a Modal
</button>
```

代码清单 15-3 展示了由链接触发的同一个模态窗口。

代码清单 15-3　触发模态窗口的链接

```
<a class="bg-warning" data-toggle="modal" href="#myModal">
  Click to Open a Modal
</a>
```

> **注意：Bootstrap 在触发模态窗口时添加类**
> 在模态窗口被触发之后，Bootstrap 在 <body> 标记上添加 .modal-open 类。它还在页面上添加一个包含 .modal-backdrop 类的空 <div>。这些类都是创建模态窗口和背景时所必需的。但是，您也可以在自己的样式表中使用它们。

模态窗口所用的 JavaScript 包含多种方法，可以在您的脚本中使用。
- toggle——这个方法人工切换模态窗口的开关。它在模态实际显示或者隐藏之前返回处理程序。
- show——这个方法人工打开模态窗口。在模态显示之前返回调用程序。
- hide——这个方法人工关闭模态窗口。在模态隐藏之前返回调用程序。
- handleUpdate——这个方法重新调整模态窗口的定位，以处理出现的滚动条。如果没有使用这个方法，在滚动条出现时，模态将跳向左侧。只有模态窗口打开时高度发生变化才需要这一方法。

此外，您还可以用多种事件与脚本的功能挂钩。
- show.bs.modal——在调用 show 方法时触发。如果这个事件是单击引起的，被单击的元素可以从事件的 relatedTarget 属性访问。

- shown.bs.modal——这个事件在模态窗口可见于用户（在任何 CSS 过渡之后）时触发。如果这个事件是单击引起的，被单击的元素可以从事件的 relatedTarget 属性访问。
- hide.bs.modal——这个事件在调用 hide 方法时立刻触发。
- hidden.bs.modal——这个事件在模态窗口完全对用户隐藏（包括任何 CSS 过渡）时触发。
- loaded.bs.modal——这个事件在模态窗口用 remote 选项加载内容时触发。在 Bootstrap 3.3.0 中已经弃用。

15.2.2 模态窗口编码

在拥有了触发器之后，您需要创建模态窗口本身。这只是一个添加了模态类的 HTML 块。首先，需要一个添加了 modal 类和触发器中所引用 ID 的容器元素。这包含整个模态窗口。

```
<div class="modal" id="myModal">
```

如果您在这个容器中放置模态窗口内容，模态内容将不会使用白色背景，而且将占据整个屏幕的宽度。需要有两个容器才能正确显示模态窗口。

- .modal-dialog——设置模态窗口的宽度。
- .modal-content——定义内容区域，设置模态窗口的背景颜色。

代码清单 15-4 展示了正常外观的模态窗口所需的最小 HTML。

代码清单 15-4　模态窗口的最简 HTML

```
<div class="modal" id="myModal">
  <div class="modal-dialog">
    <div class="modal-content">
      <p>My modal content</p>
    </div>
  </div>
</div>
```

在 .modal-content 容器内部，您可以用多个附加类定义模态的各个部分。

- .modal-header——定义了模态窗口的页眉或者顶部。在页眉中应该包含一个 close 元素，使模态窗口可以关闭，还应该包含一个标题。
- .modal-title——这是模态窗口的标题。
- .modal-body——模态窗口的主要内容。
- .modal-footer——这是模态窗口的页脚或者底部。大部分模态窗口在这个区域包含提交和取消按钮。

在模态窗口内部，应该始终包含一个关闭按钮；许多窗口包含两个关闭按钮——一个在顶部，一个在底部。对于顶部的关闭按钮，可以用第 13 章中学习的 .close 类创建小的"x"图标。您还应该包含值为 modal 的 data-dismiss 属性。这个属性告诉 Bootstrap，单击关闭按钮时，模态窗口应该消失。

```
<button type="button" class="close" data-dismiss="modal"
        aria-label="Close">
  <span aria-hidden="true">&times;</span>
</button>
```

如果希望关闭按钮看上去像标准按钮,就不需要.close 类;但是仍然需要 data-dismiss 属性。

```
<button type="button" class="btn btn-default" data-dismiss="modal" >
  Close
</button>
```

代码清单 15-5 展示了一个漂亮的模态窗口所用的 HTML,该窗口包含两类关闭按钮。

代码清单 15-5　漂亮的模态窗口

```
<div class="modal" id="myModal">
  <div class="modal-dialog">
    <div class="modal-content">
      <div class="modal-header">
        <button type="button" class="close" data-dismiss="modal"
                aria-label="Close">
          <span aria-hidden="true">&times;</span>
        </button>
        <h4 class="modal-title">Do You Love Dandylions?</h4>
      </div>
      <div class="modal-body">
        <img src="images/seeded.jpg" alt=""
             class="col-sm-3 img-circle pull-left"/>
        <p>So do I!</p>
      </div>
      <div class="modal-footer">
        <button type="button" class="btn btn-default"
                data-dismiss="modal">Close</button>
      </div>
    </div>
  </div>
</div>
```

TRY IT YOURSELF

在页面加载时触发模态窗口

模态窗口的流行技术之一是,在页面加载之后显示一个模态窗口,提供问候,为新客户提供附加信息或者进行某种宣传。只需要在 Bootstrap 代码之外添加几行就可以轻松地实现。

1. 在 HTML 编辑器中打开想要加载模态窗口的页面。
2. 确认页面最后加载了 jQuery 和 Bootstrap JavaScript。

```
<script src="http://code.jquery.com/jquery-latest.js"></script>
<script src="js/bootstrap.min.js"></script>
```

3. 添加模态窗口所用的 HTML，将其 ID 设置为#myModal。

```
<div class="modal fade" id="myModal">
...
</div>
```

4. 在 Bootstrap JavaScript 和 jQuery 之下添加一个<script>元素。

```
<script>
</script>
```

5. 在<script>标记内包含一个文档就绪函数。

```
$(document).ready(function(){
});
```

6. 在文档就绪函数内，显示#myModal 元素上的模态窗口。

```
$('#myModal').modal('show');
```

这将在页面加载之后立刻加载模态窗口。如果想要让模态窗口在几秒之后出现，需要添加一个超时。图 15-2 展示了模态窗口的外观，代码清单 15-6 所示为在 Bootstrap 页面中构建该窗口的方法。

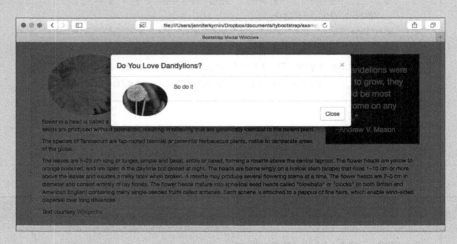

图 15-2
自动加载的模态窗口

代码清单 15-6　触发模态窗口，在页面加载之后 2 秒加载

```
<div class="modal fade" id="myModal">
  <div class="modal-dialog">
    <div class="modal-content">
      <div class="modal-header">
```

```html
      <button type="button" class="close" data-dismiss="modal"
              aria-label="Close">
        <span aria-hidden="true">&times;</span>
      </button>
      <h4 class="modal-title">Do You Love Dandylions?</h4>
    </div>
    <div class="modal-body">
      <img src="images/seeded.jpg" alt=""
           class="col-sm-3 img-circle pull-left"/>
      <p>So do I!</p>
    </div>
    <div class="modal-footer">
      <button type="button" class="btn btn-default"
              data-dismiss="modal">Close</button>
    </div>
   </div>
  </div>
</div>

<script src="http://code.jquery.com/jquery-latest.js"></script>
<script src="js/bootstrap.min.js"></script>
<script>
$(document).ready(function(){
  function show_modal() {
    $('#myModal').modal('show');
  }
  window.setTimeout(show_modal, 2000);
});
</script>
```

15.3 修改模态窗口

Bootstrap 中可以修改模态窗口的外观和在页面上的表现，包括更改在页面上的打开方式、大小、内部布局甚至根据用户触发模态窗口的方式改变内容。

15.3.1 更改模态窗口的打开方式

打开模态窗口的默认方式是快速进入屏幕，没有任何过渡——鼠标单击之后窗口就出现了。但是这样的效果无法令人满意，所以大部分模态窗口包含 .fade 类，使其更加优雅地淡入。

```html
<div class="modal fade " id="myModal">
```

▼ TRY IT YOURSELF

比较使用淡入和不使用淡入的模态窗口

理解淡入的模态窗口和简单显示的窗口之间差异的最佳方法是动手尝试。本环节带您经历两个模态窗口的创建——一个采用淡入效果,另一个简单显示。

1. 打开网页,添加标准模板的 Bootstrap CSS 和 JavaScript。
2. 创建两个触发按钮,一个针对#fade,另一个针对#noFade。

   ```
   <button type="button" class="btn btn-default" data-toggle="modal"
           data-target="#noFade" >
     No Fade Modal
   </button>
   <button type="button" class="btn btn-default" data-toggle="modal"
           data-target="#fade" >
     Fade Modal
   </button>
   ```

3. 创建两个模态窗口,一个使用 ID #face,另一个使用#noFade。

   ```
   <div class="modal" id="noFade" tabindex="-1" role="dialog"
       aria-labelledby="noFadeLabel" aria-hidden="true">
     <div class="modal-dialog">
       <div class="modal-content">
         ...
       </div>
     </div>
   </div>
   ```

4. 为#fade 模态窗口添加 fade 类。

   ```
   <div class="modal fade" id="fade" tabindex="-1" role="dialog"
       aria-labelledby="fadeLabel" aria-hidden="true">
   ```

5. 保存页面并在 Web 浏览器中打开尝试。代码清单 15-7 展示了最终的 HTML。

代码清单 15-7　比较淡入和非淡入模态窗口

```
<!DOCTYPE html>
<html lang="en">
  <head>
    <meta charset="utf-8">
    <meta http-equiv="X-UA-Compatible" content="IE=edge">
    <meta name="viewport" content="width=device-width, initial-scale=1">
    <title>Bootstrap Modal Windows</title>

    <!-- Bootstrap -->
    <link href="css/bootstrap.min.css" rel="stylesheet">
    <!-- HTML5 shim and Respond.js for IE8 support of HTML5
```

```html
      elements and media queries -->
      <!-- WARNING: Respond.js doesn't work if you view the page via
      file:// -->
      <!--[if lt IE 9]>
        <script
src="https://oss.maxcdn.com/html5shiv/3.7.2/html5shiv.min.js">
        </script>
        <script
src="https://oss.maxcdn.com/respond/1.4.2/respond.min.js"></script>
      <![endif]-->

  </head>
  <body>
    <p> </p>
    <div class="container">

      <button type="button" class="btn btn-default"
              data-toggle="modal" data-target="#noFade">
        No Fade Modal
      </button>
      <button type="button" class="btn btn-default"
              data-toggle="modal" data-target="#fade">
        Fade Modal
      </button>


<!-- Modal -->
<div class="modal" id="noFade" tabindex="-1" role="dialog"
    aria-labelledby="noFadeLabel" aria-hidden="true">
  <div class="modal-dialog">
    <div class="modal-content">
      <div class="modal-header">
        <button type="button" class="close" data-dismiss="modal"
                aria-label="Close">
          <span aria-hidden="true">&times;</span>
        </button>
        <h4 class="modal-title" id="noFadeLabel">This Modal Did Not
        Fade In</h4>
      </div>
      <div class="modal-body">
        <p>It just blinked into existance. Poof!</p>
      </div>
    </div>
  </div>
</div>
<div class="modal fade" id="fade" tabindex="-1" role="dialog"
     aria-labelledby="fadeLabel" aria-hidden="true">
  <div class="modal-dialog">
    <div class="modal-content">
```

```
            <div class="modal-header">
              <button type="button" class="close" data-dismiss="modal"
                      aria-label="Close">
                <span aria-hidden="true">&times;</span>
              </button>
              <h4 class="modal-title" id="noFadeLabel">This Modal Did
              Fade In</h4>
            </div>
            <div class="modal-body">
              <p>It appeared to slide onto the page. Whee!</p>
            </div>
          </div>
        </div>
      </div>

<script src="http://code.jquery.com/jquery-latest.js"></script>
<script src="js/bootstrap.min.js"></script>

</body>
</html>
```

15.3.2 更改模态窗口的大小

模态窗口有 3 种尺寸：小、中和大，默认为中。在.modal-dialog 容器上添加.modal-lg 和.modal-sm 类可以将尺寸分别设置为大和小。图 15-3 展示了 3 种尺寸的模态窗口，代码清单 15-7 展示了大模态窗口的 HTML。

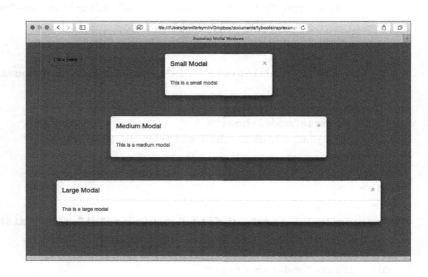

图 15-3

3 种模态窗口大小；小、中和大

15.3.3 更改布局

可以在模态窗口中使用 Bootstrap 网格系统调整窗口内部布局。您所需要做的就是在.modal-body 中添加.container-fluid 类，然后像第 5 章中所学习的那样添加网格元素。

TRY IT YOURSELF

创建一个 4 列的模态窗口

利用 Bootstrap 网格，可以很容易创建包含 4 列的模态窗口。本环节将创建一个 4 列的模态窗口。

1. 在 HTML 编辑器中打开 Bootstrap 页面。
2. 添加模态触发按钮。

   ```
   <button type="button" class="btn btn-default" data-toggle="modal"
           data-target="#myModal">
     Click Here
   </button>
   ```

3. 创建模态窗口。

   ```
   <!-- Modal -->
   <div class="modal" id="myModal" tabindex="-1" role="dialog"
       aria-labelledby="myModalLabel" aria-hidden="true">
     <div class="modal-dialog modal-lg">
       <div class="modal-content">
         <div class="modal-header">
           <button type="button" class="close" data-dismiss="modal"
                   aria-label="Close">
             <span aria-hidden="true">&times;</span>
           </button>
           <h4 class="modal-title" id="myModalLabel">My Modal</h4>
         </div>
         <div class="modal-body">
           <p>This is a four-column modal</p>
           <p>Each of these paragraphs is in a different column.</p>
           <p>This is column three.</p>
           <p>And this is the final column, column four.</p>
         </div>
       </div>
     </div>
   </div>
   ```

4. 在.modal-body 容器中，添加一个<div class="container-fluid">标记，其中包含<div class="row">。

5. 确保.row 容器中有 4 个段落，然后为每个段落添加.col-md-3 类。

   ```
   <p class="col-md-3">This is a four-column modal</p>
   <p class="col-md-3">Each of these paragraphs is in a different column.</p>
   <p class="col-md-3">This is column three.</p>
   <p class="col-md-3">And this is the final column, column four.</p>
   ```

6. 保存页面，在 Web 浏览器中打开测试。代码清单 15-8 是这个页面的完整 HTML。

代码清单 15-8　4 列的模态窗口

```
<!DOCTYPE html>
<html lang="en">
  <head>
    <meta charset="utf-8">
    <meta http-equiv="X-UA-Compatible" content="IE=edge">
    <meta name="viewport" content="width=device-width, initial-scale=1">
    <title>Bootstrap Modal Windows</title>
    <!-- Bootstrap -->
    <link href="css/bootstrap.min.css" rel="stylesheet">
    <!-- HTML5 shim and Respond.js for IE8 support of HTML5
    elements and media queries -->
    <!-- WARNING: Respond.js doesn't work if you view the page via
    file:// -->
    <!--[if lt IE 9]>
      <script src="https://oss.maxcdn.com/html5shiv/3.7.2/html5shiv.min.js">
      </script>
      <script src="https://oss.maxcdn.com/respond/1.4.2/respond.min.js"></script>
    <![endif]-->

  </head>
  <body>
    <p> </p>
    <div class="container">

      <button type="button" class="btn btn-default"
              data-toggle="modal" data-target="#myModal">
        Click Here
      </button>

    <!-- Modal -->
    <div class="modal" id="myModal" tabindex="-1" role="dialog"
        aria-labelledby="myModalLabel" aria-hidden="true">
      <div class="modal-dialog modal-lg">
        <div class="modal-content">
          <div class="modal-header">
```

```html
            <button type="button" class="close" data-dismiss="modal"
                    aria-label="Close">
              <span aria-hidden="true">&times;</span>
            </button>
            <h4 class="modal-title" id="myModalLabel">My Modal</h4>
          </div>
          <div class="modal-body">
            <div class="container-fluid">
              <div class="row">
                <p class="col-md-3">This is a four-column modal</p>
                <p class="col-md-3">Each of these paragraphs is in a
                different column.</p>
                <p class="col-md-3">This is column three.</p>
                <p class="col-md-3">And this is the final column,
                column four.</p>
              </div>
            </div>
          </div>
        </div>
      </div>
    </div>

    <script src="http://code.jquery.com/jquery-latest.js"></script>
    <script src="js/bootstrap.min.js"></script>

  </body>
</html>
```

15.3.4 动态更改模态内容

您可以创建一个动态页面，根据选择的触发器在模态窗口中显示不同的内容。这需要使用 event.relatedTarget 和 data-*属性，在单击不同触发器时改变模态窗口的内容。代码清单 15-9 展示了创建一个图库的 HTML 和 JavaScript，该图库在单击缩略图时显示大尺寸图像。

代码清单 15-9　模态图库

```html
<a href="#" data-toggle="modal" data-target="#myModal"
    data-imagetitle="Shasta and McKinley"
    data-imagesource="images/pic1.png">
  <img src="images/thumb1.png" alt="shasta and mckinley"
       class="img-thumbnail">
</a>
<a href="#" data-toggle="modal" data-target="#myModal"
```

```
            data-imagetitle="Shasta" data-imagesource="images/pic2.png">
      <img src="images/thumb2.png" alt="shasta" class="img-thumbnail">
    </a>

    <div class="modal fade" id="myModal" tabindex="-1" role="dialog"
        aria-labelledby="myModalLabel" aria-hidden="true">
      <div class="modal-dialog">
        <div class="modal-content">
          <div class="modal-header">
            <button type="button" class="close" data-dismiss="modal"
                aria-label="Close">
              <span aria-hidden="true">&times;</span>
            </button>
            <h4 class="modal-title" id="myModalLabel">Image</h4>
          </div>
          <div class="modal-body">
          </div>
        </div>
      </div>
    </div>

    ...

    <script>
    $('#myModal').on('show.bs.modal', function (event) {
      var button = $(event.relatedTarget);
      var recipient = button.data('imagetitle');
      var source = button.data('imagesource');
      var modal = $(this);
      modal.find('.modal-title').text(recipient);
      modal.find('.modal-body').html('<img src="' + source + '" alt="'
+ recipient + '" class="center-block">');
    })
    </script>
```

15.4 小结

本章介绍了 Bootstrap 插件 modal.js。您学习了如何创建和使用模态窗口，用在现有内容之上打开的窗口向客户提供更多信息。您还学习了多种模态窗口的使用方法、触发方法以及样式设置方法。

您可以使用许多模态窗口的选项、方法、事件和 CSS 类，表 15-1～表 15-4 详细列出了本章中介绍的选项、方法、事件和类。

表 15-1　模态选项

选项	值	描述
backdrop	true 或 false 或字符串 'static'	表示是否应该有背景（true 代表有，false 代表无）。static 关键字表示应该有背景，但是单击背景时不会关闭模态窗口；默认为 true
keyboard	true 或 false	允许模态窗口在按下 Esc 键时关闭；默认为 true
remote	URL 路径	这个选项在 Bootstrap 3.3.0 中被弃用，不应该使用。表示将被加载到 .modal-content 容器中的内容；默认值为 false——不加载任何内容
show	true 或 false	在初始化时显示模态窗口；默认值为 true

表 15-2　模态窗口方法

方法	描述
.modal(options)	激活您的内容作为模态窗口，选项保存在 options 数组中
.modal('handleUpdate')	如果模态窗口的高度在打开时发生变化，这个方法重新调整定位以处理滚动条，避免模态窗口在屏幕上跳跃
.modal('hide')	人工隐藏模态窗口
.modal('show')	人工显示模态窗口
.modal('toggle')	人工切换模态窗口开关

表 15-3　模态事件

事件	描述
hidden.bs.modal	模态窗口完全对用户隐藏之后触发
hide.bs.modal	模态窗口隐藏时触发
loaded.bs.modal	用 remote 选项加载模态窗口内容时触发
show.bs.modal	模态窗口显示时触发
shown.bs.modal	模态窗口完全向用户显示之后触发

表 15-4　模态 CSS 类

类	描述
fade	添加加载模态窗口动画，使其在加载时产生淡入效果
modal	表示该元素是模态窗口
modal-backdrop	自动放置在一个 <div> 上，以设置背景
modal-body	表示该元素是模态窗口主体
modal-content	表示该元素是模态窗口的主要内容
modal-dialog	定义模态对话框，还定义模态窗口宽度
modal-footer	表示该元素是模态窗口的页脚
modal-header	表示该元素是模态窗口的页眉

类	描 述
modal-lg	放大模态窗口
modal-open	模态窗口在屏幕上打开时自动放置在<body>元素上
modal-sm	缩小模态窗口
modal-title	表示该元素是模态窗口标题

15.5 讨论

讨论部分包含了帮助您巩固本章所学知识的测验。先尝试回答所有问题再看答案。

15.5.1 问答

问：模态窗口只是个灯箱吗？

答：不准确。灯箱是一种为显示图像及其他媒体优化的模态窗口，但是模态窗口所能做的不仅是显示图像。

问：在模态窗口中列出的其他属性有何作用，如 role="dialog"、aria-labelledby="myModalLabel"和 aria-hidden="true"？

答：这些属性用于提高模态窗口的可访问性。role 属性表示模态窗口是一个对话框，两个 aria-属性表示标签以及是否隐藏。这些属性和其他可访问性功能将在第 21 章中详细介绍。

问：我希望使用 remote 选项加载外部网页，如何使用它？

答：可以在触发按钮上用 data-remote 属性设置。将该属性设置为想要加载的 URL。如果触发器是链接，可以使用 href 属性定义加载的页面——例如<a data-toggle="modal" href="remote.html" datatarget="# modal">Click me</a>。但是，这不能在所有浏览器上正常工作。

15.5.2 测验

1. 下面哪一个是用 Bootstrap 模态窗口创建的？
    a．登录框
    b．照片灯箱
    c．警告
    d．b 和 c
    e．以上都是
2. 下面的代码能触发模态窗口吗？

```
$('#myModal').modal({
    "backdrop" : "static"
});
```

  a. 能，带有静态背景

  b. 能，带有标准背景

  c. 不能，因为背景值 static 不正确

  d. 不能，因为不能这样包含选项

3. 下面的代码能触发模态窗口吗？

```
<a class="bg-warning" data-toggle="modal">
  Click to Open a Modal
</a>
```

  a. 能，标准模态窗口

  b. 能，带有警告背景的模态窗口

  c. 不能，因为没有目标

  d. 不能，因为没有 URL

4. 哪一个类是创建模态窗口所必需的？

  a. .modal

  b. .modal 和 .modal-dialog

  c. .modal、.modal-dialog 和 .modal-content

  d. 模态窗口没有必需的类

5. 下面哪一个定义模态窗口的标题？

  a. `<div class="title">Modal Title</div>`

  b. `<h2 class="modal-title">Modal Title</h2>`

  c. `<h1>Modal Title</h1>`

  d. . Modal Title

6. 为什么应该避免使用 remote 选项？

  a. 因为这不是有效选项

  b. 因为它不能在所有浏览器上正常工作

  c. 因为它已被弃用

  d. 您不必避免使用它

7. 如何用动画效果加载模态窗口？

  a. 使用 animate 类

  b. 使用 fade 类

  c. 不需要做任何事，因为它们默认就带有动画效果

d．您无法用动画效果加载模态窗口

8. 在哪里添加.modal-sm 类以创建小模态窗口？

   a．在.modal 元素上

   b．在.modal-dialog 元素上

   c．在.modal-content 元素上

   d．在包围整个模态窗口的新容器上

9. 判断正误：您不能在模态窗口中使用列网格类。

10. 在哪里添加.modal-open 类？

    a．放在<body>元素上，表示该页面有一个模态窗口

    b．放在.container 元素上，表示容器中有一个模态窗口

    c．您无法将其放置在任何位置。Bootstrap 在模态窗口打开时自动将其添加到.modal 元素

    d．您无法将其放置在任何位置。Bootstrap 在模态窗口打开时自动添加它

15.5.3　测验答案

1. e。以上都是
2. a。能，带有静态背景。
3. c。不能，因为没有目标。
4. c。.modal、.modal-dialog 和.modal-content 是构建正确外观的 Bootstrap 模态窗口所必需的。
5. b。<h2 class="modal-title">Modal Title</h2>
6. c。因为它已经被弃用。
7. b。使用 fade 类。
8. b。在.modal-dialog 元素上。
9. 错误。可以在模态窗口中使用列网格类。
10. d。您不能将其放置到任何地方。Bootstrap 在模态窗口打开时自动添加它。

15.5.4　练习

在您的网页上添加模态窗口。用链接或者按钮触发它。

第 16 章

附加导航、选项卡和滚动监听

本章讲解了如下内容：

- 如何将项目固定在屏幕上，使其不能滚动；
- 如何构建选项卡式的内容窗格；
- 如何创建随着页面滚动而变化的导航；
- 如何结合使用附加导航、选项卡和滚动监听插件。

附加导航（Affix）、选项卡（Tab）和滚动监听（ScrollSpy）是 Bootstrap 提供的用于增强页面上的导航和其他元素灵活性的插件。和其他 Bootstrap 插件一样，它们可以通过 JavaScript 或者 HTML 的 data-*属性触发。在本章中，您将学习这三种插件的使用方法。

16.1 附加导航

附加导航（Affix）插件可以在页面上创建固定元素。许多网站用这种元素使导航固定在页面上，不管客户滚动到哪里都可以看到。但是您也可以使用它固定图像、媒体以及文本块。

Affix 插件使用 affix.js 脚本，根据页面的滚动位置切换 position:fixed;开关。该插件的常见用途包括：

- 内部页面导航；
- 社会化媒体共享按钮；
- 广告。

该插件通过设置元素在页面上的顶部起始位置起作用。在用户滚动经过元素时，元素固定在屏幕上，网页内容在它的旁边滚动。在大部分情况下，设计人员将固定元素的位置范围保持为整个页面的高度，但是利用 Affix 插件，您可以指定元素停止固定并重新随页面滚动的位置。

16.1.1 使用附加导航

要使用 Affix 插件，您首先必须在 HTML 文档的最后包含 jQuery 和 affix.js 文件。如果包含完整的 Bootstrap JavaScript 文件，将包含 Affix 插件。

然后，您必须将要固定的元素放在文档中，这如同在文档中放置 HTML 那样简单，您也可以使用 CSS 精确定位。

最后，为该元素添加 data-spy="affix"属性。在几种浏览器和设备中测试页面。记住，该页面的长度必须足以滚动，这样 Affix 插件才能生效。代码清单 16-1 展示了固定在页面顶端的导航列表所用的 HTML。

代码清单 16-1　固定页内导航

```
<!DOCTYPE html>
<html lang="en">
  <head>
    <meta charset="utf-8">
    <meta http-equiv="X-UA-Compatible" content="IE=edge">
    <meta name="viewport"
          content="width=device-width, initial-scale=1">
    <title>Bootstrap Modal Windows</title>

    <!-- Bootstrap -->
    <link href="css/bootstrap.min.css" rel="stylesheet">
    <!-- HTML5 shim and Respond.js for IE8 support of HTML5
    elements and media queries -->
    <!-- WARNING: Respond.js doesn't work if you view the page via
    file:// -->
    <!--[if lt IE 9]>
      <script
src="https://oss.maxcdn.com/html5shiv/3.7.2/html5shiv.min.js">
      </script>
      <script
src="https://oss.maxcdn.com/respond/1.4.2/respond.min.js"></script>
    <![endif]-->

  </head>
  <body>

    <div class="container">
      <nav class="col-md-4">
        <ul class="list-group" data-spy="affix">
          <li class="list-group-item">
            <a href="#section1">Section One</a></li>
          <li class="list-group-item">
            <a href="#section2">Section Two</a></li>
```

```html
          <li class="list-group-item">
            <a href="#section3">Section Three</a></li>
        </ul>
      </nav>
      <div class="col-md-8">
        <h2 id="section1">Section One</h2>
 <p>Lorem ipsum dolor sit amet, consectetur adipiscing elit. ...</p>
        <h2 id="section2">Section Two</h2>
        <p>Suspendisse ornare ipsum nec velit euismod egestas. ...</p>
        <h2 id="section3">Section Three</h2>
        <p>Interdum et malesuada fames ac ante ipsum primis ...</p>
      </div>
    </div>

<script src="http://code.jquery.com/jquery-latest.js"></script>
<script src="js/bootstrap.min.js"></script>

</body>
</html>
```

Affix 插件使用3个表示特定状态的CSS类：

- .affix-top——Affix 插件在元素处于最顶部时为其添加该类；
- .affix——当滚动经过元素时，触发.affix 类以替代.affix-top 类，并添加来自 Bootstrap CSS 的 position: fixed;样式；
- .affix-bottom——如果定义了偏移，该类代替.affix 类。

有两种偏移，可用于定义何时插件应该触发（顶部）和停止（底部）。您可以用数据属性定义：

- `data-offset-top="60"`
- `data-offset-bottom="120"`

也可以用 JavaScript 定义位移，如代码清单16-2所示。

代码清单16-2 用 JavaScript 设置偏移

```javascript
$('#myAffix').affix({
  offset: {
    top: 60,
    bottom: 120
  }
});
```

最后一个选项是 target 选项,该选项默认为 window 对象,但是可以在必要时指定选择符、节点或者 jQuery 对象。

Affix 插件中存在多种事件。

- affix.bs.affix——在元素被固定之前触发。

- affixed.bs.affix——在元素被固定之后立即触发。
- affix-top.bs.affix——在添加.affix-top 类前一刻触发。
- affixed-top.bs.affix——在元素应用.affix-top 类之后触发。
- affix-bottom.bs.affix——在添加.affix-bottom 类前一刻触发。
- affixed-bottom.bs.affix——在元素应用.affix-bottom 类之后触发。

16.2 选项卡

Tab 插件让您添加"可切换的"选项卡——可以切换开关的选项卡——以显示和隐藏内容窗格。这扩展了第 12 章中学习的选项卡式导航，添加了可切换区域。图 16-1 展示了基本选项卡区域。

图 16-1

有 3 个选项卡的基本选项卡区域

16.2.1 使用选项卡

和其他插件一样，必须在文档中包含 jQuery 和 Bootstrap JavaScript。Tab 插件还要求使用第 12 章中学习的选项卡式导航组件。

要添加选项卡，需要用于选项卡栏的 HTML。这通常是一个带有.nav 和.nav-tabs 类的无序列表。

然后，您需要一个<div>或者其他包含选项卡信息的元素。在该元素中，为每个选项卡放置一个具备唯一 ID 的<div>。将无序列表元素链接到选项卡信息<div>元素的 ID。代码清单 16-3 展示了添加 Tab 插件之前的 HTML。

代码清单 16-3　添加 Tab 插件之前的 HTML

```
<ul class="nav nav-tabs">
  <li class="active"><a href="#section1">Section One</a></li>
  <li><a href="#section2">Section Two</a></li>
  <li><a href="#section3">Section Three</a></li>
</ul>
<div>
  <div id="section1">
    <h2>Section One</h2>
```

```
        <p>...</p>
      </div>
      <div id="section2">
        <h2>Section Two</h2>
        <p>...</p>
      </div>
      <div id="section3">
        <h2>Section Three</h2>
        <p>...</p>
      </div>
    </div>
```

> **注意：您还可以使用包含.nav-pills 类的选项卡**
>
> 尽管 Tab 插件暗示您仅能使用.nav-tabs 类，但是它也能很好地处理.nav-pills 类。只要知道，Bootstrap 为.nav-tabls 提供的选项卡样式适合于此类内容。与顶部的胶囊按钮相比，您的客户可能更容易发现选项卡之后隐藏的内容。还有一点也很有趣，您完全不需要使用.nav 和.nav-tabs/pills 类。Tab 插件可以像处理导航选项卡或者按钮那样，很好地处理普通链接。

为包含选项卡内容<div>元素的元素添加.tab-content 类。每个选项卡内容 div 应该有.tab-pane 类。

可以用数据属性或者 JavaScript 激活 Tab 插件。使用 JavaScript 时，您需要单独启用每个选项卡。代码清单 16-4 展示了一个单击时启用每个选项卡的简单脚本。

代码清单 16-4　在单击时启用选项卡

```
$('#myTab a').click(function (e) {
  $(this).tab('show');
});
```

这个脚本将在 URL 中以主题标签的形式显示选项卡 ID。如果不希望显示，可以在$(this)行之上添加 e.preventDefault();。

> **警告：URL 应该变化，但是您必须跟踪**
>
> 动态内容令人沮丧的一个地方是难以将处于默认状态之外的页面记入书签，如与第一次打开时不同的选项卡。如果在脚本中包含.preventDefault();，页面的可访问性就会下降，因为 URL 不会变化，客户无法将打开的选项卡记入书签。但是，如果删除这一行，就必须编写一个脚本，加载 URL 中调用的选项卡窗格。代码清单 16-5 展示了一个简单的脚本，您可以用它使 URL 中的主题标签打开正确的选项卡。

代码清单 16-5　使 URL 能够打开不同的窗格

```
$(function(){
  var hash = window.location.hash;
  hash && $('ul.nav a[href="' + hash + '"]').tab('show');
```

```
    $('#myTab a').click(function (e) {
      $(this).tab('show');
    });
  });
```

选项卡在客户点击时激活,但是您可以在 JavaScript 中用$().tab('show')方法激活它们。可以使用不同的 jQuery 选择符选择所要激活的具体选项卡,举例如下。

➢ $('#myTab a[href="# id "]').tab('show');——选择所链接的选项卡。
➢ $('#myTab a :first ').tab('show');——选择第一个选项卡。
➢ $('#myTab a :last ').tab('show');——选择最后一个选项卡。
➢ $('#myTab li:eq(2) a').tab('show');——选择第 3 个选项卡(起始选项卡编号为 0)

可以用 data-* 属性激活 Tab 插件。为选项卡列表中的链接添加 data-toggle="tab"属性。如果使用胶囊代替选项卡,可以使用 data-toggle="pill"。但是选项卡的样式由列表上的 nav-tabs 或者.nav-pills 类定义,而不由所使用的 data-toggle 定义。

Bootstrap 允许使用.fade 类(参见第 15 章),使窗格内容的显示更生动。只需为.tab-pane 元素添加.fade 类即可。您还需要在激活的窗格上添加.in 类,使其立即显示。

代码清单 16-6 展示了这一效果的 HTML。

代码清单 16-6 添加淡入效果

```html
<div class="tab-content">
  <div role="tabpanel"
      class="tab-pane fade in active" id="section1">
    <h2>Section One</h2>
    <p>...</p>
  </div>
  <div role="tabpanel" class="tab-pane fade" id="section2">
    <h2>Section Two</h2>
    <p>...</p>
  </div>
  <div role="tabpanel" class="tab-pane fade" id="section3">
    <h2>Section Three</h2>
    <p>...</p>
  </div>
</div>
```

Tab 插件上有一个方法:$().tab('show')。这必须有一个 data-target 属性或者 href 属性,指向 DOM 中的.tab-pane 容器。Tab 插件有 4 种事件,调用顺序如下。

➢ hide.bs.tab——在当前激活的选项卡上触发,并在新选项卡显示时触发。event.target 和 event.relatedTarget 分别针对当前激活的选项卡和即将激活的新选项卡。
➢ show.bs.tab——然后,在将要被打开的选项卡上触发这个事件。该事件在选项卡触发显示但尚未完全显示之前发起。event.target 和 event.relatedTarget 分别定位当前激活的选项卡和之前激活的选项卡。

> hidden.bs.tab——在隐藏的选项卡（之前激活的选项卡）上触发。它在新选项卡显示之后触发。event.target 和 event.relatedTarget 分别定位之前激活的选项卡和新激活的选项卡。

> shown.bs.tab——在刚显示的新激活选项卡上触发。该事件在选项卡显示之后触发。event.target 和 event.relatedTarget 分别定位激活的选项卡和之前激活的选项卡。

16.3 滚动监听

滚动监听（ScrollSpy）插件设置页面，使导航突出显示客户所读取的准确区域。当客户在页面上滚动时，导航中高亮显示的部分就会变化。这个插件在具有内部导航的长页面中特别有用，在整个网站包含于一个页面中的现代设计上也很有用。

ScrollSpy 通过"监听"用户滚动的元素（通常是<body>）起作用。在该元素滚动时，Bootstrap 监视对应于目标 Bootstrap 导航元素中引用的 ID。然后，它为该元素添加 .active 类（并从任何之前的活动元素中删除该类）以高亮显示。

16.3.1 使用滚动监听

使用 ScrollSpy 插件首先需要 Bootstrap 导航栏。如果需要复习添加 Bootstrap nav 元素的方法，请参见第 12 章。导航栏必须在滚动时可见，例如应用 .navbar-fixed-top 或 .navbar-fixed-bottom 类。确保导航有唯一的标识符。

导航必须有可解析的 ID 目标，指向页面的特定区域。换言之，导航必须包含指向页面上定义的某个位置的<a href="#partOne">链接。ScrollSpy 不能处理指向其他网页的链接。此外，内容必须在页面上可见，ScrollSpy 才能正常工作。如果在页面上有不可见的隐藏内容，ScrollSpy 将忽略之，不会高亮显示导航元素。

为<body>标记添加 data-spy="scroll"属性，并添加指向导航元素的 datatarget="#myNav"属性。在样式表中添加 body { position: relative; }，确保<body>标记使用相对位置。

> **警告：目标是 Nav 容器，而不是 Nav 列表**
> 最佳实践表明，您应该用<nav>标记包围导航列表，然后在其上放置.nav 和.navbar 样式。但是有些人喜欢将这些样式放在<ul>标记上。不过，这对于 ScrollSpy 无效。必须在<ul>导航列表周围有一个容器。这个容器就是 ScrollSpy 所定位的。

您也可以用 JavaScript 启动 ScrollSpy。代码清单 16-7 所示为如何将其应用到<body>标记。

代码清单 16-7　用 JavaScript 在<body>标记上应用 ScrollSpy

```
$('body').scrollspy({ target: '#myNav' });
```

ScrollSpy 有一个方法：.scrollspy('refresh')。使用这个方法可以刷新页面，更新 ScrollSpy。

如果在 DOM 中添加或者删除元素，需要动态更新导航时，这个方法很有用。

ScrollSpy 有一个选项：offset。这是计算滚动位置时与顶部的偏移像素数。默认值为 10，但是您可以使用任何数字。用 data-offset 属性设置该选项，或者将其添加到脚本中的选项数组。

ScrollSpy 只有一个事件：activate.bs.scrollspy。它在 ScrollSpy 激活新条目时触发。这使得您可以添加更多的动作，而不仅仅高亮显示对应的导航元素。

16.4 结合使用这些插件

本章介绍的插件很适合于结合使用。如果将导航列表固定在页面上，就可以使用 ScrollSpy 高亮显示客户所在区域。您可以将选项卡式导航固定在页面顶部，然后在选项卡中使用 ScrollSpy 高亮显示对应的选项卡。

最常见的组合是 Bootstrap 网站上所展示的：垂直的子导航固定在一侧，然后 ScrollSpy 高亮显示对应的区域。在代码清单 16-8 中，删除了大部分占位符文本，但是它展示了创建左侧导航的基本 HTML 和 CSS，当您进入对应项目时，所选择项将以粗体显示。

代码清单 16-8　结合使用 ScrollSpy 和 Affix

```
<!DOCTYPE html>
<html lang="en">
  <head>
    <meta charset="utf-8">
    <meta http-equiv="X-UA-Compatible" content="IE=edge">
    <meta name="viewport"
          content="width=device-width, initial-scale=1">
    <title>Bootstrap Affix with ScrollSpy</title>

    <!-- Bootstrap -->
    <link href="css/bootstrap.min.css" rel="stylesheet">
    <!-- HTML5 shim and Respond.js for IE8 support of HTML5
    elements and media queries -->
    <!-- WARNING: Respond.js doesn't work if you view the page via
    file:// -->
    <!--[if lt IE 9]>
      <script
src="https://oss.maxcdn.com/html5shiv/3.7.2/html5shiv.min.js">
      </script>
      <script
src="https://oss.maxcdn.com/respond/1.4.2/respond.min.js"></script>
    <![endif]-->
    <style>
      body { position: relative; }
      .active { font-weight: bold; }
    </style>
  </head>
```

```html
<body data-spy="scroll" data-target="#myNav">
<div class="container">
  <div class="col-md-3">
    <nav id="myNav">
      <ul class="nav" data-spy="affix">
        <li><a href="#section1">Section One</a></li>
        <li><a href="#section2">Section Two</a></li>
        <li><a href="#section3">Section Three</a></li>
      </ul>
    </nav>
  </div>
    <article class="col-md-9">
<div id="section1">
  <h2>Section One</h2>
  <p>...</p>
</div>
<div id="section2">
  <h2>Section Two</h2>
  <p>...</p>
</div>
<div id="section3">
  <h2>Section Three</h2>
  <p>...</p>
</div>
    </article>
</div>

<script src="http://code.jquery.com/jquery-latest.js"></script>
<script src="js/bootstrap.min.js"></script>

</body>
</html>
```

在页面上结合使用 Bootstrap JavaScript 插件，可以创建所需的设计和交互性。

16.5 小结

在本章中，您学习了 3 个 Bootstrap 插件：附加导航（Affix）、选项卡（Tab）和滚动监听（ScrollSpy）。这些插件帮助您建立更有趣、实用的导航元素和其他功能。您学习了如何在屏幕上固定元素，同时使其他元素可以围绕其滚动。您学习了如何创建带有选项卡式导航的隐藏内容，还学习了如何用 ScrollSpy 插件在读者滚动到特定项目时，高亮显示导航中的对应部分。

表 16-1 描述了这些插件的选项，表 16-2 解释了它们使用的方法，表 16-3 描述了可用的事件。这些表格只列出了插件中包含的选项、方法和事件。表 16-4 涵盖了本章学习的 CSS 类。

表 16-1 选项

插件	选项	取 值	描 述
Affix	offset	数字、函数或者对象	描述计算滚动位置时与屏幕的偏移像素数。如果想要为顶部和底部偏移定义不同数字，可以提供一个对象。例如，offset { top: 5, bottom: 3 }；默认值为 10
Affix	target	选择符、节点或者 jQuery 元素	指定 Affix 的目标元素；默认值为 window 对象
ScrollSpy	offset	数字	计算滚动位置时与顶部的偏移像素数；默认值为 10

表 16-2 方法

插 件	方 法	描 述
ScrollSpy	.scrollspy('refresh')	在 DOM 中添加或者删除元素之后重新加载 ScrollSpy
Tab	.tab('show')	激活选项卡元素和内容容器

表 16-3 事件

插 件	事 件	描 述
Affix	affix.bs.affix	在元素即将固定时触发
Affix	affix-bottom.bs.affix	在元素即将触及固定范围底部时触发
Affix	affix-top.bs.affix	在元素即将触及固定范围顶部时触发
Affix	affixed.bs.affix	在元素被固定之后触发
Affix	affixed-bottom.bs.affix	在元素触及固定范围底部之后触发
Affix	affixed-top.bs.affix	在元素触及固定范围顶部之后触发
ScrollSpy	activate.bs.scrollspy	在 ScrollSpy 激活时触发
Tab	hidden.bs.tab	在新选项卡显示且之前激活的选项卡隐藏之后触发
Tab	hide.bs.tab	在新选项卡显示时触发
Tab	show.bs.tab	在已显示的选项卡上触发，但先于新选项卡显示
Tab	shown.bs.tab	在已显示的选项卡上触发，但晚于新选项卡显示

表 16-4 CSS 类

类	描 述
.affix	为元素添加 position: fixed;属性，将其定义为固定元素。表示滚动经过该元素
.affix-bottom	表示固定元素超出底部偏移
.affix-top	表示固定元素处于最顶部位置
.in	表示该元素显示时应该应用淡入效果
.tab-content	表示元素包含选项卡内容
.tab-pane	表示该元素是一个选项卡窗格

16.6 讨论

讨论部分包含了帮助您巩固本章所学知识的测验。先尝试回答所有问题再看答案。

16.6.1 问答

问：为什么所有事件名称中都有.bs？

答：这是 Bootstrap 尝试用于避免与其他框架冲突的方法。通过用框架名称（.bs）和插件名称（.affix）命名事件，确保其他具有类似事件的脚本不会使用相同名称。

问：您始终以 ID 的形式指定目标，可以用其他方式标识目标元素吗？

答：如果您将目标视为选择符（类似 jQuery 选择符），可以使用类似的规则选择元素作为 data-target 的值。例如，如果想要选择包含类.selectMe 的元素，可以写作 data-target=".selectMe"。但是要记住，对于某些插件来说，目标在页面上必须是唯一的，Tab 插件将更改 URL（如果没有阻止默认动作的话）。因此，URL 必须有一个主题标签（#）目标才能正常工作。

问：当我使用 ScrollSpy 时，不需要 data-target。这个属性确实是必需的吗？

答：是，这是必需的，但是如果没有指定目标，Bootstrap 有一个备用选项：将 ScrollSpy 应用到它所找到的第一个导航项目。即使这样做是有效的，任何修改都有破坏它的危险。

16.6.2 测验

1. 以下哪一个陈述最能描述 Affix 插件的功能？
    a．将元素的 position:fixed;属性切换为 on
    b．强制某个元素在页面上保持可见
    c．让内容围绕元素滚动
    d．固定在其他情况下无法正确显示的内容
2. 如何固定元素？
    a．为元素添加属性 data-toggle="affix"
    b．为元素添加 affix 类
    c．为元素添加属性 data-spy="affix"
    d．为页面添加 affix.js 文件
3. 如何在固定的元素上设置顶部和底部偏移？
    a．在元素上使用 data-offset-top 和 data-offset-bottom 属性
    b．在选项中使用 JavaScript 数组 offset : { top: 60, bottom: 120 }
    c．使用 data-offset 属性，包含两个逗号分隔值

d. a 和 b

e. 以上都不对

4. 判断正误：Tab 插件要求 Bootstrap 导航。

5. 下面哪一个是 Tab 的选项？

   a. offset

   b. target

   c. .tab('show')

   d. 以上都不是

6. 在如下代码中，e.preventDefault();有何作用？

   ```
   $('#myTab a').click(function (e) {
     e.preventDefault();
     $(this).tab('show');
   });
   ```

   a. 阻止默认动作，阻止选项卡打开

   b. 阻止默认动作，允许选项卡打开

   c. 阻止默认动作，不在 URL 中放置主题标签

   d. 阻止默认动作，在 URL 中放置主题标签

7. 判断正误：ScrollSpy 插件要求 Bootstrap 导航。

8. ScrollSpy 插件监听哪个元素？

   a. <html>元素

   b. <body>元素

   c. <nav>元素

   d. 需要更改的任何元素

9. 判断正误：ScrollSpy 可以根据指向任何位置的 URL 高亮显示。

10. 何时使用.scrollspy('refresh')方法？

    a. 每当页面刷新时

    b. 每当页面上的内容变化时

    c. 每当删除或者添加 DOM 元素时

    d. 不是 ScrollSpy 插件的有效方法

16.6.3 测验答案

1. a。将元素上的 position:fixed;属性切换为 on。
2. c。为元素添加属性 data-spy="affix"。

3. d。a 和 b

4. 错误。

5. d。以上都不是。Tab 插件没有选项。

6. c。阻止默认动作，不在 URL 中放置主题标签。

7. 正确

8. b。<body>元素

9. 错误

10. c。每当删除或者添加 DOM 元素时。

16.6.4 练习

1. 在页面上固定一个对象。试验不同元素，如图像或者表单。您认为哪个元素能成为好的浮动元素？
2. 为某个页面创建选项卡窗格。将内容隐藏在 3 个不同窗格之后，然后用 Tab 插件在单击时显示内容。
3. 为您的导航添加滚动监听。如果导航不能在屏幕上保持可见，测试固定导航或者使用 Affix 将其固定。

第 17 章

弹出框和工具提示

本章讲解了如下内容：

- 如何为 Bootstrap 页面添加工具提示；
- 工具提示和弹出框的区别；
- 如何添加弹出框；
- 弹出框和工具提示的选项、方法和事件。

工具提示和弹出框是出现在现有文本之上和周围的小内容块，工具提示通常在鼠标悬停于链接或者其他文本时显示，而弹出框在单击时出现，通常较大。

在本章中，您将学习如何在网站上添加工具提示和弹出框，为客户增加信息。您还将学习如何以不打扰读者的方式添加这些特性。

17.1 工具提示

工具提示是在触发元素旁边出现的小文本块。Bootstrap 工具提示在黑色的圆角矩形中显示白色文本。工具提示有一个指向触发元素的小三角形。图 17-1 展示了一个工具提示的例子。

图 17-1

标准工具提示

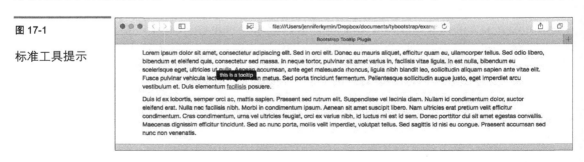

大部分工具提示在鼠标悬停于元素之上时触发，但是您也可以用单击触发它们。

> **警告：工具提示可能惹恼客户**
> 您应该记住，许多人觉得悬停时出现的工具提示令人厌烦。但是，用单击触发的工具提示可能容易混淆，因为大部分客户希望单击时将其带到其他网页而不是打开小的文本块。一定要和客户一起测试工具提示，特别是在工具提示传达重要信息的情况下。

要在链接上构建工具提示，必须为链接（<a>）添加 data-toggle="tooltip" 属性，确保有一个 title 属性，其值为您想要显示在工具提示上的文本。如果希望在单击时跳转到某处，可以为链接提供 href 值；否则，将其指向一个主题标签：href="#"。

> **注意：为隐藏或者禁用元素添加工具提示时要小心**
> 不应该在隐藏的（display: none;）元素上使用工具提示，因为工具提示的定位将会不准确。此外，如果在禁用元素（带有 disabled 属性或者 .disabled 类）上使用工具提示，应该在元素周围放置一个容器<div>，然后在容器上放置工具提示。

但是，在您匆忙地为所有链接添加工具提示之前，还必须做一件事：初始化工具提示。

选择 Tooltip 和 Popover 插件要考虑性能，这是因为它们可能是资源密集型的插件。而且，如前所述，它们往往会惹恼客户。所以，重要的是在将它们添加到页面时，必须事先考虑清楚。您必须在脚本中初始化工具提示。代码清单 17-1 展示了用 data-toggle 属性选择所有工具提示的 JavaScript。

代码清单 17-1　初始化工具提示

```
$(document).ready(function(){
  $(function () {
    $('[data-toggle="tooltip"]').tooltip();
  });
});
```

和其他 Bootstrap 插件一样，您必须包含 Bootstrap JavaScript 和 jQuery。代码清单 17-1 使用 jQuery 的文档就绪函数，确保工具提示初始化之前加载所有必要内容。这将帮助您的页面更快加载。

在页面上显示工具提示时，它生成一些 HTML，如代码清单 17-2 所示。在 HTML 中有几个类：.tooltip、.top、.tooltip-arrow 和 .tooltip-inner。您可以在 CSS 中使用这些类为工具提示提供更多样式。

代码清单 17-2　工具提示生成的 HTML

```
<div class="tooltip top" role="tooltip">
  <div class="tooltip-arrow"></div>
  <div class="tooltip-inner">
    Some tooltip text!
```

```
        </div>
    </div>
```

出现变化的一个类是 top，因为它定义了工具提示的显示位置，默认为顶部，但是利用 placement 选项，可以将工具提示放在顶部、右侧、底部或者左侧。您还可以在定位上使用关键字 auto，告诉浏览器动态放置工具提示。例如，如果定位为"auto top"，工具提示将尽可能显示在顶部；如果无法显示在顶部，则显示在底部。如果触发元素靠近屏幕边缘，这一选项特别有用。

▼ TRY IT YOURSELF

在一个按钮上添加工具提示

工具提示可以添加到页面上任何可以交互的元素上，最常见的是<a>标记和按钮元素。坚持对这些标记使用工具提示是一个好主意，可以让客户理解这些元素的交互特性。在这个环节中，您将学习如何为按钮添加在点击时显示的工具提示。

1. 打开 Bootstrap 网页或者用 Bootstrap 模板创建新网页。
2. 在页面某处添加一个按钮。

   ```
   <button type="button" class="btn btn-default">
     Click if you love Dandelions
   </button>
   ```

3. 为按钮添加 title 属性，并包含想要工具提示显示的文本。
4. 为按钮添加 data-toggle="tooltip" 属性。
5. 为按钮添加 data-trigger="click"属性，更改触发器为按钮单击。
6. 以 data-*的形式添加其他选项，如 data-placement 属性，更改工具提示的位置。
7. 在浏览器中测试工具提示。它将无法工作，标题在鼠标悬停于按钮之上时显示。
8. 在文档底部添加<script>，以初始化工具提示。

   ```
   <script>
   $(document).ready(function(){
     $(function () {
       $('[data-toggle="tooltip"]').tooltip();
     });
   });
   </script>
   ```

9. 再次测试，这次工具提示正常工作。

代码清单 17-3 展示了图 17-2 的 HTML，它在按钮单击时显示工具提示。

代码清单 17-3　工具提示 HTML

```
<!DOCTYPE html>
```

```html
<html lang="en">
  <head>
    <meta charset="utf-8">
    <meta http-equiv="X-UA-Compatible" content="IE=edge">
    <meta name="viewport"
          content="width=device-width, initial-scale=1">
    <title>Bootstrap Tooltip on a Button</title>

    <!-- Bootstrap -->
    <link href="css/bootstrap.min.css" rel="stylesheet">
    <!-- HTML5 shim and Respond.js for IE8 support of HTML5
    elements and media queries -->
    <!-- WARNING: Respond.js doesn't work if you view the page via
    file:// -->
    <!--[if lt IE 9]>
      <script
src="https://oss.maxcdn.com/html5shiv/3.7.2/html5shiv.min.js">
      </script>
      <script
src="https://oss.maxcdn.com/respond/1.4.2/respond.min.js"></script>
    <![endif]-->
    <style>
    body { padding-top: 70px; }
    img#dandylionLogo { height:100%; width: auto; display: inline;
                       margin-top: -10px; }
    </style>

  </head>
<body>
    <nav class="navbar navbar-default navbar-fixed-top">
      <div class="container-fluid">
        <div class="navbar-header">
          <button type="button" class="navbar-toggle collapsed"
                  data-toggle="collapse" data-target="#collapsedNav">
            <span class="sr-only">Toggle navigation</span>
            <span class="icon-bar"></span>
            <span class="icon-bar"></span>
            <span class="icon-bar"></span>
          </button>
          <a href="#" class="navbar-brand">
            <img src="images/dandylion-logo.png" alt="Dandylion"
                id="dandylionLogo" />Dandylions</a>
        </div>

        <div class="collapse navbar-collapse" id="collapsedNav">
          <ul class="nav navbar-nav">
            <li class="active"><a href="#">Products</a></li>
            <li><a href="#">Services</a></li>
```

```html
          <li><a href="#">Support</a></li>
        <li class="dropdown">
        <a href="#" class="dropdown-toggle"
            data-toggle="dropdown" role="button"
            aria-expanded="false">
          About <span class="caret"></span>
        </a>
        <ul class="dropdown-menu" role="menu">
          <li><a href="#">Articles</a></li>
          <li><a href="#">Related Sites</a></li>
        </ul>
        </li>
      </ul>
      <p class="navbar-text">We love
      <a href="" class="navbar-link">Weeds</a>!</p>
      <form class="navbar-form navbar-right" role="search">
        <div class="form-group">
          <input type="text" class="form-control"
              placeholder="Search">
        </div>
      </form>
      <button type="button"
            class="btn btn-default navbar-btn navbar-right">
        Contact Us
      </button>
    </div>
  </div>
</nav>
<div class="container">
  <div class="row">
   <article id="mainarticle" class="col-lg-5 col-md-6 col-xs-12">
     <h3>What is a Dandelion?</h3>
     <p><span class="pronounce"><strong><em>Taraxacum</em></strong>
     <em>/təˈræksəkʉm/</em></span> is a large genus of
     flowering plants in the family Asteraceae. They are native
     to Eurasia and North and South America, and two species,
     T. officinale and T. erythrospermum, are found as weeds
     worldwide. Both species are edible in their entirety.
     The common name
     <span class="pronounce"><strong>dandelion</strong>
     <em>/ˈdændɨlaɪ.ən/</em></span> (dan-di-ly-ən, from French
     dent-de-lion, meaning "lion's tooth") is given to members
     of the genus, and like other members of the Asteraceae
     family, they have very small flowers collected together
     into a composite flower head. Each single flower in a head
     is called a floret. Many <em>Taraxacum</em> species produce
     seeds asexually by apomixis, where the seeds are
     produced without pollination, resulting in offspring that
```

```html
            are genetically identical to the parent plant.</p>
            <button type="button" class="btn btn-default"
                    data-toggle="tooltip" data-placement="top"
                    data-trigger="click"
                    title="Everyone should love Dandelions!">
              Click if you love Dandelions
            </button>
          </article>
          <aside id="links" class="col-md-3 col-xs-12">
            <h3>Learn More About Dandelions</h3>
            <ul>
              <li><a href="#">Do Dandelions Burn in Colors?</a></li>
              <li><a href="#">Top 5 Things To Do With
              Dandelion</a></li>
              <li><a href="#">How to Grow and Harvest Dandelion
              Greens</a></li>
              <li><a href="#">Dandelion Honey Recipe</a></li>
              <li><a href="#">Get Rid of Dandelions the Smart
              Way@#8212Eat Them!</a></li>
            </ul>
          </aside>
          <aside id="sidebar" class="col-lg-3 col-md-3 col-xs-12">
            <p><img src="images/dandy.jpg" class="img-responsive"
                    alt=""/></p>
           <p><img src="images/seeded.jpg" class="img-responsive"
                    alt=""/></p>
          </aside>
          <footer class="col-xs-12">
            <p>Text from
            <a href="http://en.wikipedia.org/wiki/Dandelion">
              Wikipedia
             </a></p>
          </footer>

        </div>
      </div>
<script src="http://code.jquery.com/jquery-latest.js"></script>
<script src="js/bootstrap.min.js"></script>
<script>
$(document).ready(function(){
  $(function () {
    $('[data-toggle="tooltip"]').tooltip();
  });
});
</script>
</body>
</html>
```

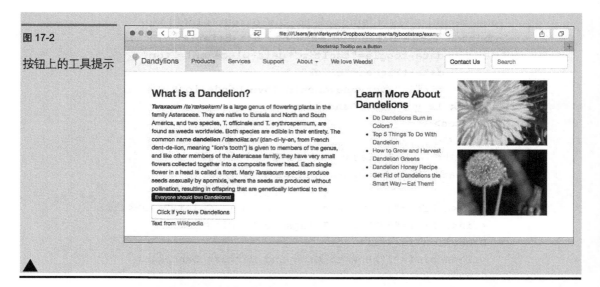

图 17-2 按钮上的工具提示

> **警告：按钮和输入组的工具提示需要 container 选项**
>
> 如果想在 .btn-group 或者 .input-group 中的元素上添加工具提示，必须指定选项 container: 'body'。如果没有这个选项，可能会发现工具提示触发时，元素变宽或者失去其圆角。

17.1.1 工具提示选项

工具提示插件提供了多个选项，您可以用它们调整工具提示的工作方式。

- animation——这个选项对工具提示应用 CSS 淡入淡出过渡。默认值为 true，false 关闭淡入淡出效果。
- container——默认为 false，开启该选项允许您将工具提示附加到特定的元素（例如，container: 'body'）。这使您可以将工具提示放置在靠近触发元素的文档流中，避免工具提示在窗口大小改变时远离触发元素。
- delay——定义工具提示显示和隐藏的延迟时间（以毫秒计）。如果以对象形式书写，可以为显示和隐藏定义不同值（例如，delay: { "show": 200, "hide": 400 }）。在人工触发时，该选项不适用。
- html——允许在工具提示中插入 HTML。默认值为 false，使用 jQuery text 方法将内容插入 DOM。注意，将其设置为 true 可能导致网站容易遭到跨站脚本（XSS）攻击。
- placement——指明放置工具提示的方式，取值为 top、right、bottom、left 和 auto。您还可以用一个函数确定放置方式。这种方法调用一个函数，以工具提示 DOM 节点作为第一个参数，触发元素 DOM 节点作为第二个参数。this 上下文设置为工具提示实例。
- selector——提供一个选择符时，该选项可以用 jQuery on 函数将工具提示放置在 DOM 中动态创建的元素上。
- template——如果不喜欢工具提示的基本 HTML，可以用 template 选项更改。工具提示的标题将注入到.tooltip-inner 元素中。.tooltip-arrow 变成箭头，应该包装在带有.tooltip 类的元素中。代码清单 17-2 展示了默认 HTML。

- title——如果 title 属性缺失，这就是工具提示的默认值。默认值是空串' '。您也可以将其设置为一个函数，其中 this 引用被设置为工具提示连接的元素。
- trigger——定义了工具提示的触发方式。可能值为 click、hover、focus 和 manual。您可以传递空格分隔的多个触发器。默认值为 hover focus。
- viewport——将工具提示保持在元素的范围内，默认为`{ selector: 'body', padding: 0 }`。

您可以用 data-*属性定义所有选项，或者直接在 JavaScript 中定义。

17.1.2 工具提示方法

Tooltip 插件提供 5 个方法，您可以用它们处理工具提示。

- $().tooltip(options)——将工具提示处理程序连接到一个元素集并设置您所定义的选项。
- .tooltip('show')——显示工具提示，并在工具提示显示之前返回调用程序。这被认为是工具提示的人工触发。
- .tooltip('hide')——隐藏元素的工具提示。在工具提示隐藏之前返回调用程序。这被认为是工具提示的人工触发。
- .tooltip('toggle')——切换元素工具提示开关,在工具提示显示或者隐藏之前返回调用程序。这被认为是工具提示的人工触发。
- .tooltip('destroy')——隐藏并销毁元素的工具提示。用 selector 选项创建的工具提示不能在下级触发元素上单独销毁。

17.1.3 工具提示事件

使用 Tooltip 插件将发生 4 种事件。

- show.bs.tooltip——调用 show 方法时立即触发。
- shown.bs.tooltip——工具提示可见于用户时触发，将等待到任何 CSS 过渡完成。
- hide.bs.tooltip——该事件在调用 hide 方法时立即触发。
- hidden.bs.tooltip——该事件在工具提示完全对用户隐藏（包括所有 CSS 过渡）时触发。

17.2 弹出框

在许多方面，弹出框（Popover）与工具提示类似。它们在触发时为网页的内容增加一个覆盖层。实际上，要使用弹出框，也必须启用 Tooltip 插件。但是弹出框提供工具提示所没有的几个格式化选项。图 17-3 展示了基本弹出框。

图 17-3

基本弹出框

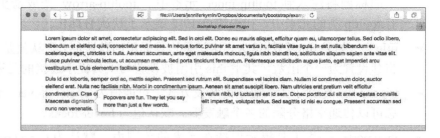

要在页面上添加弹出框，必须包含 popover.js 和 tooltop.js 脚本，或者使用 bootstrap.js 文件。和工具提示类似，您必须初始化弹出框，它们才能正常工作。正如工具提示，初始化弹出框的最简方法是用 data-toggle 属性选择它们。代码清单 17-4 展示了初始化脚本。

代码清单 17-4　初始化弹出框

```
<script>
$(document).ready(function(){
  $(function () {
    $('[data-toggle="popover"]').popover();
  });
});
</script>
```

在初始化弹出框之后，可以将它们添加到 HTML。它们通常被添加到按钮上。弹出框和工具提示之间的最大差别是弹出框在单击时显示，保留在屏幕上直到客户再次点击触发按钮。按钮使这种功能更加明显。代码清单 17-5 展示了添加默认弹出框的 HTML。

代码清单 17-5　按钮上的弹出框

```
<button type="button" class="btn btn-default" data-toggle="popover"
        title="Popovers are fun"
        data-content="You can add titles and they stick.">
  Click to see a Popover
</button>
```

只需要两个属性就可以创建简单的弹出框：data-toggle 和 data-content。title 属性为弹出框添加一个标题，如图 17-4 所示。

图 17-4

带标题的基本弹出框

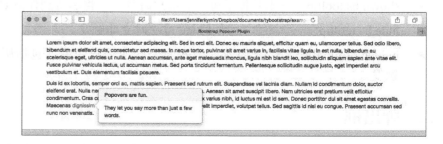

如果希望弹出框在下一次单击时消失——不管单击的是不是触发按钮——可以使用 trigger 选项，如代码清单 17-6 所示。将触发器更改为 focus，但是要让下一次单击时消失的

弹出框在所有浏览器上正常工作，需要做几件事：

> 必须使用<a>标记而不是<button>标记；
> 必须包含 role="button"属性；
> 应该包含 tabindex 属性，但是可以将其设置为自己喜欢的任意值。

代码清单 17-6　下次单击时消失的弹出框

```
<a href="#" class="btn btn-default" role="button"
  data-toggle="popover" data-trigger="focus"
  title="Make this Popover Disappear"
  data-content="Click anywhere and the popover will leave."
  tabindex="0">
 This is a Dismissable Popover
</a>
```

TRY IT YOURSELF

在页面上添加弹出框

添加弹出框很容易。本环节带您经历为网页上的某个按钮添加弹出框的各个步骤。

1. 在 Web 编辑器中打开 Bootstrap 网页。
2. 添加一个触发弹出框的按钮。

   ```
   <button role="button" class="btn btn-default">
     Dandelion Fun Fact
   </button>
   ```

3. 添加 data-toggle="popover"属性以触发弹出框。
4. 用 title 属性添加标题。
5. 在 data-content 属性中添加内容。
6. 为.popover、.popover-title 和 .popover-content 类添加样式。

图 17-5 展示了我的弹出框。

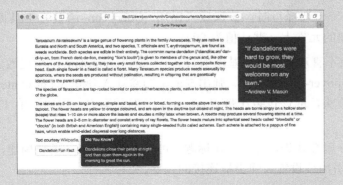

图 17-5

设置了样式的弹出框

触发弹出框时，在 DOM 中添加代码清单 17-7 中的 HTML。这包含了.popover、.popover-title、.popover-content 和.arrow 类。这些类为弹出框提供圆角、阴影和背景颜色。您也可以使用它们设置弹出框样式，以匹配网站设计。

代码清单 17-7　默认弹出框模板

```
<div class="popover" role="tooltip">
  <div class="arrow"></div>
  <h3 class="popover-title"></h3>
  <div class="popover-content"></div>
</div>
```

17.2.1　弹出框选项

您可以使用许多选项调整弹出框工作方式，这些选项可以用 data-*属性设置或者直接在 JavaScript 中设置。

- animation——为弹出框添加 CSS 淡入淡出过渡，默认为 true。
- container——默认为 false，开启该选项允许您将弹出框附加到特定的元素（例如，container: 'body'）。这使您可以将弹出框放置在靠近触发元素的文档流中，避免弹出框在窗口大小改变时远离触发元素。
- content——如果 data-content 属性不存在，提供默认内容。可以内建于一个 JavaScript 函数，它被 this 引用调用时将被设置为弹出框连接的元素。
- delay——定义工具提示显示和隐藏的延迟时间（以毫秒计）。也可以使用对象写法（例如，delay: { "show": 300, "hide": 100 }）。默认值为 0。
- html——允许在工具提示中插入 HTML。默认值为 false，使用 jQuery text 方法将内容插入 DOM。注意，将其设置为 true 可能导致网站容易遭到跨站脚本（XSS）攻击。
- placement——将弹出框定位在顶部（top）、右侧（right）、底部（bottom）或者左侧（left）。可以使用 auto 选项，在必要时重新设置弹出框的方向。例如，如果有足够的空间，dataplacement="auto right"将弹出框放在右侧，否则放在左侧。默认值为 right。
- selector——提供一个选择符时，该选项可以用 jQuery on 函数将工具提示放置在 DOM 中动态创建的元素上。默认值为 false。
- template——如果不喜欢弹出框的基本 HTML，可以用 template 选项更改。弹出框的标题将注入到.popover-title 元素中。弹出框的内容将注入到.popover-content 元素中。arrow 元素变成箭头，应该包装在带有.popover 类的元素中。代码清单 17-7 展示了默认 HTML。
- title——如果 title 属性缺失，提供默认标题。可以用 JavaScript 函数构建，调用该函数时，其中 this 引用被设置为弹出框连接的元素。
- trigger——定义了工具提示的触发方式。可能值为 click、hover、focus 和 manual。

您可以传递空格分隔的多个触发器，允许弹出框以多种方式触发。默认值为 click。
- viewport——将工具提示保持在元素的范围内，默认为 { selector: 'body', padding: 0 }。

17.2.2 弹出框方法

Popover 插件提供 5 种方法，您可以用它们处理弹出框。

- $().popover(options)——为一组元素初始化弹出框。
- .popover('show')——显示弹出框。在弹出框显示之前返回调用程序，这被认为是弹出框的人工触发。标题和内容为空的弹出框不会显示。
- .popover('hide')——隐藏元素的弹出框。在弹出框隐藏之前返回调用程序。这被认为是弹出框的人工触发。
- .popover('toggle')——切换开关元素弹出框。在弹出框显示或者隐藏之前返回调用程序，这被认为是弹出框的人工触发。
- .popover('destroy')——隐藏和销毁元素的弹出框。不能在下级触发元素上单独销毁用 selector 选项创建的弹出框。

17.2.3 弹出框事件

使用弹出框时发生 4 种事件。

- show.bs.popover——在调用 show 方法时立即触发。
- shown.bs.popover——在弹出框可见于用户时触发，等待任何 CSS 过渡完成。
- hide.bs.popover——在调用 hide 方法时立即触发。
- hidden.bs.popover——在弹出框完全对用户隐藏（包括任何 CSS 过渡）时触发。

17.3 小结

本章中您学习了两个为页面提供动态效果并为读者提供附加信息的插件：Tooltip 和 Popover。这些插件创建用户触发时弹出并提供附加信息的小文本框。

表 17-1 描述了这些插件的选项，表 17-2 解释它们使用的方法，表 17-3 描述了可用的事件，表 17-4 介绍了本章学习的 CSS 类。

表 17-1 　　　　　　　　　　　选项

插　　件	选项	值	描　　述
Popover、Tooltip	animation	true 或 false	对弹出框或者工具提示应用 CSS 淡入淡出效果，默认为 true
Popover、Tooltip	container	字符串或者 false	为特定元素附加弹出框或者工具提示，默认为 false

续表

插　件	选项	值	描　述
Popover	content	字符串或者函数	data-content 属性不存在时使用的默认内容，默认为空字符串
Popover、Tooltip	delay	数字或者对象	延迟显示或者隐藏弹出框/工具提示的毫秒数，默认为 0
Popover、Tooltip	html	true 或 false	允许将 HTML 插入弹出框或者工具提示，默认为 false
Popover、Tooltip	placement	top、right、bottom、left、和 auto	定义显示弹出框或者工具提示的位置，默认为 right
Popover、Tooltip	selector	字符串或者 false	允许动态 HTML 元素添加弹出框和工具提示，默认为 false
Popover、Tooltip	template	参见代码清单 17-2 和代码清单 17-7	创建弹出框或者工具提示的基本 HTML
Popover、Tooltip	title	字符串或者函数	Title 属性未指定时的标题值
Popover、Tooltip	trigger	click、hover、focus 或 manual	弹出框或者工具提示的触发方式。弹出框默认为 click，工具提示默认为 hover focus
Popover、Tooltip	viewport	字符串或者对象	将工具提示或者弹出框保持在元素的范围内

表 17-2　方法

插　件	方　法	描　述
Popover	$().popover(options)	初始化弹出框
Popover	.popover('destroy')	删除和销毁弹出框
Popover	.popover('hide')	隐藏弹出框
Popover	.popover('show')	显示弹出框
Popover	.popover('toggle')	更改弹出框可见性为显示或者隐藏
Tooltip	$().tooltip(options)	初始化工具提示
Tooltip	.tooltip('destroy')	删除和销毁工具提示
Tooltip	.tooltip('hide')	隐藏工具提示
Tooltip	.tooltip('show')	显示工具提示
Tooltip	.tooltip('toggle')	更改工具提示可见性为显示或者隐藏

表 17-3　事件

插　件	事　件	描　述
Popover	hide.bs.popover	调用 hide 方法时立即触发
Popover	hidden.bs.popover	在弹出框完成隐藏时触发

续表

插件	事件	描述
Popover	show.bs.popover	调用 show 方法时立即触发
Popover	shown.bs.popover	弹出框完成显示时触发
Tooltip	hide.bs.tooltip	调用 hide 方法时立即触发
Tooltip	hidden.bs.tooltip	工具提示完成隐藏时触发
Tooltip	show.bs.tooltip	调用 show 方法时立即触发
Tooltip	shown.bs.tooltip	工具提示完成显示时触发

表 17-4　　　　　　　　　　　CSS 类

类	描述
.arrow	为弹出框添加一个箭头，指向所连接的元素，由插件生成
.bottom	将工具提示放在底部，由插件生成
.left	将工具提示放在左侧，由插件生成
.popover	表示这是弹出框容器，由插件生成
.popover-content	表示这是弹出框内容，由插件生成
.popover-title	表示这是弹出框标题，由插件生成
.right	将工具提示放在右侧，由插件生成
.tooltip	表示这是工具提示容器，由插件生成
.tooltip-arrow	为工具提示添加一个箭头，指向它所连接的元素，由插件生成
.tooltip-inner	表示这是工具提示内容，由插件生成
.top	将工具提示放在顶部，由插件生成

17.4　讨论

讨论部分包含了帮助您巩固本章所学知识的测验。先尝试回答所有问题再看答案。

17.4.1　问答

问：模态窗口、弹出框和工具提示有何区别？

答：在网站上提供信息的方法很多，以上都是引起读者注意，提供新信息的方法。模态窗口和工具提示或者弹出框之间的主要区别是是模态窗口希望用户采取某项措施。它们往往提出一个问题或者提供需要填写的表单。弹出框和工具提示只提供某些信息，模态窗口在第 15 章中学习。

问：弹出框和工具提示看起来非常相似，它们真的是不同的东西吗？

答：在 Bootstrap 的世界中，弹出框和工具提示有两处主要区别。弹出框由单击触发，具有作为主文本的标题。工具提示由悬停或者焦点触发，只有文本。在现实世界中，Bootstrap 弹出框就是漂亮的工具提示。

问：使用工具提示或者弹出框是不是好主意？人们不会觉得它们很讨厌吗？

答：这取决于您的网站。但是一般来说，采用的工具提示越多，用户可能越觉得烦恼。工具提示或者弹出框越大，它们覆盖的内容就越多，也就越令人讨厌。一定要弄清用户的预期。如果客户单击一个链接，他们预期会转到另一个位置，如果结果是显示工具提示，他们就会被惹恼。将工具提示和弹出框用到能为页面增添价值的地方，而不是轻率从事。如果可以，让用户参加测试，了解客户是否讨厌它们。

17.4.2 测验

1. 下面的触发器中哪一个是标准工具提示触发器？
   a. 单击某个元素
   b. 鼠标悬停于元素之上
   c. 鼠标靠近元素
   d. 单击元素附近

2. 判断正误：只能在链接（<a>标记）上放置工具提示。

3. 为什么在具有 display: none 样式的元素上使用工具提示是个坏主意？
   a. 该样式可能被转移到工具提示上，将其隐藏
   b. 除非将工具提示放在隐藏元素的容器上，否则无法正常工作
   c. 工具提示最终会显示在错误的位置上
   d. 这不是个坏主意，工具提示可以很好地工作

4. 除了 data-toggle="tooltip" 属性之外，还需要添加什么才能显示工具提示？
   a. 不需要，data-toggle="tooltip"就够了
   b. title 属性以及提示文本
   c. title 属性，而且需要初始化
   d. 不需要；data-toggle="tooltip"不是开启工具提示的属性

5. .auto 类对工具提示有何作用？
   a. 使工具提示自动显示
   b. 自动生成工具提示
   c. 更改工具提示的颜色
   d. 在必要时更改工具提示位置

6. 工具提示和弹出框有何不同？

a．弹出框添加更多的格式化选项

b．工具提示添加更多的格式化选项

c．弹出框添加更多定位选项

d．工具提示添加更多定位选项

7. 使用弹出框需要哪些脚本？

a．popover.js 文件

b．tooltip.js 文件

c．指向 jQuery 的链接

d．以上都是

8. 哪一个属性包含弹出框内容？

a．.popover

b．.popover-inner

c．.popover-content

d．.popover-title

9. 哪个事件在弹出框显示时触发？

a．.hide.bs.popover

b．.show.bs.popover

c．.shown.bs.popover

d．不触发任何事件

10. 如果想使用<aside>而不是<div>包含弹出框，该怎么做？

a．用 data-template 属性更改弹出框

b．用 data-html 属性修改弹出框

c．用 popover.html 方法

d．无法更改

17.4.3 测验答案

1. b。鼠标悬停于元素之上。
2. 错误。可以将它们放在<button>标记上。
3. c。它们最终显示在错误的位置。
4. c。title 属性，且必须初始化。
5. d。在必要时更改工具提示的位置。
6. a。弹出框添加更多格式化选项。
7. d。以上都是。

8. c。.popover-content
9. b。.show.bs.popover
10. a。用 data-template 属性更改弹出框。

17.4.4 练习

1. 为页面上的链接添加工具提示。确保它为链接增加价值且不会太长。使用工具提示 CSS 类（见表 17-4）设置工具提示样式，使其适合您的网站设计。
2. 添加在下一次单击时消失的弹出框。

第 18 章

过渡、按钮、警告框和进度条

本章讲解了如下内容：

- Bootstrap 过渡的定义；
- 如何调整按钮；
- 添加警告框并使其可以撤销；
- 创建进度条。

Bootstrap 提供了许多在动态页面上所能见到的功能。本章介绍的插件常常能够在变化很多或者随时向客户提供信息的页面上看到。本章介绍 transition.js、button.js 和 alert.js 插件，以及进度条组件。这些插件和组件帮助您提高页面的动态性。

18.1 过渡

过渡（Transition）是页面上出现某种变化时使用的动画特效。前面的几章提到了淡入淡出等过渡。

大部分过渡都是用 CSS 而非 JavaScript 完成的。Bootstrap 中的这个插件有助于在 CSS 过渡无法工作的情况下（如在旧浏览器中）时提供增强，它基于 Modernizr（http://modernizr.com/）过渡支持。它作为 transitionEnd 事件的助手程序，在不支持 CSS 过渡的浏览器中模拟其效果。

过渡用于如下情况：

- 模态窗口滑入（见第 15 章）；
- 淡入淡出选项卡（见第 16 章）；
- 动画显示工具提示和弹出框（见第 17 章）；
- 淡入淡出警告框（见本章后面的"警告"小节）；

➢ 折叠内容滑入（见第 19 章）；
➢ 轮播窗格之间滑动（见第 20 章）。

transition.js 插件的优点是在使用其他 Bootstrap 插件时不必明确调用。但是如果您想要在所有情况下都有漂亮的过渡，一定要在编译中包含 transition.js 或者使用完整的 bootstrap.js 文件。

18.2 按钮

正如第 11 章中所学到的，按钮是强大的 Bootstrap 功能，但是您所能做的不仅仅是简单地在页面上放置按钮。利用 button.js 插件，您可以控制按钮状态，切换按钮开关，甚至将单选钮和复选框转换为按钮。要使用按钮，只需要 bootstrap.js 文件和 jQuery。

18.2.1 按钮状态

如果单击之后的处理需要花费一定的时间，为客户提供某种指示可能很有用。您可以改变按钮的状态以表示正在加载某些内容，或者为其他状态提供文本指示。图 18-1 展示了更改为加载状态的按钮。

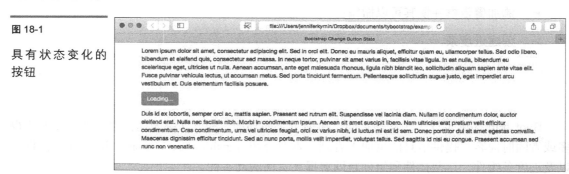

图 18-1 具有状态变化的按钮

用 $().button(string) 方法可改变按钮的状态。这将按钮的文本切换为另一种 data-* 定义的文本状态。例如，图 18-1 中的按钮使用了 data-loading-text 属性。该按钮的 HTML 代码如代码清单 18-1 所示，脚本如代码清单 18-2 所示。

代码清单 18-1 更改状态的按钮

```
<button type="button" id="myButton" data-loading-text="Loading..."
        class="btn btn-primary" autocomplete="off">
  Loading state
</button>
```

代码清单 18-2 更改按钮状态的脚本

```
<script>
  $('#myButton').on('click', function () {
    var $btn = $(this);
    $btn.button('loading');
```

```
    })
</script>
```

您可以在按钮上设置多种状态。在 data-*属性中，除了 loading，您还可以写入其他单词，如 complete（例如，data-complete-text="Done! Phew!"），然后，编写脚本使按钮在发生不同情况时改变文本。

> **警告：Firefox 在页面加载时保存状态**
> 即使页面重新加载，Firefox 也会保存表单状态。这是为了帮助读者，使其不会丢失表单数据，但是如果您的按钮状态在页面重新加载时必须重置，这就可能造成问题。变通措施之一是使用 autocomplete="off"属性。这一方法记录在 Mozilla bug#654072 中（https://bugzilla.mozilla.org/show_bug.cgi?id=654072）。

18.2.2 切换按钮

您可以用 data-toggle="button"属性激活按钮切换。这将在切换按钮时将其设置为"已点击"和"未点击"。代码清单 18-3 展示了基本切换按钮的 HTML。

代码清单 18-3　标准切换按钮

```
<button type="button" id="myButton" data-toggle="button"
        class="btn btn-primary" aria-pressed="false"
        autocomplete="off">
  Loading state
</button>
```

您还可以添加.active 类和 ariapressed=" true"属性，将按钮设置为预切换，如代码清单 18-4 所示。

代码清单 18-4　预切换按钮

```
<button type="button" id="myButton" data-toggle="button"
        class="btn btn-primary active " aria-pressed="true"
        autocomplete="off">
  Loading state
</button>
```

18.2.3 复选框和单选按钮

如果您有一个按钮组（见第 11 章），包含复选框或者单选按钮输入控件，可以用 button.js 插件将其转换为可选择的按钮。

在按钮组容器<div>上设置属性 data-toggle="buttons"。然后，用<label>包围<input>标记，用 btn 类将其定义为按钮。代码清单 18-5 展示了复选框按钮的 HTML，图 18-2 展示了这段 HTML 在网页上的样式化版本。

代码清单 18-5　作为按钮的复选框

```
<div class="btn-group" data-toggle="buttons" >
  <label class="btn btn-primary active">
    <input type="checkbox" autocomplete="off" checked>Dandelions!
  </label>
  <label class="btn btn-primary">
    <input type="checkbox" autocomplete="off">Roses
  </label>
  <label class="btn btn-primary">
    <input type="checkbox" autocomplete="off">Orchids
  </label>
</div>
```

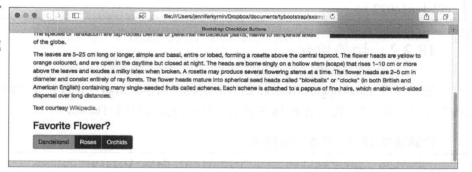

图 18-2　作为按钮的复选框

单选按钮的工作方式相同，但是一次只能有一个按钮切换为开启。代码清单 18-6 展示了一个单选按钮组。

代码清单 18-6　作为按钮的单选输入类型

```
<div class="btn-group" data-toggle="buttons" >
  <label class="btn btn-primary active">
    <input type="radio" name="options" id="option1"
        autocomplete="off" checked>Dandelions!
  </label>
  <label class="btn btn-primary">
    <input type="radio" name="options" id="option2"
        autocomplete="off">Roses
  </label>
  <label class="btn btn-primary">
    <input type="radio" name="options" id="option3"
        autocomplete="off">Orchids
  </label>
</div>
```

18.2.4 按钮方法

button.js 插件有如下 3 个方法：

- ➢ $().button('toggle')——切换按钮状态，使其显示为激活状态（或者失效状态）；
- ➢ $().button('reset')——重置按钮状态，将文本改回原始文本；
- ➢ $().button(string)——将按钮文本切换成由字符串定义的 data-*属性（例如，$().button('loading')指向属性 data-loading-text="Loading..."）。

18.3 警告框

警告框显示让用户知道某件事情发生的消息。它们出现在屏幕上，通常在右上角有一个撤销按钮。警告框可以包含任何您所需要的 HTML，但是最佳实践建议尽可能保持简单。

警告框用.alert 类和一个上下文类创建，所用的上下文类有 4 种：

- ➢ .alert-success
- ➢ .alert-info
- ➢ .alert-warning
- ➢ .alert-danger

警告框没有默认类，所以您必须包含一个上下文类。而且，和所有上下文类一样，一定要在警报框中包含可见文本，保证其可访问性。代码清单 18-7 展示了 4 种不同警告框的 HTML，图见图 18-3。

代码清单 18-7　4 种不同的警告框

```
<div class="alert alert-success" role="alert">
  Success!
</div>
<div class="alert alert-info" role="alert">
  Info
</div>
<div class="alert alert-warning" role="alert">
  Warning
</div>
<div class="alert alert-danger" role="alert">
  Danger!
</div>
```

如果希望客户可以在读取警告之后撤销，可为警告添加.alert-dismissible 类，并在其中添加一个关闭按钮。在关闭按钮上，添加 data-dismiss="alert"属性。代码清单 18-8 展示了一个可撤销的警告。

图 18-3

4 种警告框

> **By the Way**
>
> **注意：备选拼写**
>
> Bootstrap 中可撤销的标准拼写法包含字母 i（.alert-dismissible）。但是，CSS 中的另一个拼写法具有相同的效果，它包含一个字符 a —— .alert-dismissable。

代码清单 18-8　可撤销警告

```
<div class="alert alert-warning alert-dismissible " role="alert">
  <button type="button" class="close" data-dismiss="alert"
          aria-label="Close">
    <span aria-hidden="true">&times;</span>
  </button>
  Warning! Learning about dandelions can be addictive.
</div>
```

要创建可撤销警告，必须包含 alert.js 文件或者完整的 bootstrap.js 文件。和其他 Bootstrap 插件一样，您还需要 jQuery。

> **By the Way**
>
> **注意：使用\<button\>标记创建关闭按钮**
>
> 虽然可以使用其他标记创建关闭按钮，但是应该使用\<button\>标记以确保它能够在所有浏览器上正常工作。还要确保包含 aria-label="close"按钮，保持按钮的可访问性。

如果在警告框中有链接，应该在链接上使用.alert-link 类。这将提供与警告框上下文类相匹配的彩色链接。图 18-4 展示了警告框中的一些链接。

图 18-4

包含链接的 4 类警告框

如果想要添加过渡动画，可以对.alert 元素添加.fade 和.in 类。

18.3.1 警告框方法

可以随 alert.js 插件一起使用的两个方法如下所示。

- $().alert()——使警告框监听具备 data-dismiss="alert"属性的下级元素上的单击事件。它包装了所选警告框的关闭功能。但是在使用 data-api 的自动初始化时，这不是必要的。
- $().alert('close')——从 DOM 中删除，以关闭警告框。如果设置了淡入淡出过渡（用.fade 和.in 类），在删除之前将显示淡出动画。

18.3.2 警告框事件

除此之外，可以使用两个事件与警告功能挂钩。

- close.bs.alert——这个事件在调用 close 方法时立即触发。
- closed.bs.alert——这个事件在警告关闭之后触发，它等待所有 CSS 过渡完成。

18.4 进度条

进度条是实用的 Bootstrap 组件，提供完成某项处理所需时间的信息。您可以在多页表单或者长文章上使用静态进度条，向读者提示它们的长度。也可以在动态页面上建立定期更新的动态进度条。

> **警告：不是所有浏览器都完全支持动画进度条**
>
> Bootstrap 进度条使用 CSS3 过渡和动画实现某些特效。Internet Explorer 9 及更低版本和旧版 Firefox 不支持这些属性。还要记住一点，Opera 12 不支持动画。在这些浏览器中进度条仍然会显示——只是不那么美观。

18.4.1 创建进度条

要构建进度条，可以创建包含.progress 类的容器<div>。这将创建一个完整的空白条。在其中放置另一个包含.progress-bar 的<div>。为了提高可访问性，应该使用 role="progressbar"、aria-valuenow、aria-valuemin 和 aria-valuemax 属性。将 aria-valuenow 设置为当前值，aria-valuemin 设置为最小可能值，aria-valuemax 设置为最大可能值。最后，用样式 width 属性定义进度条大小，将其设置为进度条值的百分比。代码清单 18-9 展示了图 18-5 所用的 HTML，用于显示一个基本进度条。

代码清单 18-9　基本进度条

```
<div class="progress">
  <div class="progress-bar" role="progressbar" aria-valuenow="20"
      aria-valuemin="0" aria-valuemax="100" style="width: 20%;">
```

```
    20% Read
  </div>
</div>
```

图 18-5

基本进度条

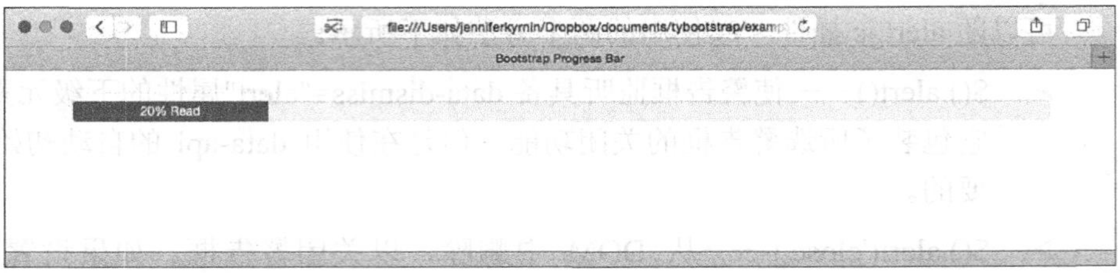

> **警告：为标签保留空间**
>
> 如果进度条显示的进度水平很低，可能不足以显示标签。为了解决这个问题，应该在.progress-bar 元素上设置 min-width 属性，例如：
>
> style="width: 1%; **min-width**: 2em; "

如果不想在进度条上显示标签，可以用.sr-only <span>标签包围文本。这将确保屏幕阅读器仍能评估进度，如代码清单 18-10。

代码清单 18-10　没有可见标签的进度条

```
<div class="progress">
  <div class="progress-bar" role="progressbar" aria-valuenow="20"
      aria-valuemin="0" aria-valuemax="100" style="width: 20%;">
    <span class="sr-only">20% Read</span>
  </div>
</div>
```

18.4.2 设置进度条样式

进度条默认是蓝色的，但是可以用上下文类添加其他颜色。和所有上下文类一样，如果颜色有意义，应该通过进度条上或者附近的文本指明意义。如果不希望这些文本在浏览器中显示，可以用.sr-only 类包围它们。上下文类如下：

- .progress-bar-success
- .progress-bar-info
- .progress-bar-warning
- .progress-bar-danger

图 18-6 展示了可以使用的 5 种进度条样式。

您还可以用.progress-bar-striped 类创建更时髦的进度条。而且，如果为条纹进度条添加.active 类，可以为条纹增加从左向右移动的动画特效。但是，在 Internet Explorer 9 中看不到这些动画。如果希望.progress 容器中的所有进度条显示条纹效果，可以在容器元素上使用.progress-bar-striped 类。

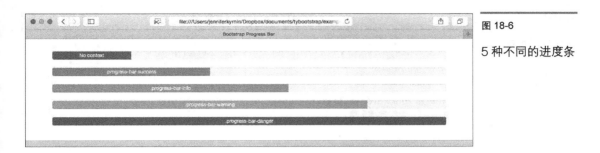

图 18-6

5 种不同的进度条

如果在.progress 容器中包含多个进度条，可以堆叠它们提供附加信息，但必须确保所有进度条的总宽度不超过 100%。

> **TRY IT YOURSELF**
>
> **创建条形图**
>
> 您经常能在计算机上看到详细显示信息（如不同文件类型使用的空间）的条形图。利用 Bootstrap 进度条，您可以为网站创建一个条形图。
>
> 1. 在 Web 编辑器中打开 Bootstrap 网页。
> 2. 添加.progress 容器<div>。
>
> ```
> <div class="progress">
> </div>
> ```
>
> 3. 在.progress 容器中放置第一个进度条元素。
>
> ```
> <div class="progress-bar">
>   54% love dandelions
> </div>
> ```
>
> 4. 添加相应的上下文类得到想要的颜色，如.progress-bar-info。
> 5. 添加.progress-bar-striped 和.active 创建动画条纹进度条。
> 6. 在 CSS 样式中添加进度条宽度。最终的 HTML 如下。
>
> ```
> <div
> class="progress-bar progress-bar-info progress-bar-striped active"
> style="width: 54%">
>   54% love dandelions
> </div>
> ```
>
> 7. 对图表中的其他进度条重复 3～6 步。
>
> 图 18-7 展示了上述条形图的外观，代码清单 18-11 中是这一进度条的 HTML 代码。

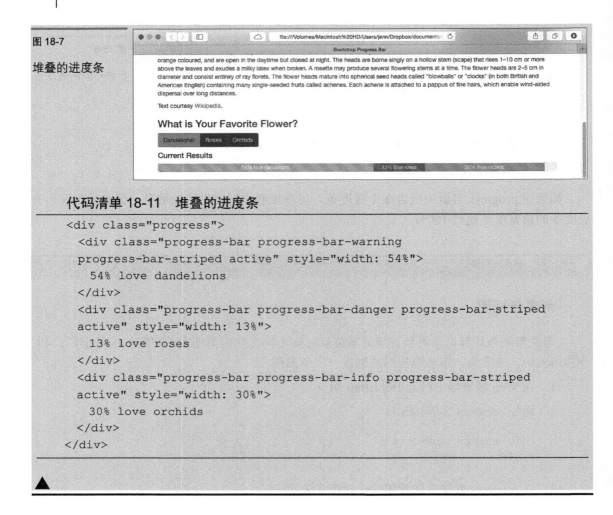

图 18-7 堆叠的进度条

代码清单 18-11　堆叠的进度条

```
<div class="progress">
  <div class="progress-bar progress-bar-warning
  progress-bar-striped active" style="width: 54%">
    54% love dandelions
  </div>
  <div class="progress-bar progress-bar-danger progress-bar-striped
  active" style="width: 13%">
    13% love roses
  </div>
  <div class="progress-bar progress-bar-info progress-bar-striped
  active" style="width: 30%">
    30% love orchids
  </div>
</div>
```

18.5　小结

在本章中，您学习了 Bootstrap 如何使用 CSS3 过渡，为网站创建更可靠的动画引擎。您还学习了如何修改按钮更改其状态并切换开关，以及如何将复选框和单选输入控件转换为按钮。本章还介绍了创建警告框和它们在单击之后撤销的方法，您学到了用进度条显示脚本或者长文档进度以及创建条形图的方法。

本章介绍了许多方法和事件。表 18-1 列出了本章学习的方法，表 18-2 列出了事件，表 18-3 列出了 CSS 类。

表 18-1　方法

插　　件	方　　法	描　　述
Alert	$().alert()	初始化警告，将其设置为监听下级元素的单击事件，为该元素提供关闭功能
Alert	$().alert('close')	从 DOM 中删除警告，将其关闭。如果设置 CSS 动画，将淡出警告

续表

插件	方法	描述
Button	$().button('reset')	将文本切换为原始文本，重置按钮
Button	$().button(string)	将按钮文本切换为用 data- string –text 属性定义的文本
Button	$().button('toggle')	在开启和关闭之间来回切换按钮状态

表 18-2　　事件

插件	事件	描述
Alert	close.bs.alert	在调用 close 方法时立即触发
Alert	closed.bs.alert	在警告完全关闭（包括任何 CSS 动画）之后切换

表 18-3　　CSS 类

类	描述
.alert	将容器定义为警告框
.alert-danger	表明警告框定义了某种危险的事物；将背景颜色设置为红色
.alert-dismissable	备选拼写法，表示警告框是可撤销的，内部有关闭按钮
.alert-dismissible	表示警告框是可撤销的，内部有关闭按钮
.alert-info	表示该警告框定义信息；将背景颜色设置为浅蓝色
.alert-link	匹配警告框内部的链接颜色和警告框的上下文类
.alert-success	表明警告框定义了成功状态；将背景颜色设置为绿色
.alert-warning	表示警告定义了警告信息；将背景颜色设置为黄色
.progress	将容器定义为进度条元素
.progress-bar	将元素定义为进度条的其中一根横条；将条状图案颜色设置为深蓝色
.progress-bar-danger	表明该进度条定义了某种危险的事物；将进度条颜色设置为红色
.progress-bar-info	表明该进度条定义了信息；将进度条颜色设置为浅蓝色
.progress-bar-striped	为进度条提供条纹图案
.progress-bar-success	表明该进度条定义了成功状态；将进度条颜色设置为绿色
.progress-bar-warning	表明该进度条定义了警告状态；将进度条颜色设置为黄色
.progress-striped	将进度条中的所有横条设置为条纹图案

18.6　讨论

讨论部分包含了帮助您巩固本章所学知识的测验。先尝试回答所有问题再看答案。

18.6.1 问答

问：在按钮图像示例中，您创建了和网站设计颜色相同的复选框图像。如何做到这一点？

答：我添加一个样式表，包含用于.btn-info 类的样式。因为我的样式在 Bootstrap 样式之后加载，它们将覆盖任何默认样式。代码清单 18-12 展示了我使用的 CSS。第二个属性较为复杂，因为我希望捕捉每种可能的实例。

代码清单 18-12　修改按钮的 CSS

```css
.btn-info {
  background-color: #025301;
  border-color: #999;
}
.btn-info:hover, .btn-info:focus, .btn-info.focus,
.btn-info:active, .btn-info.active,
.open>.dropdown-toggle.btn-info {
  background-color: #80D464;
  border-color: #999;
  color: #000;
}
```

问：何时应该在页面上使用警告框？

答：您可以在想要向客户传达附加信息时使用警告框。但是最好用在某些事件发生或者变化，需要向客户报告的时候。警告框的常见用途包括：

- ➢ 错误信息，如登录表单上的错误用户名或者密码；
- ➢ 关于表单字段的信息，如有效字符或者长度；
- ➢ 欢迎信息，如访问者从搜索引擎进入您的网站时；
- ➢ 成功信息，如文件下载完成时。

问：我希望根据定时器或者其他功能自动更新滚动条。如何做到这一点？

答：有许多方法可以做到。其中一种方法是使用 jQuery 定期更改进度条宽度。为了简化这一工作，应该为将要更新的进度条添加 id 属性。然后，可以用 jQuery 选择该元素并更改宽度。例如，代码清单 18-13 中的脚本在单击时将名为#myBar 的进度条宽度更改为 25%，并更改其文本标签。

代码清单 18-13　更改进度条宽度

```
<script>
$(document).ready(function() {
  $("#myBar").click(function() {
    $(this).css('width','25%');
    $(this).text('25%');
  });
});
</script>
```

18.6.2 测验

1. 在 Bootstrap JavaScript 中，transition.js 插件起什么作用？
   a. 为 Bootstrap 提供在链接上创建过渡的支持
   b. 帮助在不支持的浏览器上模拟 CSS 过渡
   c. 用 JavaScript 替换 CSS 过渡
   d. a 和 b
2. data-loading-text 属性有何作用？
   a. 更改按钮状态
   b. 在页面上加载新按钮
   c. 在按钮位置上加载文本
   d. 没有作用；这不是有效的属性。
3. 创建预切换按钮需要哪个属性？
   a. .active 类
   b. autocomplete="true"
   c. data-toggle="button"
   d. a 和 b
   e. a 和 c
4. 下面的 HTML 有没有错误？

```
<div class="btn-group">
  <label class="btn btn-primary active">
    <input type="radio" name="flowers" id="dandelion"
        autocomplete="off" checked data-toggle="buttons">
    Dandelions!
  </label>
  <label class="btn btn-primary">
    <input type="radio" name="flowers" id="rose"
        autocomplete="off" data-toggle="buttons">Roses
  </label>
  <label class="btn btn-primary">
    <input type="radio" name="flowers" id="orchid"
        autocomplete="off" data-toggle="buttons">Orchids
  </label>
</div>
```

   a. autocomplete 属性应该设置为 on
   b. .active 类应该放在 <input> 标记上

c．data-toggle="buttons"属性属于.btn-group 元素

d．以上均是

e．以上均不是

5．判断正误：上下文类是 Bootstrap 警告框所必需的。

6．哪个类用于表示警告框可以关闭？

a．.alert-dismissable

b．.dismiss

c．.dismissible

d．.dismissible-alert

7．alert.js 插件是不是为 Bootstrap 页面添加警告框所必需的？

a．是，添加警告框必须包含它

b．是，但是您可以用 bootstrap.js 文件包含它

c．不是，但您的警告框不能淡入或者淡出

d．不是，只有在警告框可撤销时才需要插件

8．哪个插件是添加进度条所必需的？

a．．progress.js

b．．progress-bar.js

c．．bars.js

d．无

9．判断正误：上下文类是 Bootstrap 进度条所必需的。

10．.progress-bar-striped 类有何作用？

a．设置进度条样式，使其带有条纹

b．设置进度条样式，使其带有动画条纹

c．设置进度条中所有条块的样式，使其带有条纹

d．没有；正确的类是.progress-bar-stripe

18.6.3 测验答案

1．b。帮助在不支持的浏览器上模拟 CSS 过渡

2．a。更改按钮状态。

3．e。data-toggle="button"和.active 类。

4．c。data-toggle="buttons"属性属于.btn-group 元素。

5．正确。

6．a。.alert-dismissable

7. d。不是，只在警告框可撤销时需要插件。
8. d。无。
9. 错误。
10. a。设置进度条，使其带有条纹。

18.6.4 练习

1. 在网页上添加一个复选框或者单选按钮组。在浏览器中测试页面，观察复选框组中按钮如何保持选中，在单选按钮中备选按钮是如何切换成关闭的。
2. 在页面上某处放置可撤销警告框。包含 .fade 和 .in 类，使其在关闭时淡出。不要忘记加入关闭按钮。

第 19 章

折叠插件和折叠面板

本章讲解了如下内容：
- ➢ 如何创建可折叠部分；
- ➢ 使用折叠插件构建折叠面板；
- ➢ 如何创建折叠面板菜单；
- ➢ 如何改动 Bootstrap，构建水平可折叠部分。

在本章中，您将学习如何用折叠（Collapse）插件在网站上创建可折叠部分。这将帮助您创建可在点击某个链接或者按钮时显示或者隐藏的部分。使用 Collapse 插件的一种常见方法是创建网站可折叠部分。在本章中，您将学习如何创建折叠面板以管理网站内容，甚至构建整个页面。

您还将学习如何创建折叠面板菜单，如何创建水平折叠而非垂直折叠的块。

19.1 折叠插件

正如其他所有 Bootstrap 插件那样，如果在页面中包含完整的 bootstrap.js 文件，就可以自动得到折叠功能，也可以只安装 collapse.js。和平常一样，还要确保在页面中包含 jQuery。如果您只安装了 collapse.js，还需要安装 Transitions 插件（参见第 18 章）。

19.1.1 创建一个可折叠部分

首先，为想要显示和隐藏的元素添加一个 ID。这通常是一个<div>，但是也可以是任何块级元素。为该元素添加.collapse 类。在元素上放置该类之后，它将从页面上消失。要将其找回，必须添加一个包含 data-toggle="collapse"属性的按钮，以及指向该 ID 的 data-target 属性。如果您的按钮是由<a>标记构建的，可以用 href 属性定位折叠组件。代码清单 19-1 展示了折叠的代码。图 19-1 展示了打开的折叠元素。

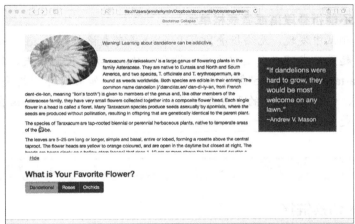

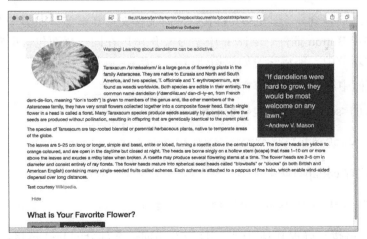

图 19-1

在单击"Read More..."之前（上）、之中（中）和之后（下）的折叠元素

代码清单 19-1　基本折叠元素

```
<a class="btn btn-default" data-toggle="collapse"
   href="#myCollapsedSection" aria-expanded="false"
```

```
    aria-controls="myCollapsedSection">
  Show the Content
</a>
<article id="myCollapsedSection" class="collapse">
<h2>My Collapsed Section</h2>
<p>Lorem ipsum dolor sit amet, consectetur adipiscing elit. Integer
nec odio. Praesent libero. Sed cursus ante dapibus diam. Sed nisi.
Nulla quis sem at nibh elementum imperdiet. Duis sagittis ipsum.
Praesent mauris. Fusce nec tellus sed augue semper porta. Mauris
massa. Vestibulum lacinia arcu eget nulla. Class aptent taciti
sociosqu ad litora torquent per conubia nostra, per inceptos
himenaeos. Curabitur sodales ligula in libero. </p>
</article>
```

因为 Collapse 插件根据 ID 工作，只要有唯一的 ID，几乎可以折叠任何组件。您还可以创建多个按钮，切换相同的元素。

> **警告：您不能折叠段落或者表格单元**
>
> 我在测试中发现，无法折叠段落（<p>）或者表格单元（<td>、<th>等）。为了精确起见，我可以在这些元素上设置.collapse 类，使其消失，但是无法使用 data-target="collapse"触发器使其重新显示。如果您计划折叠<div>、<section>、<article>之外的元素或者其他 HTML5 分段元素，应该在启动之前测试其是否正确工作。

▼ TRY IT YOURSELF

为长博客帖子创建切换链接

许多长博客在几行之后包含一个"更多"链接，指向包含文章其余部分的另一个页面。但是使用 Collapse 插件和 Button 插件（第 18 章中学习），您可以在同一页面包含所有内容，并进行开关切换。在本环节中，您将学习如何构建这一功能。

1. 在 Bootstrap 页面中编写完整的博客帖子。
2. 用具有唯一 ID 的<section>标志包含要隐藏的部分。

   ```
   <section id="moreDandelions"> ... </section>
   ```

3. 在隐藏部分上放置.collapse 类。

   ```
   <section id="moreDandelions" class="collapse" > ... </section>
   ```

4. 添加 Read More 链接，确保其具有唯一 ID 以及指向折叠部分的 href 链接。

   ```
   <a href="#moreDandelions" class="btn btn-link"
       id="moreLink">Read More...</a>
   ```

5. 为链接添加 data-toggle="collapse" 属性。

   如果保持这一状态,"Read More…" 链接将保持在页面上。如果再次单击它,折叠的部分将隐藏。但是这很容易混淆,所以我建议添加一个小 jQuery 脚本以切换文本。

6. 添加如下的简单脚本,在单击按钮时更改文本。

```
<script>
$(document).ready( function() {
  $('a#moreLink').click(function() {
    $(this).text($(this).text() ==
                 'Read More...' ? 'Hide' : 'Read More...');
  });
});
</script>
```

利用这类 Bootstrap 博客编码,就没有必要将读者推到另一个页面;它们可以立即显示和隐藏感兴趣的文章。代码清单 19-2 展示了我使用的 HTML。

代码清单 19-2　显示和隐藏博客帖子的 HTML

```
<article>
<p>Taraxacum /tə'ræksəkʉm/ is a large genus of flowering plants in
the family Asteraceae. They are native to Eurasia and North and
South America, and two species, T. officinale and T.
erythrospermum, are found as weeds worldwide. Both species are
edible in their entirety. The common name dandelion (/'dændɨ-laɪ.ən/
dan-di-ly-ən, from French dent-de-lion, meaning "lion's tooth") is
given to members of the genus and, like other members of the
Asteraceae family, they have very small flowers collected together
into a composite flower head. Each single flower in a head is
called a floret. Many Taraxacum species produce seeds asexually by
apomixis, where the seeds are produced without pollination,
resulting in offspring that are genetically identical to the parent
plant.</p>
<section id="moreDandelions" class="collapse">
<p>The species of Taraxacum are tap-rooted biennial or perennial
herbaceous plants, native to temperate areas of the globe.</p>
<p>The leaves are 5-25 cm long or longer, simple and basal, entire
or lobed, forming a rosette above the central taproot. The flower
heads are yellow to orange coloured, and are open in the daytime
but closed at night. The heads are borne singly on a hollow stem
(scape) that rises 1-10 cm or more above the leaves and exudes a
milky latex when broken. A rosette may produce several flowering
stems at a time. The flower heads are 2-5 cm in diameter and
consist entirely of ray florets. The flower heads mature into
spherical seed heads called "blowballs" or "clocks" (in both
British and American English) containing many single-seeded fruits
called achenes. Each achene is attached to a pappus of fine hairs,
```

```
which enable wind-aided dispersal over long distances.</p>
<p>Text courtesy <a href="http://en.wikipedia.org/wiki/Taraxacum">
Wikipedia</a>.</p>
</section>
<p><a href="#moreDandelions" class="btn btn-link" id="moreLink"
    data-toggle="collapse" aria-expanded="false"
    aria-controls="moreDandelions">Read More...</a></p>
</article>

<script src="http://code.jquery.com/jquery-latest.js"></script>
<script src="js/bootstrap.min.js"></script>
<script>
$(document).ready( function() {
  $('a#moreLink').click(function() {
    $(this).text($(this).text() ==
    'Read More...' ? 'Hide' : 'Read More...');
  });
});
</script>
```

在创建可折叠部分时，Bootstrap 使用了 3 个类以创建变化。

- .collapse——隐藏内容。
- .collapse.in——这两个类组合起来显示内容。这样，如果您希望可折叠元素从一开始就打开，可以使用 class="collapse in"。
- .collapsing——适用于显示和隐藏内容之间的过渡。

如果您想在 JavaScript 事件之后折叠页面的一部分，可以自行应用这些类，或者使用 collapse.js 插件中提供的方法。

要创建控制可折叠对象的按钮或者链接，可以使用 datatoggle="collapse" 和 data-target 属性。data-target 应该指向可折叠对象的 CSS 选择符。

19.1.2 水平折叠元素

Bootstrap 的默认折叠是垂直折叠。折叠元素自顶向下滑入，将下方的元素推到页面的底部。但是，使用某些附加 CSS，可以使 Bootstrap 元素从右向左水平折叠。

Bootstrap 的 collapse.js 插件中有对 .width 类的支持。在折叠的元素上添加该类，可以将其行为从垂直折叠改为水平折叠。

但是 Bootstrap 在样式表中没有对应的过渡，所以您需要添加。代码清单 19-3 展示了应该添加到样式表中的 CSS。

代码清单 19-3　为折叠添加水平过渡

```
.collapsing.width {
  -webkit-transition-property: width, visibility;
  transition-property: width, visibility;
  width: 0;
  min-height: 100px;
}
```

所以，为了水平折叠一个部分，应该为.collapse 元素添加.width 类。然后，利用代码清单 19-3 中的 CSS，元素将水平折叠而非垂直折叠。

如果您已经折叠了一个文本块，可能会注意到文本加载时底部被截断。这是 min-height 属性造成的。如果希望显示更多文本，可以增大该属性值。如果在折叠内部显示幻灯片图像，应该将 min-height 设置为最大图像的高度。

19.1.3　折叠选项

您可以使用 collapse.js 插件的两个选项。

- parent——这是一个布尔（true/false）选项，取得父元素的选择符，根据可折叠元素创建折叠面板样式。默认值为 true。
- toggle——这是一个布尔选项，在调用时切换可折叠元素。默认值为 true。

> **警告：toggle 选项只适用于调用时**
> 记住，不能在可折叠元素上多次应用 toggle 选项。如果需要切换元素，必须使用相应的折叠方法代替。

19.1.4　折叠方法

Collapse 插件有 4 种方法，可以用于您的脚本。

- $().collapse(options)——激活作为可折叠元素的内容。options 对象是可选的。
- .collapse('toggle')——将可折叠元素切换为显示或者隐藏。
- .collapse('show')——显示可折叠元素。
- .collapse('hide')——隐藏可折叠元素。

19.1.5　折叠事件

在 collapse.js 插件中可以监视 4 种事件。

- show.bs.collapse——调用 show()方法时立即触发。
- shown.bs.collapse——在折叠的元素可见于用户时触发，等待任何 CSS 过渡完成。
- hide.bs.collapse——调用 hide()方法时立即触发。

> hidden.bs.collapse——在折叠元素完全对用户隐藏时触发,等待任何 CSS 过渡完成。

19.2 折叠面板

折叠面板（Accordion）是多个可折叠部分,当面板的某个部分打开时,其他部分自动关闭。Bootstrap Collapse 插件可以用 data-parent 属性轻松地创建折叠面板。图 19-2 展示了网页上的一个折叠面板。

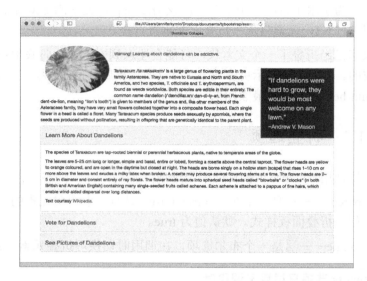

图 19-2

网页上的折叠面板

19.2.1 创建折叠面板

您可以用许多方法创建折叠面板,最简单的是使用面板组和列表组（参见第 12 章）。这些方法最有效,因为它们提供了很容易识别的标题和内容区域,可以显示和隐藏。

▼ TRY IT YOURSELF

由面板组创建折叠面板

折叠面板使用许多 HTML 创建和隐藏/显示内容。在这个环节中,您将学习用 Collapse 插件和.panel-collapse 类将面板组转化为折叠面板的步骤。

1. 在 HTML 编辑器中打开 Bootstrap 页面,创建一个带有标题的面板。确保.panel-heading 有唯一的 ID。

```
<div class="panel panel-default">
  <div class="panel-heading" role="tab" id="moreDandy" >
    <h4 class="panel-title">Learn More About Dandelions</h4>
  </div>
  <div class="panel-body">
    <p>The species of Taraxacum are tap-rooted biennial or
```

```
            perennial herbaceous plants, native to temperate areas of the
            globe.</p>
          <p>...</p>
          <p>Text courtesy
            <a href="http://en.wikipedia.org/wiki/Taraxacum">Wikipedia</a>.
          </p>
        </div>
      </div>
```

2. 用另一个<div>包围.panel-body，设置.panel-collapse 类。

   ```
   <div id="moreDandelions" class="panel-collapse "
       role="tabpanel" aria-labelledby="moreDandy">
     <div class="panel-body">
   ...
   ```

3. 为.panel-collapse 元素添加.collapse 类，如果希望面板立即显示，添加.in 类。

4. 链接.panel-title 以创建触发器。

   ```
   <h4 class="panel-title">
     <a href="#moreDandelions" aria-expanded="true"
       aria-controls="moreDandelions">Learn More About
       Dandelions</a>
   </h4>
   ```

5. 为链接添加 data-toggle="collapse"属性，将其转化为触发器。

6. 为链接添加 data-parent="#myAccordion"属性。这将指向第 7 步中创建的整个面板组。

7. 用.panel-group 元素包围整个面板。这个元素可以是任何块级标记，但是我偏爱<section>或者<div>。一定要使其 ID 与第 6 步中指向的相同。

   ```
   <section class="panel-group" role="tablist"
       aria-multiselectable="true" id="myAccordion">
   ```

8. 按照第 1～6 步创建折叠面板的其他面板。记得从不在初始加载时显示的面板上删除.in 类。

折叠面板看似复杂，但是如果您有条不紊地进行，就会发现构建它们很容易。代码清单 19-4 展示了包含 3 个面板的折叠面板的完整 HTML。

代码清单 19-4　包含 3 个面板的折叠面板

```
<section class="panel-group" role="tablist"
        aria-multiselectable="true" id="accordion">
  <div class="panel panel-default">
    <div class="panel-heading" role="tab" id="moreDandy">
      <h4 class="panel-title">
        <a data-toggle="collapse" data-parent="#accordion"
          href="#moreDandelions" aria-expanded="true"
          aria-controls="moreDandelions">Learn More About
```

```html
          Dandelions</a>
      </h4>
    </div>
    <div id="moreDandelions" class="panel-collapse collapse in"
        role="tabpanel" aria-labelledby="moreDandy">
      <div class="panel-body">
        <p>The species of Taraxacum are tap-rooted biennial or
        perennial herbaceous plants, native to temperate areas of the
        globe.</p>
        <p>...</p>
        <p>Text courtesy
        <a href="http://en.wikipedia.org/wiki/Taraxacum">Wikipedia</a>.
        </p>
      </div>
    </div>
  </div>
  <div class="panel panel-default">
    <div class="panel-heading" role="tab" id="voteDandy">
      <h4>
      <a data-toggle="collapse" data-parent="#accordion"
         href="#voteDandelions" aria-expanded="true"
         aria-controls="voteDandelions">Vote for Dandelions</a>
  </h4>
</div>
<div id="voteDandelions" class="panel-collapse collapse"
    role="tabpanel" aria-labeledby="#voteDandy">
  <div class="panel-body">
    <p>...</p>
  </div>
</div>
</div>
<div class="panel panel-default">
  <div class="panel-heading" role="tab" id="picsDandy">
    <h4><a data-toggle="collapse" data-parent="#accordion"
         href="#picsDandelions" aria-expanded="true"
         aria-controls="picsDandelions">See Pictures of
         Dandelions</a></h4>
  </div>
  <div id="picsDandelions" class="panel-collapse collapse"
      role="tabpanel" aria-labeledby="#picsDandy">
    <div class="panel-body">
      <p><img src="images/seeded.jpg" alt="seeded"/>
      <p><img src="images/dandy.jpg" alt="full flower"/>
    </div>
  </div>
 </div>
</section>
```

19.2.2 使用折叠面板导航

折叠面板往往用于创建网页上的可折叠导航。您可以用列表组代替代码清单 19-4 中的 .panel-body 元素，创建一个简单的菜单。代码清单 19-5 展示了修改后的 HTML。

代码清单 19-5　折叠面板中的列表组

```html
<div class="panel-group" id="accordionMenu">
  <div class="panel panel-info">
    <div class="panel-heading">
      <h4 class="panel-title">
        <a data-toggle="collapse" data-parent="#accordionMenu"
           href="#menu1" aria-expanded="true"
           aria-controls="menu1">Menu 1</a>
      </h4>
    </div>
    <div class="panel-collapse collapse" id="menu1">
      <ul class="list-group">
        <li class="list-group-item"><a href="#">Item 1</a></li>
        <li class="list-group-item"><a href="#">Item 2</a></li>
        <li class="list-group-item"><a href="#">Item 3</a></li>
      </ul>
    </div>
  </div>
    <div class="panel panel-default">
      <div class="panel-heading">
        <h4 class="panel-title">
          <a data-toggle="collapse" data-parent="#accordionMenu"
             href="#menu2" aria-expanded="true"
             aria-controls="menu2">Menu 2</a>
        </h4>
      </div>
      <div class="panel-collapse collapse" id="menu2">
        <ul class="list-group">
          <li class="list-group-item"><a href="#">Item 1</a></li>
          <li class="list-group-item"><a href="#">Item 2</a></li>
          <li class="list-group-item"><a href="#">Item 3</a></li>
        </ul>
      </div>
    </div>
    <div class="panel panel-default">
      <div class="panel-heading">
        <h4 class="panel-title">
          <a data-toggle="collapse" data-parent="#accordionMenu"
             href="#menu3" aria-expanded="true"
             aria-controls="menu3">Menu 3</a>
        </h4>
```

```
        </div>
        <div class="panel-collapse collapse" id="menu3">
          <ul class="list-group">
            <li class="list-group-item"><a href="#">Item 1</a></li>
            <li class="list-group-item"><a href="#">Item 2</a></li>
            <li class="list-group-item"><a href="#">Item 3</a></li>
          </ul>
        </div>
      </div>
    </div>
```

上述代码创建了一个面板组,其中用列表组代替了 .panel-body 元素。但是如果您想要更紧凑的菜单,可以走一些捷径。以使用<a>标记的大列表组形式创建菜单。用单独的<div class="collapse">标记包围子菜单。为每个子菜单使用唯一的 ID,然后在子菜单上创建一个 .list-groupitem 作为打开它们的触发器。在<div class="list-group">标记中,添加 .panel 类。然后,用一个作为 data-parent 的容器包围整个列表组,并将其赋予每个触发器。代码清单 19-6 展示了 HTML 代码,图 19-3 展示了网页中的这个菜单。

代码清单 19-6　修改后的列表组折叠面板

```
<div id="menu">
  <div class="panel list-group" role="tablist"
        aria-multiselectable="true">
    <a href="#" class="list-group-item" data-toggle="collapse"
        data-target="#dandyDeets" data-parent="#menu"
        aria-expanded="false"
        aria-controls="#dandyDeets">DETAILS</a>
    <div id="dandyDeets" class="collapse submenu">
      <a class="list-group-item small">taxonomy</a>
      <a class="list-group-item small">colors</a>
      <a class="list-group-item small">sizes</a>
    </div>
    <a href="#" class="list-group-item" data-toggle="collapse"
        data-target="#dandyArts" data-parent="#menu"
        aria-expanded="false"
        aria-controls="#dandyArts">ARTICLES</a>
    <div id="dandyArts" class="collapse submenu">
      <a class="list-group-item small">Dandelions and You</a>
      <a class="list-group-item small">Dandelion's Best Friend</a>
      <a class="list-group-item small">Read More</a>
    </div>
    <a href="#" class="list-group-item" data-toggle="collapse"
        data-target="#dandyRecipes" data-parent="#menu"
        aria-expanded="false"
        aria-controls="#dandyRecipes">RECIPES</a>
    <div id="dandyRecipes" class="collapse submenu">
      <a class="list-group-item small">Dandelion Soup</a>
      <a class="list-group-item small">Dandelion Wine</a>
```

```
    <a class="list-group-item small">Search Recipes</a>
   </div>
  </div>
 </div>
```

图 19-3

简单的可折叠导航菜单

我在图 19-3 的菜单中添加了一个 Glyphicon：<span class="pull-right glyphicon glyphicon-chevron-right"></span>，使显示更加清晰。

19.3 小结

在本章中您学习了如何使用 Bootstrap collapse.js 插件创建网页上的可折叠部分和折叠面板。您学习了可用于在脚本中添加到折叠部分的选项（见表 19-1）、方法（见表 19-2）和事件（见表 19-3）。您还学习了 Bootstrap 用于创建可折叠部分的 CSS 类（见表 19-4）。

表 19-1	折叠选项
选项	描述
parent	在父元素打开时，同一个父元素下的所有可折叠元素将关闭。这需要.panel 类并创建折叠面板
toggle	在第一次调用该选项时切换可折叠元素

表 19-2	折叠方法
方法	描述
$().collapse(options)	激活作为可折叠内容的元素，将接受可选的 options 对象
.collapse('hide')	隐藏可折叠元素
.collapse('show')	显示可折叠元素
.collapse('toggle')	切换显示或者隐藏可折叠元素

表 19-3　折叠事件

事件	描述
hide.bs.collapse	元素隐藏时立即触发
hidden.bs.collapse	元素完全隐藏（包括任何 CSS 过渡）之后触发
show.bs.collapse	元素显示时立即触发
shown.bs.collapse	元素完全可见之后（包括任何 CSS 过渡）触发

表 19-4　CSS 类

类	描述
.collapse	隐藏元素并表示其可折叠
.collapsing	放在折叠的元素上（隐藏和显示期间）以添加过渡
.panel-collapse	表示可折叠的面板元素，用于折叠面板
.panel-group	表示用于创建折叠面板的一组面板
.width	用于创建水平折叠元素的隐含类

19.4　讨论

讨论部分包含了帮助您巩固本章所学知识的测验。先尝试回答所有问题再看答案。

19.4.1　问答

问：为什么不使用 Bootstrap button.js 插件更改 TRY IT YOURSELF 环节中的博客帖子按钮状态？

答：使用 Bootstrap 插件的缺点之一是在一个元素上一次只能使用一个插件。当您想要使用多个插件时，必须在第一个元素上添加一个容器元素，将第二个插件应用于容器元素。您也可以像我那样编写自己的 JavaScript 解决这个问题。

问：我打算更新一个使用 Bootstrap 的旧网站，网站上的折叠面板无法在 Internet Explorer 9 中正常工作。我该怎么办？

答：很可能该网站使用了旧版本的 Bootstrap。Bootstrap 3 折叠面板可以在 Internet Explorer 9 中正常工作，如果您不知道如何得到 Bootstrap 3，可以参见第 2 章中的介绍，第 3 章可以帮助您验证网站使用的版本。

问：我希望在标题上添加一个图标，表示元素打开或者关闭。但是添加图标之后，它不会变化，如何解决？

答：您必须添加自定义脚本。您可以修改代码清单 19-6，为每个 data-toggle 触发器添加 <span class="pull-right glyphicon glyphicon-chevron-right"></span>。然后，添加代码清单 19-7 中的 JavaScript，将向右的 V 形标志改为向下的 V 形标志。

代码清单 19-7　切换菜单图标的 JavaScript

```javascript
$(document).ready(function(){
  $('#menu .collapse').on('show.bs.collapse', function() {
    var $head = $(this).prev();
    $head.find('span').removeClass('glyphicon-chevron-right')
                      .addClass('glyphicon-chevron-down');
  });
  $('#menu .collapse').on('hide.bs.collapse', function() {
    var $head = $(this).prev();
    $head.find('span').removeClass('glyphicon-chevron-down')
                      .addClass('glyphicon-chevron-right');
  });
});
```

19.4.2　测验

1. 判断正误：要创建可折叠部分，您所需要的就是 collapse.js 插件。
2. 如何使折叠部分在第一次加载时可见？
   a. 不需要做任何事，因为它们在第一次加载时就是可见的
   b. 为元素添加 .visible 类
   c. 为触发器添加 data-visibility 属性
   d. 为该元素添加 .in 类
3. 如下触发器元素 HTML 代码有何错误？

   ```
   <button class="btn btn-default" data-toggle="collapse"
           data-target="#myCollapsedSection">
     Show Me
   </button>
   ```

   a. 需要指向可折叠元素的 href 属性
   b. 需要 aria-controls 和 aria-expanded 属性
   c. 必须是一个 <a> 标记
   d. 没有错误；这段代码应该正常工作
4. 如何在触发折叠之后更改按钮文本？
   a. 为按钮添加 button.js 插件中的状态更改
   b. 使用 data-collapsed 属性以设置文本
   c. 必须编写自定义 JavaScript
   d. 无法更改
5. 下面哪一个不是 Collapse 插件添加的类？

a．.active

b．.collapse

c．.collapsing

d．.collapse.in

6．Bootstrap 允许元素水平折叠吗？

a．是，这是使用.width 类的内建功能

b．是，这是使用.width 类的内建功能，但是您必须编写自己的过渡

c．不，您必须为 bootstrap.js 文件添加.width 类支持

d．不，不可能水平折叠元素

7．parent 选项有何作用？

a．定义可折叠部分的触发器元素

b．定义可折叠部分的可折叠元素

c．定义折叠面板的容器元素

d．定义折叠面板的可折叠元素

8．判断正误：在打开一个新部分时，折叠组件将关闭打开的部分。

9．判断正误：折叠面板必须有#accordion ID 才能工作。

10．下面哪一个可以用作折叠面板的菜单？

a．面板组

b．列表组

c．表格

d．a 和 b

e．以上均是

19.4.3　测验答案

1．错。您还需要过渡插件和 jQuery。

2．d。为元素添加.in 类。

3．d。不需要做任何事；这应该能正常工作。

4．c。必须编写自定义 JavaScript。

5．a。.active

6．b。是，这是使用.width 类的内建功能，但是必须编写自己的过渡。

7．c。定义折叠面板的容器元素。

8．正确，这是折叠面板的定义。

9．错误，我使用 ID 是为了方便，而不是代码中所必需的。

10. b。列表组。

19.4.4 练习

1. 为网页添加一个可折叠部分。
2. 为网页添加一个折叠面板。尝试为触发器元素添加一些图标,看看是否能够来回切换(参见"问答"部分)。

第 20 章

轮播

本章讲解了如下内容：

- 如何在 Bootstrap 网站上创建图像幻灯片演示；
- 如何使用 carousel.js 插件；
- 在网页上使用轮播的最佳实践；
- 轮播常见问题和处理方法。

Web 轮播是一种流行手段，能够创建图像幻灯片演示和在网页上显示多条营销信息而不占据更多垂直空间。它使图像和营销信息可以停留在"显眼位置"，吸引更多客户。

但是，轮播因为难以构建和维护而恶名远扬。您必须有丰富的 JavaScript 知识，仅仅为了添加一张幻灯片，脚本往往需要大量的编辑工作。Bootstrap 的内建插件 carousel.js 使这一工作变得轻松，您可以用它在网页上创建富有创意和趣味的幻灯片。

20.1 创建轮播

Bootstrap 通过将 carousel.js 文件和 jQuery 包含在 HTML 中，简化了轮播的创建工作。如果包含 bootstrap.js 文件，就有了内建的轮播支持。然后，构建轮播需要 3 段 HTML。

- **轮播指标（Indicator）**——轮播中的幻灯片列表，包含指向数据的指针。它们在轮播的底部显示连续的小点，表示其中的幻灯片数量。
- **幻灯片**——每个指示对应一张幻灯片。
- **控件**——"下一个"和"上一个"链接帮助读者从一张幻灯片转移到下一张幻灯片。

要构建轮播，必须将整个组件包含在一个容器元素（如<div>）中，添加.carousel 类和唯一 ID，以及 data-ride="carousel"属性。

```
<div id="myCarousel" class="carousel" data-ride="carousel"></div>
```

在这个<div>中，创建轮播指标。轮播指标是一个设置了.carousel-indicators 类的有序列表，包含定义幻灯片的空白列表标记。每个列表项有一个指向轮播 ID 的 data-target 和包含幻灯片编号的 data-slide-to 属性（从 0 开始）。代码清单 20-1 展示了 3 张幻灯片轮播的指标。

代码清单 20-1　包含 3 张幻灯片的轮播指标

```
<!-- Indicators -->
<ol class="carousel-indicators">
  <li data-target="#myCarousel" data-slide-to="0"
    class="active"></li>
  <li data-target="#myCarousel" data-slide-to="1"></li>
  <li data-target="#myCarousel" data-slide-to="2"></li>
</ol>
```

轮播指标的默认颜色是白色，所以如果打算使用浅色或者白色背景的幻灯片（特别是靠近底部的颜色），应该使用 CSS 设置其颜色。更改.carousel-indicators li 的背景颜色和.carousel-indicators .active 属性。

> **注意：轮播指标不是必需的**
> 如果您不想在轮播上显示指标，可以忽略它们——轮播仍然可以正常工作。指标的数量可以大于或者小于幻灯片的数量。指标仅仅是帮助客户知道除了当前显示的内容之外还有更多内容的一种手段而已。

By the Way

在建立幻灯片指标之后，可以添加幻灯片。这是一个添加了.carousel-inner 类的<div>标记，包含多个.item 容器，这些容器中的内容是幻灯片图像或者信息。代码清单 20-2 展示了 3 张幻灯片的 HTML。

代码清单 20-2　3 张幻灯片的轮播示例

```
<!-- Wrapper for slides -->
<div class="carousel-inner" role="listbox">
  <div class="item active">
    <h1>Slide 1</h1>
  </div>
  <div class="item">
    <h1>Slide 2</h1>
  </div>
  <div class="item">
    <h1>Slide 3</h1>
  </div>
</div>
```

为每个指标创建一张幻灯片，并为指标列表中激活的同一张幻灯片添加.active 类。一定要为至少一个项目添加.active 类，否则轮播将不会显示任何内容。

您需要添加的最后一部分内容就是控件。控件是使用.left 和.right 类放在轮播左右两侧的锚标记（<a>）。它们添加了 .carousel-control 类，指定为轮播控件元素。data-slide 属性表示控件应该向左还是向右推进轮播，href 属性指向轮播 ID。您可以在锚标记中添加任何内容，但是大部分设计人员使用 Glyphicon 的 v 形标志图标。代码清单 20-3 展示了一组标准轮播控件的 HTML。

代码清单 20-3　标准轮播控件

```
<!-- Controls -->
<a class="left carousel-control" href="#myCarousel" role="button"
  data-slide="prev">
 <span class="glyphicon glyphicon-chevron-left"
      aria-hidden="true"></span>
 <span class="sr-only">Previous</span>
</a>
<a class="right carousel-control" href="#myCarousel" role="button"
  data-slide="next">
 <span class="glyphicon glyphicon-chevron-right"
      aria-hidden="true"></span>
 <span class="sr-only">Next</span>
</a>
```

和指标一样，控件不是必需的，但是使用它们是好主意，因为这样能够帮助客户理解有更多的可用内容。如果轮播不能自动地在不同幻灯片之间切换，没有控件或者指标就无法转向另一张幻灯片。图 20-1 展示了使用代码清单 20-1、代码清单 20-2 和代码清单 20-3 的 HTML 生成的基本轮播。

图 20-1　基本的 Bootstrap 轮播

20.1.1　基本轮播

图像轮播是创建轮播的初衷。人们希望能够在 Web 上创建幻灯片演示，在小空间内显示许多图像。图 20-2 展示了典型的图像轮播。它稍微修改了 CSS 以居中图像（使用 .center-block 类）并改变了控件的颜色（设置 .carouselcontrol.right 和 .carousel-control.left 类的样式）。

轮播中的图像很容易使用。在最简单的轮播中，您所需要做的就是用 <img> 标记代替代码清单 20-2 中的 <h1> 标记。如果使用指标，确保指标的数量和幻灯片的数量相同，且指标指向正确的图像。但是，要创建真正美观的幻灯片演示，应该了解如下最佳实践。

➢ 默认的幻灯片尺寸为 900×500 像素。图像的大小如果不相同，那么长宽比相同时图库的显示效果最好。

➢ 如果所有图像的大小和方向相同，那再好不过了。图库仍然可以使用不同尺寸的图像——只是看起来有些奇怪。

> 控件默认为灰色梯度图像上的白色图标。这种梯度图像将覆盖尺寸为 900×500 的图像，使边缘变得更暗。如果使用 CSS 更改颜色，一定要注意这一点。

> 指标的默认颜色也是白色。如果图像颜色鲜艳，指标可能显示不出来。

图 20-2

标准图像轮播

对于照片库来说，可选的图片标题（说明文字）是轮播的实用功能之一。您可以放入另一个元素，为其设置.carousel-caption 类。然后，在图片标题中添加任何 HTML，这些文本将在指示上方以白色显示。代码清单 20-4 显示了使用 HTML5 的<figure>和<figcaption>元素的.carousel-inner 元素。

代码清单 20-4　包含标题的轮播

```
<div class="carousel-inner" role="listbox">
  <figure class="item active">
    <img src="images/IMG_1958.jpg" alt="dandelion 1"
        class="center-block img-responsive">
    <figcaption class="carousel-caption">
      A Dandy Closeup
    </figcaption>
  </figure>
  <figure class="item">
    <img src="images/IMG_1960.jpg" alt="dandelion 2"
        class="center-block img-responsive">
    <figcaption class="carousel-caption">
      Taking Over the Yard
    </figcaption>
  </figure>
  <figure class="item">
    <img src="images/IMGP1382.jpg" alt="dandelion 3"
        class="center-block img-responsive">
```

```
        <figcaption class="carousel-caption">
          One
        </figcaption>
      </figure>
    </div>
```

20.1.2 更精致的轮播

使用 Bootstrap 轮播的优点之一是不只限于图像，您可以在轮播中创建整个 HTML 块，然后循环显示不同的内容。

例如，您可能有一系列客户评价，希望在网站上展示。这些评价可能包含引语、照片、链接和署名。在其他轮播系统中，您必须将其制作成图像，然后链接完整的图像。但是使用 Bootstrap，您可以创建外观出色的 HTML 演示，如图 20-3 所示，循环播放多种内容。代码清单 20-5 展示了构建这种轮播的方法。

图 20-3

引语轮播

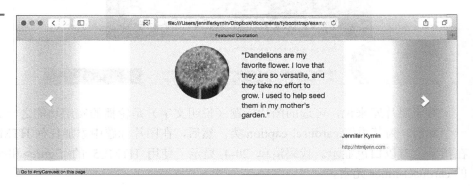

代码清单 20-5　引语轮播

```
<div id="myCarousel" class="carousel slide" data-ride="carousel">
  <div class="carousel-inner" role="listbox">
    <div class="item active">
      <div class="container-fluid">
        <div class="feature col-md-6 col-md-offset-3">
          <div class="container">
            <div class="row">
              <img src="images/quote1.jpg"
                  class="img-circle col-md-2 col-md-offset-1"
                  alt=""/>
              <blockquote class="col-md-3">
                &#8220;Dandelions are my favorite flower. I love
                that they are so versatile, and they take no effort
                to grow. I used to help seed them in my mother's
                garden.&#8221;
              </blockquote>
            </div>
            <div class="row">
              <p class="col-md-offset-6 col-md-2">Jennifer
```

```html
          Kyrnin</p>
        </div>
        <div class="row">
          <p class="small col-md-offset-6 col-md-2">
            <a href="http://htmljenn.com/">
            http://htmljenn.com</a></p>
        </div>
      </div>
    </div>
  </div>
</div>

<div class="item">
  <div class="container-fluid">
    <div class="feature col-md-6 col-md-offset-3">
      <div class="container">
        <div class="row">
          <img src="images/quote2.jpg"
               class="img-circle col-md-2 col-md-offset-1"
               alt=""/>
          <blockquote class="col-md-3">
            &#8220;Blah blaherbe blah&#8221;
          </blockquote>
        </div>
        <div class="row">
          <p class="col-md-offset-6 col-md-2">Joseph Blue</p>
        </div>
        <div class="row">
          <p class="small col-md-offset-6 col-md-2">
            <a href="">http://dandylions.weed</a></p>
        </div>
      </div>
    </div>
  </div>
</div>

<div class="item">
  <div class="container-fluid">
    <div class="feature col-md-6 col-md-offset-3">
      <div class="container">
        <div class="row">
          <img src="images/quote3.jpg"
               class="img-circle col-md-2 col-md-offset-1"
               alt=""/>
          <blockquote class="col-md-3">
            &#8220;Blahbity blah blah&#8221;
          </blockquote>
        </div>
```

```html
      <div class="row">
        <p class="col-md-offset-6 col-md-2">Josephine
        Blobe</p>
      </div>
      <div class="row">
         <p class="small col-md-offset-6 col-md-2">
           <a href="">http://dandelyon.plant</a></p>
      </div>
     </div>
    </div>
   </div>
  </div>
  <!-- Controls -->
  <a class="left carousel-control" href="#myCarousel" role="button"
    data-slide="prev">
    <span class="glyphicon glyphicon-chevron-left"
       aria-hidden="true"></span>
    <span class="sr-only">Previous</span>
  </a>
  <a class="right carousel-control" href="#myCarousel"
     role="button" data-slide="next">
    <span class="glyphicon glyphicon-chevron-right"
       aria-hidden="true"></span>
    <span class="sr-only">Next</span>
  </a>
</div>
```

创建更精致轮播的另一个简单诀窍是为.carousel 元素添加.slide 类。这将告诉浏览器显示幻灯片的过渡动画。

```html
<div id="myCarousel" class="carousel slide " data-ride="carousel">
```

20.2 使用轮播插件

轮播插件的工作方式和其他 Bootstrap 插件类似。您在 HTML 的最后包含 carousel.js 和 jQuery，还需要 transition.js 文件。但是要记住，过渡在 Internet Explorer 8 和 9 中无法正常工作。如果需要幻灯片过渡，就必须自己创建备选措施。如果包含了完整的 bootstrap.js 文件，也将包含轮播支持。

如果您希望轮播在页面加载时立即播放，必须在.carousel 元素上包含 data-ride="carousel" 属性。但是，如果你打算用 JavaScript 初始化轮播，不要使用这个属性。

data-slide 属性接受关键字 prev 和 next。这两个关键字改变幻灯片与当前位置的相对位置。如果使用 data-slide-to 属性，可以根据索引打开特定的幻灯片。索引是从 0 开始的幻灯片编号。

您可以用如下 JavaScript 代码初始化轮播。

```javascript
$('.carousel').carousel()
```

20.2.1 添加多个轮播

一个页面上可以有多个轮播，但是每一个必须在 .carousel 元素上有唯一的 id 属性。每个轮播的控件一定要指向正确的轮播。代码清单 20-6 展示了同一页面上两个轮播的 HTML。

代码清单 20-6　一个页面上的两个轮播

```html
<div id="myCarousel" class="carousel" data-ride="carousel">
  <!-- Indicators -->
  <ol class="carousel-indicators">
    <li data-target="#myCarousel" data-slide-to="0"
        class="active"></li>
    <li data-target="# myCarousel " data-slide-to="1"></li>
    <li data-target="# myCarousel " data-slide-to="2"></li>
  </ol>

  <!-- Wrapper for slides -->
  <div class="carousel-inner" role="listbox">
    <div class="item active">
      <h1>Carousel 1 Slide 1</h1>
    </div>
    <div class="item">
      <h1>Carousel 1 Slide 2</h1>
    </div>
    <div class="item">
      <h1>Carousel 1 Slide 3</h1>
    </div>
  </div>

  <!-- Controls -->
  <a class="left carousel-control" href="# myCarousel "
     role="button" data-slide="prev">
    <span class="glyphicon glyphicon-chevron-left"
          aria-hidden="true"></span>
    <span class="sr-only">Previous</span>
  </a>
  <a class="right carousel-control" href="# myCarousel "
     role="button" data-slide="next">
    <span class="glyphicon glyphicon-chevron-right"
          aria-hidden="true"></span>
    <span class="sr-only">Next</span>
  </a>
</div>
<p>and here is some text</p>

<div id="myCarousel2" class="carousel" data-ride="carousel">
  <!-- Indicators -->
```

```html
<ol class="carousel-indicators">
  <li data-target="#myCarousel2" data-slide-to="0"
      class="active"></li>
  <li data-target="#myCarousel2" data-slide-to="1"></li>
  <li data-target="#myCarousel2" data-slide-to="2"></li>
</ol>

<!-- Wrapper for slides -->
<div class="carousel-inner" role="listbox">
  <div class="item active">
    <h1>Carousel 2 Slide 1</h1>
  </div>
  <div class="item">
    <h1>Carousel 2 Slide 2</h1>
  </div>
  <div class="item">
    <h1>Carousel 2 Slide 3</h1>
  </div>
</div>

<!-- Controls -->
<a class="left carousel-control" href="#myCarousel2"
   role="button" data-slide="prev">
  <span class="glyphicon glyphicon-chevron-left"
        aria-hidden="true"></span>
  <span class="sr-only">Previous</span>
</a>
<a class="right carousel-control" href="#myCarousel2"
   role="button" data-slide="next">
  <span class="glyphicon glyphicon-chevron-right"
        aria-hidden="true"></span>
  <span class="sr-only">Next</span>
</a>
</div>
```

20.2.2 轮播选项

轮播有 4 个可调整的选项。

- interval——这是轮播在转到下一张幻灯片之前暂停的毫秒数，默认为 5000；如果使用关键字 false，轮播不会自动转到下一张幻灯片。
- pause——开启或者关闭暂停功能，默认为 hover，在鼠标悬停于元素之上时停止循环播放。其他值则不允许暂停。
- wrap——这定义了到达最后一张幻灯片时是否从开始处重新循环，默认值为 true。
- keyboard——定义轮播是否应该响应键盘事件，默认值为 true，这是可访问性最好的选择。

20.2.3 轮播方法

您可以使用如下 6 个方法控制轮播。
- $().carousel(options)——这个方法初始化轮播，开始循环播放项目。
- .carousel('cycle')——从左到右循环播放。
- .carousel('pause')——停止循环播放项目。
- .carousel(number)——根据 number 指定的数字循环到特定项目，0 为第一个项目。
- .carousel('prev')——回到上一个项目。
- .carousel('next')——跳转到下一个项目。

20.2.4 轮播事件

使用 Carousel 插件时，Bootstrap 输出两个事件：
- slide.bs.carousel——在调用 slide 实例时立即触发；
- slid.bs.carousel——在轮播完成幻灯片操作时触发。

两个事件都有两个附加属性：
- direction——轮播滑动方向，可以为 left（左）或者 right（右）；
- relatedTarget——作为活动元素播放的 DOM 元素。

20.3 Web 上的轮播

在为每个网页创建轮播之前，您应该了解使用轮播的缺点。客户不总是理解轮播，它们可能难以使用，有时候，轮播甚至会使人们远离您的网站。使用 Bootstrap 并不能避免这些问题。实际上，有人认为默认的 Bootstrap 轮播行为难以使用，令人厌烦。

20.3.1 轮播最佳实践

您可以运用多种最佳实践，确保轮播尽可能不令读者烦恼。下面就是这些最佳实践。
- **保持轮播项目为同一类型**——如果您打算展示销售商品，那么就循环播放它们，不要切换到最新的邮件新闻稿和博客列表。和随机播放不同项目的轮播相比，客户更有可能注意到循环播放一组类似项目的轮播。
- **客户阅读的速度不像您那么快**——即使客户阅读速度很快，他们对内容的认识也不像您那么深。网页轮播中最常见的问题是播放速度太快。好的经验法则是选择您自己觉得有些慢的时间，并将其加倍。是的，对于设计者来说这太慢了，但是这样做客户可能才会真的停下来关注内容。

> **不过，更好的解决方案是完全不打开自动幻灯片播放**——大部分人不喜欢自动播放的幻灯片。实际上，在 Nielsen Norman 集团（http://www.nngroup.com/articles/auto-forwarding/）的一项研究中，他们发现自动播放的轮播很可能被客户所忽略，因为它们太难阅读了。最好的轮播应该默认关闭自动播放，允许客户选择何时转移到下一张幻灯片。

> **如果必须采用自动播放的轮播，使其容易暂停**——对于 Bootstrap 轮播，这意味着您不应该关闭键盘控制或者暂停功能。用说明性文字告诉客户如何停止轮播也很有帮助。不要假设人们只知道将鼠标放在轮播控件上。

> **制作醒目的导航**——Bootstrap 轮播中的标准导航元素包括点状指标和左右箭头。这些导航方法都很好，但是如果幻灯片太亮，就很难发现它们。只使用点状指标不足以清晰地告诉大部分人还有更多的内容，最好的导航使用"上一个"和"下一个"以及箭头或者图标，清晰地说明有更多的内容。

> **不要使用过多幻灯片**——加入尽可能多的幻灯片以便在页面上得到更多信息，是很有诱惑力的。但是请记住，并不是在 HTML 中放入信息，客户就一定能看到。如果客户平均在您的页面上只停留 30 秒，而您的轮播每隔 6 秒播放一张幻灯片，在这段时间里客户只能看到 5 张幻灯片。不管您有 6 张还是 600 张幻灯片，效果都是一样的，因为大部分客户从未看到这些幻灯片。但是如果您的页面上有 600 张幻灯片，客户就不得不下载全部幻灯片，这将影响他们留在页面上的意愿。

确定您的网站真的需要轮播。"任何网站都不需要轮播"的说法值得商榷，但是不要只因为轮播很酷或者为了满足公司里的 3 个不同小组而添加轮播。

在下一小节您将看到，轮播不能解决大部分人以为它可以解决的问题，而且它们还可能造成更多的问题。

20.3.2 轮播的问题和解决方案

人们添加轮播的最常见理由是可以在页面上显示多种多样的内容，而且不会占据太多的屏幕空间。但是事实是，即使使用自动循环播放的轮播，读者也会因为页面上其他地方的内容而忽略它们。在一项研究中人们发现，只有 1% 的读者使用页面顶部的轮播。在这 1% 中，有 89% 的人只看第 1 张幻灯片（http://erikrunyon.com/2013/07/carousel-interaction-stats/）。考虑到轮播往往很大，占据许多首页上的 1/3 甚至更多可视空间，1% 的使用率就非常令人失望了。实际上，轮播迫使读者向下滚动，寻找他们关注的内容。我们都知道，如果读者找不到所需要的内容，就会离开。

轮播也是可访问性的梦魇。屏幕阅读器发现这些组件难以理解，而且轮播往往难以用键盘访问。就连 Bootstrap 的文档也建议在需要可访问性时使用其他方法。

"轮播组件通常不遵循可访问性标准。如果需要达到这些标准，请考虑其他的内容提供选项"（http://getbootstrap.com/javascript/#accessibility-issue）

如果您想在主页上显示许多内容，除了轮播之外可使用的选项不多。流行的解决方案包括下面这些。

- **内容块网格**——使用 Bootstrap 网格创建不同尺寸的小静态方框,占据与轮播相同的空间。您可以对这些块使用相同的尺寸,或者创建较大的方框突出显示某个元素。
- **主横幅**——将焦点放在一条主要信息上,网站就会变得更清晰。但是,如果需要在页面上得到其他信息,可以添加其他内容的小缩略图,客户可以点击以了解更多情况。
- **溢出模式**——建立一种设计,为轮播中的所有内容分配同等空间。无法容纳的内容放在一个链接之后,该链接清晰地标记为"更多内容"、"阅读更多"或者用箭头表明用途。
- **单独的着陆页面**——从搜索引擎优化的角度看,这是最佳的解决方案。这种做法不是试图用一个页面面对多类受众,而是为每一类受众创建独立的页面。

最后,您应该测试轮播,以确保它们在网站上正常工作。您的 CEO 可能乐见他的"面子工程"在主页上列出,但是如果对主页大肆宣传之后仍然无人访问该项目,他会说什么呢?阅读网站分析,确认读者使用还是忽略轮播。拥有这些数据之后,您就可以更有效地论证替代方法。

20.4 小结

在本章中,您学习了如何用 Bootstrap Carousel 插件在网站上创建循环播放内容的横幅。您还学习了创建基本图像幻灯片演示以及更漂亮的图文 HTML 幻灯片的方法。您学习了在一个页面上添加多个轮播的方法,以及脚本中可用的选项(见表 20-1)、方法(见表 20-2)和事件(见表 20-3),还学习了多种有助于构建轮播的新类(见表 20-4)。

表 20-1 轮播选项

选项	描述
interval	幻灯片之间的延迟时间,以毫秒计,默认值为 5000;如果使用 false,则不自动循环播放幻灯片
keyboard	布尔选项,确定轮播是否应该响应键盘命令,默认值为 true
pause	字符串,定义轮播何时暂停,默认值为 hover,在鼠标悬停于鼠标之上时暂停
wrap	布尔选项,确定轮播在播放到最后一项之后是否回到开始,默认值为 true

表 20-2 轮播方法

方法	描述
$().carousel(options)	激活轮播,开始循环播放幻灯片
.carousel('cycle')	从左向右循环播放轮播项目
.carousel('next')	循环到下一项
.carousel(number)	循环到由数字指定的项目,0 代表第一张
.carousel('pause')	停止循环播放
.carousel('prev')	转到前一项

表 20-3　　　　　　　　　　　　　　　　轮播事件

事　件	描　述
slide.bs.carousel	在 silde 实例被调用时立即触发
slid.bs.carousel	在轮播完成幻灯片过渡之后触发

表 20-4　　　　　　　　　　　　　　　　CSS 类

类	描　述
.carousel	定义元素为轮播
.carousel-caption	定义元素为轮播项目标题
.carousel-control	定义轮播控制元素，用 .right 和 .left 类定义特定控件
.carousel-indicators	定义轮播指标图标，用于精细识别可用的幻灯片数并在其中浏览
.carousel-inner	识别轮播中的幻灯片组
.item	表示元素是轮播中的一张幻灯片
.slide	告诉浏览器在轮播上添加幻灯片过渡

20.5　讨论

讨论部分包含了帮助您巩固本章所学知识的测验。先尝试回答所有问题再看答案。

20.5.1　问答

问：我构建了代码清单 20-1、代码清单 20-2 和代码清单 20-3 中的轮播，它看上去不像图 20-1 中所展示的轮播，这是为什么？

答：我为基本轮播添加了少数自定义样式，使其显示更加美观。代码清单 20-7 列出了我的自定义样式。

代码清单 20-7　基本轮播所用的自定义样式

```
.item h1 {
  width: 10em;
  margin-left: auto;
  margin-right: auto;
  margin-bottom: 2em;
}
.carousel-indicators li, .carousel-indicators .active {
  border-color: #000;
}
.carousel-indicators .active {
  background-color: #000;
}
```

如果在自定义样式表中添加上述样式，您的轮播和我的看起来就是一样的。

问：轮播指标总是出现在幻灯片的底部，如果我想要将其放在顶部该怎么做？

答：可以调整 CSS 自定义其位置。例如，如果想将其放在幻灯片顶部，可以在 CSS 文件中添加如下代码行：

```
.carousel-indicators { top: 10px; }
```

20.5.2 测验

1. 下面哪一项是创建 Bootstrap 轮播所必需的？
    a．添加.carousel 类的元素
    b．添加.carousel.slide 类的元素
    c．添加.carousel 类的元素上有唯一 ID
    d．添加.carousel.slide 类的元素上有唯一 ID

2. 要创建标题，将<figcaption class="carousel-caption">元素放在哪个位置？
    a．.carousel 元素内
    b．.carousel-inner 元素内
    c．.item 元素内
    d．任何地方都不行；不能使用<figcation>元素创建标题

3. 下面哪一个类在轮播底部创建一组小点？
    a．.carousel-caption
    b．.carousel-control
    c．.carousel-indicators
    d．.carousel-inner

4. data-slide-to 属性有何作用？
    a．指向将要转向的幻灯片编号
    b．表示当前幻灯片编号
    c．表示轮播循环次数
    d．指向幻灯片控件

5. 判断正误：控件和指标都是轮播所必需的。
    a．对，两者都是必需的
    b．错误，只有控件是必需的
    c．错误，只有指标是必需的
    d．错误，两者都不是必需的

6. 如何在一个页面中添加多个轮播？

a. 用单独的脚本调用每个轮播

b. 为每个轮播设定唯一的 ID

c. 为每个新轮播添加新类

d. 不能添加；每个页面只允许一个轮播

7. 实现轮播使用哪种方法更好：设置时间间隔为 10000 毫秒，还是设置为 false？

a. 两者的效果相同

b. 10000 毫秒的暂停时间最好，因为这使客户有很长的时间可以阅读幻灯片

c. false 最好，因为客户可以决定何时转移到下一张幻灯片

d. 两者都不是；最佳实践是同时应用两者

8. 下面哪一个是最好的导航选项？

a. 只提供轮播指标

b. 带有图标控件的轮播指标

c. 带有文本控件的轮播指标

d. 带有文本控件和文字说明的轮播指标

9. 轮播的最大问题是什么？

a. 客户忽略它们

b. 内容不能显示

c. 动画令人分心

d. 不能在旧浏览器上工作

10. 判断正误：轮播是可访问的。

20.5.3 测验答案

1. c。添加 .carousel 类的元素上有唯一 ID。.slide 类不是必要的，但是唯一 ID 是必需的。

2. c。.item 元素内。

3. c。.carousel-indicators

4. a。指向将要转到的幻灯片编号。

5. d。错误，两者都不是必需的。

6. b。为每个轮播指定唯一的 ID。

7. c。将时间间隔设置为 false 最好，因为客户可以决定何时转移到下一张幻灯片。

8. d。带有文本控件和书面说明的轮播指示。

9. a。客户忽略它们。

10. 错误。

20.5.4 练习

1. 在您的网站上添加一个轮播。一定要包含指标和控件。评估幻灯片，只包含 3 张最重要的。关闭自动播放功能，使您的客户可以决定何时播放幻灯片。
2. 跟踪分析，评估客户对轮播的态度。一个月后，检查分析，看看轮播的点击次数和最受欢迎的幻灯片。如果有必要，将轮播改为自动播放，观察分析结果的变化。

第 21 章

自定义 Bootsrap 和 Bootstrap 网站

本章讲解了如下内容：
- 如何使用自己的 CSS 自定义 Bootstrap 网站；
- 如何自定义网站使用的 Less 文件和 jQuery 插件；
- 如何用 Bootstrap Less 变量自定义 CSS；
- 如何用 Bootstrap Customizer 下载您的定制。

Bootstrap 是一种非常灵活的框架，您可以用它创建响应式网站。它自带深受许多人喜爱的标准设计和配色方案。但是如果您想要创建更定制化的网站，也有多种手段。您可以编写自己的 CSS，在 Bootstrap CSS 之后应用，也可以使用 Bootstrap 自定义页面创建 Bootstrap 定制构建版本，使用网站所需的样式和颜色。

在本章中，您将学习如何在 Bootstrap 网页上添加自定义 CSS 文件，还将学习如何通过完整的 Bootstrap 自定义表单，创建网站使用的定制构建版本。

21.1 使用自己的 CSS

自定义 Bootstrap 的最简单方法是使用自己的 CSS。为此，下载标准 Bootstrap 文件（见第 2 章），然后将自己的 CSS 添加到页面上。

添加自己的 CSS 有三种方式：
- 在 HTML 元素上使用 style 属性；
- 在页面的 <head> 部分使用 <style> 元素；
- 链接的样式表。

使用 style 属性最简单。您只须将需要的样式作为该属性的值。例如，如果要将段落颜色改为红色，可以编写如下代码：

```
<p style="color: red;" >
```

但是，如果使用 style 属性，就必须将其添加到所有希望修改的元素上。更好的方法是在文档头部使用<style>元素。可以用这个元素设置页面上的所有段落，或者包含特定类或 ID 的段落，也可以建立更复杂的 CSS 选择符。

> **注意：学习 CSS**
>
> 如果您不了解 CSS，可以做几件事。您应该专注于选择符的理解。例如，类选择符以一个句点（.）开始，ID 选择符以一个#号开始。不要过多地担心样式属性的记忆。当您需要的时候，很容易找到列出 CSS 样式属性和参考的网站。Julie C. Meloni 的 *Sams Teach Yourself HTML and CSS in 24 Hours* 是很好的 CSS 入门书籍。

要设置一个段落的样式，使其文字显示为红色，必须为其添加.red 类（<p class="red">），然后在文档首部 Bootstrap CSS 链接之下添加如下 CSS。

```
<style>
  .red { color: red; }
</style>
```

但是，在网页上添加 CSS 的最佳方法是使用文档<head>部分中链接的外部样式表。

```
<link href="css/styles.css" rel="stylesheet">
```

只要确保 href 指向样式表文件，然后，像<style>元素中那样插入您的样式。

```
.red { color: red; }
```

在 Bootstrap 网站上使用自定义样式表的最高效方法是使用和 Bootstrap 相同的类设置样式。不要忘记使用媒体查询，以影响特定的设备尺寸。图 21-1 展示了没有附加样式的 Bootstrap 页面。如您所见，Bootstrap 预先做了许多工作，使页面变得更加美观。

图 21-1

没有附加样式的 Bootstrap 页面

难点在于，如果不做修改，每个 Bootstrap 网站看起来都一样——这可能有些乏味。图 21-2 展示了与图 21-1 相同的网站，但是用 CSS 更改了几处颜色。

图 21-2

有附加样式的 Bootstrap 页面

代码清单 21-1 展示了用于创建图 21-1 的 CSS。这是最基本的样式表，不足以设置整个 Bootstrap 网站的样式，但它是一个很好的起点。

代码清单 21-1　设置 Dandelion（蒲公英）网站样式的 CSS

```css
body {
  background-color: #4C521D;
}
body > .container {
  background-color: #fff;
}
.jumbotron {
  background: #6c702d;
  background: -moz-linear-gradient(top, #6c702d 0%, #dfdfdf 100%);
  background: -webkit-gradient(linear, left top, left bottom,
    color-stop(0%,#6c702d), color-stop(100%,#dfdfdf));
  background: -webkit-linear-gradient(top,
    #6c702d 0%,#dfdfdf 100%);
  background: -o-linear-gradient(top, #6c702d 0%,#dfdfdf 100%);
  background: -ms-linear-gradient(top, #6c702d 0%,#dfdfdf 100%);
  background: linear-gradient(to bottom, #6c702d 0%,#dfdfdf 100%);
  filter: progid:DXImageTransform.Microsoft.gradient(
    startColorstr='#6c702d', endColorstr='#dfdfdf',
    GradientType=0 );
  color: #000;
}
```

```css
.jumbotron h1 {
  color: #D8AA10;
  text-shadow: 4px 4px 4px #000;
}
.quote {
  background-color: #6C702D;
  color: #ddd;
}
.carousel-control.left {
  background-image: -webkit-linear-gradient(left,
    rgba(170,140,23,1) 0,rgba(0,0,0,.0001) 100%);
  background-image: -o-linear-gradient(left,rgba(170,140,23,1) 0,
    rgba(0,0,0,.0001) 100%);
  background-image: -webkit-gradient(linear,left top,right top,
    from(rgba(170,140,23,1)),to(rgba(0,0,0,.0001)));
  background-image: linear-gradient(to right,rgba(170,140,23,1) 0,
    rgba(0,0,0,.0001) 100%);
  filter: progid:DXImageTransform.Microsoft.gradient(
    startColorstr='#80000000', endColorstr='#00000000',
    GradientType=1);
}
.carousel-control.right {
  background-image: -webkit-linear-gradient(left,
    rgba(0,0,0,.0001) 0,rgba(170,140,23,1) 100%);
  background-image: -o-linear-gradient(left,rgba(0,0,0,.0001) 0,
    rgba(170,140,23,1) 100%);
  background-image: -webkit-gradient(linear,left top,right top,
    from(rgba(0,0,0,.0001)),to(rgba(170,140,23,1)));
  background-image: linear-gradient(to right,rgba(0,0,0,.0001) 0,
    rgba(170,140,23,1) 100%);
  filter: progid:DXImageTransform.Microsoft.gradient(
    startColorstr='#00000000', endColorstr='#80000000',
    GradientType=1);
}
h1, h2, h3, h4, h5, h6, a, a:link {
  color: #D8AA10;
}
.panel-default>.panel-heading {
  background-color: rgba(179,196,170,.25);
}
.btn.btn-info {
  background-color: #d8aa00;
  border-color: #aa8c10;
}
```

TRY IT YOURSELF

更改 Bootstrap 样式

有时候，更改 Bootstrap 样式的最佳方法是使用和 Bootstrap 相同的选择符。但是理解选择符的定义或者它们的作用可能很难。在这里，您将学习如何使用浏览器发现 Bootstrap 使用的选择符，以及如何调整 CSS 覆盖 Bootstrap CSS。

1. 用 Bootstrap 构建网页，然后在 Chrome 或者 Safari 中打开。
2. 右键单击想要设置样式的网页元素，选择"Inspect Element"（检查元素），如图 21-3 所示。

图 21-3

在 Chrome 中检查元素

3. 单击 HTML 栏目（左侧）中的元素；您将在右侧看到设置其样式的 CSS。
4. 将适用的 CSS 复制到您的样式表中。
5. 更改样式以反映您的设计。

只要您的 CSS 在 Bootstrap CSS 之后加载，您的样式就会覆盖 Bootstrap 样式。

使用 CSS 自定义 Bootstrap 网站是快速、轻松的方法。虽然可以使用 style 属性、<style> 标记或者外部样式表设置页面样式，但是最佳方法是使用外部样式表。这能够帮助您的页面更快加载，可以在网站的所有页面中共享更多的样式。

21.2 使用 Bootstrap Customizer

自定义 Bootstrap 网站的另一个选项是自定义 Bootstrap 文件本身。

这种做法花费的时间可能比更新少数 CSS 样式更多，但是有几大好处：

- 自定义的 Bootstrap 文件可能小于原始文件和自定义 CSS 的组合，网站加载更加快捷；
- 通过自定义 JavaScript，可以进一步减少尺寸；
- CSS 将更加全面，未来的更改更可能正常工作；
- 可以更改未做本地化的功能，使网站的一致性更好。

但是和一切事物一样，使用 Bootstrap 自定义脚本也有某些不足：

- 因为必须使用生成器，工作流可能不同，从而减慢设计进度；
- 在线生成器没有预览样式的手段，所以难以知道您的更改是否美观；
- 当 Bootstrap 更新时，必须重新构建包含样式的文件。

要自定义 Bootstrap 文件，应该使用来自 Bootstrap 的生成器（http://getbootstrap.com/customize/）。下面几节将描述定制工具（Customizer）的使用方法。

> **警告：定制工具无法在 Safari 中工作**
>
> 如果您使用 Safari 浏览器，必须在不同的浏览器中使用定制工具。在 Safari 中，无法保存生成的 zip 文件。然后，脚本在第二个选项卡中以数据 URI 的形式打开 zip，必须人工保存。因为这一操作很令人困惑，Bootstrap 团队决定禁用 Safari。如果您通常使用 Safari，必须切换到 Chrome、Firefox 或者 Opera，才能自定义 Bootstrap。

21.2.1 Less 文件和 jQuery 插件

定制工具的第一部分（见图 21-4）是您想要包含在网站中的 Less 文件。

图 21-4

获得 Bootstrap Customizer：Less 文件部分

这一部分自定义用于 Bootstrap CSS、组件和 JavaScript 的 Less 文件。这些文件在本书的前几章中已经介绍过。

为了创建最高效的一组 Bootstrap 文件，您应该取消所有不使用和不计划在网站上使用的项目。记住，如果以后希望添加某些功能，可以随时重新编译您的自定义文件。

jQuery 插件部分（见图 21-5）可以自定义网站的 JavaScript。如果从 Less 文件中删除某个组件或者 JavaScript，也应该将其从 JavaScript 中删除。

图 21-5

获得 Bootstrap Customizer: jQuery 插件部分

定制工具产生两个 JavaScript 文件：bootstrap.js 和 bootstrap.min.js。在生产环境中最好使用压缩文件（bootstrap.min.js），因为它更小、更高效。

记住，即使定制了 JavaScript，也需要在网站上安装 jQuery。

21.2.2　Less 变量

这是自定义表单中有趣的一部分。如图 21-6 所示，可以自定义 30 多种变量。

您应该做的第一件事是提出自己的配色方案。有两个免费的在线工具可以从某种颜色或者一张照片创建配色方案。

> - Paletton（http://paletton.com/）——Paletton 可以用一种起始颜色和一个配置（如单色或者补色）选择配色方案。当您希望调色板以某种颜色为中心时，这是一个很好的生成器。
> - PaletteGenerator（http://palettegenerator.com/）—— PaletteGenerator 可以让您上传一幅图像，选择其中的某个部分，生成 2~10 种颜色的调色板。

图 21-6

获得 Bootstrap Customizer: Less 变量

设置好颜色之后，您可以开始尝试定制工具中的 Less 变量。您需要用自己的调色板定义一些颜色。

- 上下文颜色——这是第一部分中的@brand-*颜色。您必须为 primary（主要）、success（成功）、info（信息）、warning（警告）和 danger（危险）定义颜色。
- 背景、文本和链接颜色——这些颜色在 Scaffolding 部分设置。默认值为白色（#fff）、用@gray-dark 变量表示的灰色以及为@brand-primary 设置的任何颜色。您还可以更改链接悬停颜色，如果保留原值 darken(@link-color, 15%)，则使用一个 Less 混入（mixin），颜色与链接颜色相同，只是深度增加15%。第 23 章将更详细地介绍 Less 混入。
- 其他组件——包括表格、按钮、表单、下拉式菜单、导航栏、导航、选项卡、胶囊导航、分页、翻页、超大屏幕、表单状态与警告、工具提示、弹出框、标签、模态窗口、警告框、进度条、列表组、面板、缩略图、Well、徽章、面包屑导航、轮播、关闭、代码和类型。

> **注意：保持颜色一致性**
>
> 对类似的事物使用相同颜色是一个好的经验法则。Bootstrap Less 变量使这一点更加容易，因为您只需定义变量一次，然后将其用于所有类似的变量。例如，如果希望所有@*-primary 元素都使用颜色#D1A40C（深芥末黄），可以在 "Colors" 部分定义@brand-primary，然后在自定义表单的其余部分用@brand-primary 代替颜色代码。我不知道您怎么认为，但是对我来说，记住@brand-primary 比#D1A40C 容易多了。

自定义您的设计，使其不像典型的 Bootstrap 网站的另一种方法是调整排版和字体。"Typography"和"Iconography"部分是第一个出发点。您应该设置 3 个字体栈。

> @font-family-sans-serif——无衬线字体，如 Helvetica Neue 和 Arial。
> @font-family-serif——衬线字体，如 Times New Roman 和 Georgia。
> @font-family-monospace——等宽字体，如 Courier New 和 Monaco。

Bootstrap 使用无衬线字体栈作为默认字体族。但是您可以更改@font-family-base 中的变量，将其更改为衬线或者等宽字体。

在"Typography"部分中需要注意的另一点是 ceil 和 floor。这两个词分别指的是向上取整和向下取整。例如，@font-size-large 定义为 ceil(((@font-size-base * 1.25))。这意味着大字体是基本字体尺寸（@font-size-base）乘以 1.25 之后向上取整（Ceil）。floor 表示数字应该向下取整。

最后，您可以观察布局设计。可以使用变量调整媒体查询断点、网格系统和容器尺寸。这些设置可以自定义您的布局，包括网格中有多少列、媒体查询的不同宽度和容器的大小。

建议不要更改@screen-*-max 变量。它们目前设置为比下一个最高尺寸小 1 像素。换言之，超小屏幕的最大值是小屏幕的最小值减 1。这确保了断点不会因为有任何间隙而导致无法设置样式。

21.2.3　下载和安装自定义 Bootstrap

填写所有自定义选项之后，您可以单击图 21-7 中的"Compile and Download"（编译和下载）按钮，下载文件。

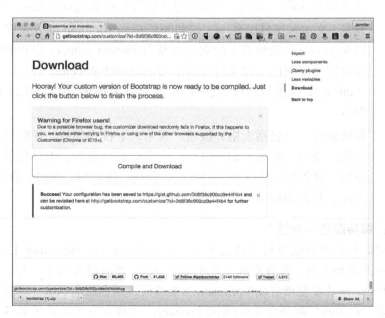

图 21-7

获得 Bootstrap Customizer：下载和编译

在配置被编译之后，将一个 zip 文件下载到您的计算机，并且为您提供一个 URL，您可以在必要时回到定制工具，继续编辑自定义构建版本。

打开这个 zip 文件，将会发现一个 config.json 文件，以后可以用它上传您的配置。您还将得到自定义的 CSS、字体和 JavaScript 文件。按照第 2 章中的说明在网站上安装这些文件。

zip 文件中的其余文件和安装 Bootstrap 标准版本时列出的一样。您将得到 JavaScript 和 CSS 的完整和压缩版本，以及多个图标字体副本。建议在生产环境中使用压缩版本，保证下载速度尽可能快。

21.3　使用第三方 Bootstrap 定制工具

许多人觉得 Bootstrap 网站上的默认定制工具令人厌烦，因为它没有提供任何在下载文件之前预览主题选择的手段。

幸运的是，Web 上有许多定制工具，可以帮助您在网站上加载样式之前预览。第 24 章将详细介绍几种 Bootstrap 定制工具。

21.4　小结

本章介绍了定制 Bootstrap 的方法，这些方法使网站的外观和行为更加独特，不会和其他 Bootstrap 网站混同。您学习了在 style 属性、<style>元素和外部样式表中添加自己的 CSS 样式的方法。然后，您学习了使用 Bootstrap 定制工具创建和编译 Bootstrap 自有版本的方法。

21.5　讨论

讨论部分包含了帮助您巩固本章所学知识的测验。先尝试回答所有问题再看答案。

21.5.1　问答

问：当我添加自己的 CSS 时，它没有覆盖 Bootstrap 样式，我该怎么做？

答：自定义 CSS 没有覆盖 Bootstrap 样式的最常见原因如下。

- **自定义 CSS 先于 Bootstrap CSS 加载**——您的 CSS 样式表必须是最后加载的样式表，它的样式才能覆盖任何其他样式。您可以将样式表放在文档尾部的</head>标记之前，确保其生效。
- **Bootstrap 样式比您的样式更特异**——例如，假定您有一个超大屏幕组件，其中包含<h1>元素和<small>元素。您可以用.jumbotron { color: #D8AA10; }指定超大屏幕的文本颜色，更改<h1>的颜色。但是<small>文本不正确（见图 21-8），因为 Bootstrap 有更具体的样式——h1 small { color: #777; }。这个样式设置<h1>中所有<small>元素的样式，而不仅仅是超大屏幕中的所有文本，所以更为特异。

图 21-8 自定义 CSS 无法设置所有样式

您可以在 W3C 的网站（http://www.w3.org/TR/css3-selectors/#specificity）上学习更多关于 CSS 特异性的知识。

问：为什么我应该使用自定义 CSS?这看起来有许多缺点。

答：是的，自定义 CSS 可能难以添加，不能覆盖所有情况，但是使用它往往更快，自定义 CSS 往往更容易包含在常规的网页构建工作中，如果您遇到图 21-8 那样的字体颜色问题，可以快速修复。您不需要了解 Less 或其变量。我通常在设计阶段使用自定义 CSS；在整个网站设计完毕之后，再制作 Bootstrap 文件的自定义构建版本。

21.5.2 测验

1. 下面这段 HTML 是用自己的 CSS 覆盖 Bootstrap CSS 的好办法吗？

   ```
   <link href="styles.css" rel="stylesheet">
   <link href="css/bootstrap.min.css" rel="stylesheet">
   ```

   a. 是，这段代码能够完美地运行

   b. 否，两行都遗漏了必要的属性

   c. 否，它们的顺序错误；Bootstrap 文件应该先出现

   d. 否，自定义的样式表必须和 Bootstrap 文件在同一个目录

2. 下面哪一个样式属性是 Bootstrap 所不允许的？

   a. CSS 语音属性

   b. 所有 CSS3 属性

   c. 以上皆是

   d. 以上都不是

3. 哪一个是覆盖 Bootstrap 样式属性的最佳方法？

   a. 使用 style 属性设置的内联样式

   b. 使用<style>属性设置的页面样式

   c. 外部样式表

   d. 上述方法都一样好

4. 以下哪一个不是使用 Bootstrap 定制工具的好处？

    a. CSS 自动更新

    b. 文件尺寸较小

    c. 可以只加载自己需要的插件

    d. 肯定能调整每项功能，甚至不立刻使用的功能

5. 哪一个是不想使用定制工具的原因？

    a. 不能在 Macintosh 计算机上工作

    b. 不包含检查样式的预览功能

    c. 迫使您使用某些在其他情况下可以删除的组件和插件

    d. 只定制 Bootstrap 的某些部分

6. 为什么要取消选择某个 Less 文件？

    a. 包含了不需要的插件

    b. 包含了破坏网站的插件

    c. 包含了不需要的组件

    d. 包含了破坏网站的组件

7. 判断正误：可以用定制工具编译 Bootstrap，使其包含 jQuery。

8. 哪一个是定制工具创建的包含 Bootstrap Tooltip 插件的文件名？

    a. bootstrap.css

    b. bootstrap.js

    c. tooltip.css

    d. tooltip.js

9. 判断正误：必须了解 Less 才能使用 Bootstrap 定制工具。

10. Less 变量配置哪些功能？

    a. jQuery 插件

    b. Bootstrap 压缩 JavaScript 的方式

    c. 只有网站的颜色

    d. 所有 Bootstrap CSS

21.5.3　测验答案

1. c。否，它们的顺序错误，Bootstrap 文件应该先出现。

2. d。无。您可以在 Bootstrap 中使用所有 CSS 属性。

3. c。外部样式表。

4. a。CSS 自动更新。

5. b。检查样式的预览功能。
6. c。包含不需要的组件。
7. 错误。
8. b。bootstrap.js。定制工具创建包含 tooltip.js 信息的 bootstrap.js 文件。
9. 错误。尽管可能有帮助,但是大部分变量都是不言自明的。
10. d。所有 Bootstrap CSS。

21.5.4 练习

1. 用外部样式表或者<style>标记为 Bootstrap 网站添加自定义样式。
2. 用 Bootstrap 定制工具进行一些定制,并下载和安装到您的网站上。记住,如果不喜欢它们,始终可以下载完整的 Bootstrap 文件,恢复到原始状态。

第 22 章

提高 Bootstrap 的可访问性

本章讲解了如下内容：

- ➢ Web 可访问性的定义；
- ➢ 通用的可访问性规则；
- ➢ 如何改善 Bootstrap 可访问性；
- ➢ 提高 Bootstrap 网站可访问性的具体措施。

可访问性是许多设计人员不知道或者忽略的 Web 设计任务之一，人们往往希望它能够自动解决。在某种程度上，因为您使用 Bootstrap，网站的可访问性多少会好一些。但是仍然需要采取一些措施，确保使用辅助技术（AT）的人们能够和其他人一样使用您的网站。

在本章中，您将学习可访问性对网站的意义，以及如何提高特定 Bootstrap 组件及插件的可访问性。您还将学习如何评估网站的可访问性，以便知道您要做的和不需要做的事情。

22.1 什么是可访问性

设计网页时，您应该考虑包容性。包容尽可能多的人，意味着您将拥有最大的可能受众群。这意味着考虑年龄、经济状况、住所和语言，还意味着考虑残疾人。可访问性通常聚焦于残疾人，但是一般来说，Web 设计人员应该专注于包容性设计。

根据约翰·霍普金斯大学的说法：“Web 可访问性指的是包容性网站开发的一种标准，该标准基于这样的思路，即信息应该平等地供所有人使用，不管人们的身体机能、发育状况如何或者有何种障碍"（http://webaccessibility.jhu.edu/what-is-accessibility/）。

22.1.1 可访问性设计实践

当您进行包容性或者可访问性设计时，必须牢记几个基本要点。

- **页面的外观如何**？询问自己，颜色之间是否有足够的对比？颜色之间的差异是否足够清晰？色盲的人是否能够理解该页面？
- **页面的易用性如何**？考虑页面是否需要鼠标，用键盘能否浏览各个链接？元素之间是否足够远，以确保运动技能不足或者长着"胖手指"的人可以轻松地点击？
- **网站"听"起来怎么样**？考虑使用网站是否需要声音。如果某人使用屏幕阅读器，是否可以访问所有内容？
- **网站有多复杂**？考虑完成各种任务是否需要很多步骤。是否有令人分心，或者令人难以专注于页面的因素？

要获得高可访问性，您并不用对网站进行许多重大的更改。只是，您应该意识到，对于能力与您不同的受众，网站的外观或者声音如何。

下面是构建高可访问性网页的指导方针。

- **为音频和视频内容提供等价的替代物**——如果网站上有视频或者音频内容，应该有一个文本版本供屏幕阅读器阅读。例如，如果有视频，应该有标题和文字说明。
- **不要只靠颜色传达信息**——您还应该包含提供相同信息的文本。例如，如果用红色背景标记警告信息，还应该在页面上包含"警告"一词。
- **按照规范正确使用 HTML、CSS 和 JavaScript**——对于可能不符合浏览器当前潮流的屏幕阅读器，无效代码可能带来问题。例如，尽管没有</table>结束标记的 HTML 表格在大部分浏览器上可以正常显示，但是仍然应该包含结束标记。
- **澄清自然语言的使用**——一定要用 lang 属性标记网页语言。例如，在英语页面上，应该加入<html lang="en">。
- **确保表格是响应式的**——对于表格数据，最好使用表格而不是布局。
- **为新技术提供备用手段**——备用选项和替代文本很重要。
- **允许用户控制时间相关的内容更改**——闪烁、旋转和动画文本及图像难以理解。
- **设备独立性设计**——响应式 Web 设计考虑了许多这方面的问题，但是设备独立性还包含其他关注点，如以文本链接作为图像映射替代手段、使用 tabindex 属性帮助没有鼠标的人在链接之间跳转等。
- **即使您认为不可见，也要提供上下文信息**——表格和链接的标题、描述性文本和替代文本都能为客户的辅助设备提供更多信息。
- **使用清晰、一致的导航结构**——这包含页面文本中的链接。记住，屏幕阅读器可能将链接读成导航，并将其从周围文本的上下文中删除，所以只显示"单击此处"的链接没有提供足够的信息。
- **尽量保持页面简单清晰**——这将确保网页对每个人都易用。

22.1.2 WAI-ARIA 和可访问性

WAI-ARIA 是 Web Accessibility Initiative's Accessible Rich Internet Applications Suite（Web 可访问性倡议的可访问性富互联网应用套件）的缩写。它定义了提高残疾人可访问性的一种手段。这通过使用一系列属性完成，大部分 ARIA 属性以 aria-*开头。下面是创建可访问性页面最常使用的属性列表。

- aria-controls——这个属性告诉辅助技术（AT），该元素是一个控制元素。它包含受控元素的 ID。
- aria-describedby——这个属性告诉 AT 描述性文本的位置。它包含了存储描述性文本的元素 ID。例如，如果您有一个表格，并在<div id="tableDesc">中提供描述性文本，可以在表格标记中指向它：<table class="table" aria-describedby="tableDesc">。
- aria-expanded——这个属性告诉 AT，该元素是一个可扩展元素（如折叠面板）。如果元素打开，设置为 true，如果关闭，设置为 false。
- aria-hidden——aria-hidden="true"属性告诉 AT 设备，该元素隐藏。
- aria-invalid——如果您有一个无效的表单控件，可以指定 ariainvalid=" true"属性，让 AT 知道它是无效的。
- aria-label——aria-label 属性指向由其标记的元素 ID，类似于<label>标记的 for 属性。
- aria-labeledby——aria-labeledby 属性指向用于标记当前元素的元素 ID，类似于 aria-describedby 属性。
- aria-pressed——aria-pressed="true"属性告诉 AT，处于.active 状态的按钮被按下或者激活。
- role——role 属性告诉辅助设备该元素的目的。这用于确保屏幕阅读器和其他 AT 正确应用该元素。它不会改变元素在非 AT 浏览器上的外观。例如，<h1 role="button">I am a Button</h1>将显示为<h1>标题，但是 AT 将其视为按钮。
- title——title 属性是一个 HTML 属性，可以用于为任何元素设置标题。有些非 AT 浏览器将在某些元素上显示该标题，所以一定要测试。

除了上述属性之外，还有许多其他 ARIA 属性可用于提高页面的可访问性。

22.2 Bootstrap 中的可访问设计

下面是为了提高 Bootstrap 网页可访问性而采取的一些措施。

- 避免过多地使用弹出菜单。Bootstrap 不提供任何用于弹出窗口的内建插件，它所提供的插件考虑了可访问性。
- 使用表单标签，并用<fieldset>标记分组表单元素。如果您的标签出现在表单字段之前，那就最好了。在第 9 章中您已经学到，Bootstrap 表单和<label>标记的配合最佳。
- 在<textarea>和<input>等表单输入标记中使用占位符，直到所有用户代理正确处理空白的表单控件。
- 在所有图像、视频、音频和其他插件上使用替代文本。
- 为标签提供替代文本。
- 在相邻的链接之间加入非链接空格或者文本字符。

22.2.1 跳过导航

跳过链接（或者跳过导航）是可访问网页设计的重要部分，特别是在页面顶端包含大量导航链接的设计中。跳过链接让使用 AT 的人跳过导航，直接进入页面内容。Bootstrap 可以让您轻松地创建仅向屏幕阅读器和其他 AT 显示的跳过链接。代码清单 22-1 展示了添加跳过链接的方法。

代码清单 22-1　Bootstrap 跳过链接

```
<body>
  <a href="#main" class="sr-only sr-only-focusable">Skip to primary
    content</a>
  ...
  <div class="container" id="main" tabindex="-1">
    <!-- The main page content -->
  </div>
</body>
```

如代码清单 22-1 所示，<body>标签中的第一个内容是跳过链接。该链接指向页面下方的一个锚。.sr-only 和.sr-only-focusable 类向非屏幕阅读器浏览器隐藏该链接（参见第 13 章）。然后，第一个容器的 id 被设置为 main，这正是链接指向的位置。

> **警告：不要忘记 tabindex 属性**
>
> 少数浏览器（Chrome 和 Intenet Explorer）在没有 tabindex 属性的情况下将不能以编程方式聚焦于跳过链接。不仅是跳过导航，遗漏 tabindex 属性将使键盘用户无法访问任何页内链接。所以在任何 id 属性作为链接目标的元素上都包含该属性是个好主意。Bootstrap 还建议用 CSS: #main:focus { outline: none; }抑制跳过链接目标上的可视焦点指示。

22.2.2 嵌套标题

尽管 HTML5 建议，可以将<h1>标记用于页面上的所有标题，然后用 CSS 提供样式，但是以层次化方式使用<h#>标记更好。<h1>标记应该是整个页面的标题。然后，使用<h2>标记表示页面各个部分的标题，使用<h3>表示子标题，以此类推。如果按照逻辑顺序使用这些标记，屏幕阅读器就可以从中创建一个目录。

22.2.3 颜色对比

许多设计人员在设计配色方案时会想到色盲的问题，但是对比度有时候被放在一边。有些默认的 Bootstrap 颜色的对比度很低，建议的最低对比度为 4.5:1。

您应该检查如下 Bootstrap 元素上的颜色，确保它们有合理的对比度：

➢ 基本代码块的高亮显示颜色（见第 7 章）；
➢ .bg-primary 上下文背景助手类（见第 7 章）；
➢ 白色背景上的默认链接颜色。

> **注意：Bootstrap 不断变化**
> 在本书编写期间，Bootstrap 定制工具已经更改，使 @brandprimary 颜色有更好的对比。Bootstrap 不断更新和改进，所以要定期检查该网站。

22.3 Bootstrap 网站可访问性技巧

您可以采取许多措施，提高 Bootstrap CSS 和组件的可访问性。

当您重新构建表单时，应该用<label>标记为每个输入字段设置标签。但是如果不想显示标签，可以用.sr-only 类隐藏它们（见第 9 章）。

使用.has-feedback 类和合适的图标，Bootstrap 字段将在右侧显示一个小图标。但是这本身是不可访问的，为了实现可访问性，您必须添加图标的文字描述和指向该描述的 aria-describedby 属性。代码清单 22-2 所示为可以用.sr-only 或者.sr-only-focusable 类隐藏描述。

代码清单 22-2　实现带图标表单字段的可访问性

```
<div class="form-group has-success has-feedback">
  <label class="control-label" for="fullname">Fill in Your Full
  Name</label>
  <input type="text" class="form-control" id="fullname"
      aria-describedby="fullnameStatus" placeholder="Full Name">
  <span class="glyphicon glyphicon-ok form-control-feedback"
      aria-hidden="true"></span>
  <span id="fullnameStatus" class="sr-only">(success)</span>
</div>
```

使用 Bootstrap Glyphicons 时，您可以添加描述性文本以提高可访问性，但是还应该用 aria-hidden="true"属性隐藏它们。现代 AT 设备将通告 CSS 生成内容，如 Glyphicons，除非明确地隐藏它们。但是，如果图标传达某种含义，就一定要提供替代文本。

Bootstrap 导航菜单和导航栏可以通过父容器元素上的 role="navigation"属性提高可访问性。这个属性告诉 AT，包含的列表是导航。一定不要将该属性放在<ul>元素上，因为这将导致设备不通告该列表。还有，容器元素最好是一个 HTML5<nav>元素。

为按钮组设置 role 属性 group，为工具栏设置 role 属性 toolbar。此后，如果包含

aria-labeledby 属性，AT 设备将用标签正确通告它们。

应该总是为模态窗口添加 role="dialog" 属性。接下来，应该使用 aria-labelledby 属性指向模态标题。您还可以描述模态窗口，并使用 aria-labelledby 属性指向该文本。使用 aria-hidden="true" 属性告诉 AT 跳过模态窗口的 DOM 元素。

可折叠元素使用 aria-expanded 属性。如果折叠元素默认关闭，它应该有 aria-expanded="false" 属性。如果默认用 .in 类打开，应该有 aria-expanded="true" 属性组。您还应该在控制可折叠元素的元素上设置 aria-controls 属性，该属性应该指向可折叠元素的 ID。

22.4 小结

在本章中，您学习了网站可访问性的概念，学习了 WAI-ARIA 以及基本可访问性原则，还学习了提高 Bootstrap 可访问性的设置方法和技术。

您学习了跳过导航的重要性和构建方法，学习了创建嵌套标题使辅助技术得以创建页面目录的方法，以及颜色对比的相关知识和 Bootstrap 主题中对比不理想的地方。

22.5 讨论

讨论部分包含了帮助您巩固本章所学知识的测验。先尝试回答所有问题再看答案。

22.5.1 问答

问：关于网站可访问性有哪些法规？

答：这取决于您所在的国家和地区。但是大部分国家立法要求政府和公共部门网站具备可访问性。此外，有些私有公司已经因为网站不可访问而招致诉讼。

最终，您不应该只是因为害怕诉讼才建立可访问网站，而应该记住一点，可访问性只是包容更多客户的一种手段——您的客户越多，网站的生意就越兴隆。

问：有没有什么特殊的手段能提高视频的可访问性？

答：正如图像和其他多媒体内容，您应该始终为视频中的语音设立一个抄本（transcript）。如果有音频内容，则应该包含说明。获得抄本的最佳手段是自行输入或者付费给某人完成输入。但是，您可以使用语音识别软件工具。标题也能够提高视频的可访问性。

22.5.2 测验

1. 可访问设计和包容性设计哪一个更重要？
   a. 可访问设计
   b. 包容性设计
   c. 两者同等重要

d. 两者都不重要，应该专注于易用性设计
2. 下面哪一个不是致力于可访问性时应该考虑的因素？
    a. 设计复杂度
    b. 图像数量
    c. 音频和视频内容
    d. 颜色
3. 如下 HTML 可访问性较差的原因是什么？

    `<a href="page.html">Click here</a> to read more...`

    a. 链接太短，无法点击
    b. 链接 URL 的描述性不足
    c. 链接文本的描述性不足
    d. 链接没有 role 属性
4. 哪个属性指向解释非文本元素（如视频）的文本块 ID？
    a. .aria-described
    b. .aria-describedby
    c. .aria-description
    d. .aria-label
5. 跳过导航放在什么位置？
    a. HTML 文档最后，</html>标记之前
    b. 网页最后，</body>标记之前
    c. HTML 文档最前，<html>标记之后
    d. 网页最前，<body>标记之后
6. 为什么页内链接需要 tabindex 属性？
    a. 因为如果没有明确的 Tab 控制顺序，有些浏览器无法聚焦于页内链接
    b. 因为这是 AT 设备读取链接的必需属性
    c. 因为没有它，页内链接就无法工作
    d. 不需要 tabindex 属性
7. 判断正误：以数字化层次使用标题使 AT 能够创建网页的目录。
8. 在哪种情况下，颜色导致可访问性问题？
    a. 色盲者看起来相似的颜色
    b. 对比度过低的颜色
    c. 提供信息但是没有备用措施的颜色
    d. 以上都是

9. 哪个 Bootstrap 类可以隐藏内容，仅对 AT 设备开放？

   a．.at-only

   b．.at-visible

   c．.sr-only

   d．.sr-visible

10. AT 是什么的缩写？

    a．Accessible technology（可访问技术）

    b．Assistive technology（辅助技术）

    c．Assistive terminal（辅助终端）

    d．Accessible terminal（可访问终端）

22.5.3　测验答案

1. c。两者同等重要。
2. b。图像数量对可访问设计不重要，只要它们有替代文本或者为 AT 定义了角色。
3. c。链接文本"Click here"的描述性不足。
4. b。aria-describedby
5. d。网页最前，<body>标记之后。
6. a。因为如果没有明确的 Tab 控制顺序，某些浏览器无法聚焦于页内链接。
7. 正确。
8. d。以上都是。
9. c。.sr-only。
10. 辅助技术。

22.5.4　练习

1. 仅使用键盘测试导航，检查网站的可访问性。关闭或者拔下鼠标，然后使用 Tab 键浏览页面，使用 Enter 键选择元素。接下来，尝试使用箭头键浏览表单。这不是明确的可访问性测试，但是可以帮助您发现可能的问题。

2. 在网上寻找颜色对比分析工具，测试您的网站。Colour Contrast Analyzer （http://www.paciellogroup.com/resources/contrastanalyser/），是一个比较好的工具，它有 Windows 和 Macintosh 版本。它将根据公认的可访问性标准进行测试。

第 23 章

使用 Less 和 Sass 与 Bootstrap 配合

本章讲解了如下内容：

- 什么是 CSS 预处理器；
- Less 的一些基本特性；
- 如何使用 Less 更新 Bootstrap 网站；
- Sass 的一些基本特性；
- 如何使用 Sass 更新 Bootstrap 网站。

Bootstrap 自带普通 CSS，但是它可以使用 Less 和 Sass CSS 预处理器。您可以用它们调整 Bootstap 网站外观。在本章中，您将学习这些预处理器的基础知识，以及将它们与 Bootstrap 结合使用的方法。

23.1 什么是 CSS 预处理器

许多人往往认为 CSS 不需要预处理，对于小网站来说，这可能是事实。但是预处理器大大简化了整个网站的大规模更改。

CSS 预处理器是一种语言，扩展 CSS 并添加传统编程特性，如变量、循环、条件语句等。然后，代码被编译为可在浏览器中使用的标准 CSS。CSS 预处理器有许多普通 CSS 所不具备的好处。

- 不要重复你自己（**DRY**）——CSS 迫使您一次又一次地编写许多样式。CSS 预处理器可以定义变量和可重用代码片段，这样就不用重复地输入相同的内容。
- 更清晰的 **CSS**——使用预处理器，可以实现嵌套样式、使用变量存储信息等功能，使样式更有意义。

- **更快的更新**——如果您有一个大型网站，使用大的 CSS 文件，找到某个样式的每个实例可能需要很长的时间。但是如果将某个颜色定义为一个变量，在一处更改该变量就可以确保使用该颜色的所有按钮、文本块或者背景都已改变。
- **内建跨浏览器支持**——尽管浏览器在使用官方 CSS 属性上做得越来越好，但是仍然有许多加上前缀的样式和在不同浏览器上需要不同语法的样式。预处理器不需要每次都搜索它们，找出可能需要前缀的样式，而是自动添加正确的 CSS。
- **编写脚本**——原生 CSS 非常简单。如果您需要只在某些情况下应用的样式，就必须用 JavaScript 应用样式。但是预处理器包含许多脚本功能，可以帮助您在 CSS 中直接更改样式。
- **在不同网站上共享 CSS**——您可以将 CSS 块保存为可共享库，用于其他页面或者网站。您还可以从网上的其他人那里获得片段或者库，这样就不必从头开始构建复杂样式。

23.2 使用 Less

Less 是 Bootstrap 默认使用的预处理器。理解 Less 的基本功能，可以改善 Bootstrap 网站的工作效能。

23.2.1 Less 的功能

Less 有许多优胜于普通 CSS 的功能，包括：
- 变量；
- 混入；
- 运算；
- 函数。

Less 中的变量是 Less 文件开头定义的名称/值配对。变量或名称以@符号开始，以冒号（:）和值分隔。您可以将变量用于 CSS 中的任意位置。代码清单 23-1 展示了一个简单的颜色变量以及在 Less CSS 文件中的使用方式。

代码清单 23-1　简单 Less 变量

```
@yellow: #F0E433;

p.pull-right {
  color: @yellow ;
}
```

编译上述 Less，将用颜色代码#F0E433 代替@yellow 变量。

混入（Mixin）是在一个规则集中包含来自另一个规则集属性的方法。例如，假定您有一个居中块元素的类.center-block，您应该将该类包含在想要居中的其他样式属性中，作为混入。代码清单 23-2 展示了简单的 Less 混入。

代码清单 23-2　简单 Less 混入

```
.centered-block {
  margin-right: auto;
  margin-left: auto;
}

h1 {
  width: 80%;
  .centered-block ;
}
```

上述代码使所有<h1>标记采用 80%的宽度并居中。

混入还可以创建默认值，然后在特定实例中改变。例如，您可能希望大部分边框的宽度为 3 像素，但是可以在必要时更改。代码清单 23-3 展示了如何使用具有默认值的混入，以及更改数值的方法。

代码清单 23-3　参数化混入

```
.green-bordered(@borderwidth: 3px) {
  border: solid green @borderwidth;
}

p.pull-right {
  .green-bordered();
}

p.wide-border {
  .green-bordered(10px);
}
```

上述代码将 p.pull-right 样式设置为默认边框宽度，而 p.wide-border 样式的边框宽度为 10 像素。

运算使您可以用数学函数调整任何数值、颜色或者变量。从一个数字（如宽度）加上或者减去数值很容易理解，但是您也可以用颜色数学运算加减颜色。

例如，@width: 10px + 5 的结果是在使用@width 变量的所有场合产生 15px 的输出。代码清单 23-4 展示了通过运算符和颜色数学运算加深颜色的方法。

代码清单 23-4　用运算符更改颜色

```
@yellow: #F0E433;
@other-yellow: @yellow - #666;

p.pull-right {
  color: @yellow;
  text-shadow: 2px 2px @other-yellow ;
}
```

这创建了数学上与第一个颜色相关的第二个颜色,这是基色(黄色,#f0e433)减去#555,或者#9b8f00。

Less 有许多内建函数,您可以用它们调整 CSS。函数将 CSS 从简单的基于文本语言变为可编程工具。Less 中的函数包括更改字符串的函数、获得列表长度或者列表特定元素的列表函数、转换数值的数学函数、求取数值的类型函数、处理颜色定义和通道的颜色函数以及帮助您更改和融合颜色的函数。

在 Bootstrap 中,您可以看到许多用于创建单色调色板的颜色运算函数。代码清单 23-5 展示了仅用黑色(#000)和 lighten、darken 函数创建的灰度配色方案。

代码清单 23-5　用 Less 函数创建调色板

```less
@gray-base: #000;
@gray-darker: lighten(@gray-base, 13.5%);
@gray-dark: lighten(@gray-base, 20%);
@gray: lighten(@gray-base, 33.5%);
@gray-light: lighten(@gray-base, 46.7%);
@gray-lighter: lighten(@gray-base, 93.5%);

.black {
  color: @gray-base; // @gray-base
}
.darkest {
  color: @gray-darker; // @gray-darker
}
.dark {
  color: @gray-dark; // @gray-dark
}
.gray {
  color: @gray; // @gray
}
.light {
  color: @gray-light; // @gray-light
}
.lightest {
  color: @gray-lighter; // @gray-lighter
}
```

如您所见,这些函数比使用前面提到的颜色数学运算更容易理解。如果希望使用不同的 @gray-base 函数,完全可以做到——这将生成一个单色配色方案。

Less 内容丰富,无法在本章中详细介绍。如果您对学习更多相关知识感兴趣,可以从 Less 主页开始,地址为 http://lesscss.org/。

23.2.2　结合使用 Less 和 Bootstrap

结合使用 Less 和 Bootstrap 很容易,因为 Bootstrap 默认就是用 Less 构建的。您可以使用

Less 文件而不是编译后的 CSS 创建自定义设计。您也可以使用已经创建的变量和混入。

如果您打算使用 Less 文件，就需要 CSS 的编译工具，Bootstrap 建议使用 Grunt（http://gruntjs.com）。

TRY IT YOURSELF

使用 Grunt 安装 Bootstrap

要使用 Grunt 安装 Bootstrap，系统上必须有 Grunt；您还需要安装 Bootstrap 包。这里将带您经历安装 Grunt，并利用它在 Linux 服务器上以命令行安装 Bootstrap 包的步骤。其中一些步骤可能需要服务器的管理（根）权限。如果您没有根权限，联系托管服务提供商为您安装 Grunt。

1. 输入 which npm，验证服务器上已经安装了 npm（节点包管理器）。

   如果没有安装 npm，必须用根权限下载和安装它。可以在 http://nodejs.org/download/ 上找到 npm。

2. 以根权限安装 Grunt 客户端。

   ```
   npm install -g grunt-cli
   ```

   如果没有根权限，必须联系托管服务提供商安装 Grunt 客户端。

3. 转到 Bootstrap 文件安装目录。

   ```
   cd bootstrap
   ```

4. 用 npm 安装 Bootstap；您仍然必须以根或者其他管理用户身份登录。

   ```
   npm install bootstrap
   ```

5. 转到 Bootstrap 目录。

   ```
   cd node_modules/bootstrap
   ```

6. 在该目录运行 npm install。如果看到错误信息，编辑 package.json 文件，删除如下行。

   ```
   "grunt-sed": "twbs/grunt-sed#v0.2.0",
   ```

   然后再次运行 npm install。

   此后，您可以运行 5 个 Grunt 命令。

   - grunt dist——在 dist/目录下重新生成 CSS 和 JavaScript。这是最常运行的命令。
   - grunt watch——监视 Less 源代码，在您作出更改时自动重新编译 CSS。
   - grunt test——在您的文件上进行测试。
   - grunt docs——构建和测试文档资产。

> grunt——构建和编译所有文件并测试。

注意，并不是所有 Linux 分发版本都使用上述步骤。如果无法安装 Grunt，应该向托管提供商寻求帮助。

安装了 Bootstrap 和 Grunt 之后，就可以编辑源代码目录中（less/、js/和 fonts/）的文件以反映网站、脚本和字体。使用 grunt dist 命令可以重新生成您的分发文件。

> **警告：在 less/目录下运行 Grunt 命令**
>
> 如果从分发目录下运行 Grunt 文件，所有文件将被删除，因为那里没有任何可供编译的 Less 文件。但是，如果出现了这种情况，不要惊慌。只需要转到 less/目录并重新运行 Grunt 命令：grunt dist。这条命令将重新创建整个分发目录。

23.3 使用 Sass

Sass（http://sass-lang.com/）是另一种 CSS 预处理器，它与 Ruby 搭配工作，或者嵌入 Compass（http://compass.kkbox.com/）等应用程序内部。许多 Web 设计人员从 Less 切换到 Sass，因为 Sass 提供的功能比 Less 更多。Sass 还解决了 Less 可能出现的一些问题，例如在变量名中使用@符号的问题。

但是要结合使用 Sass 和 Bootstrap，您必须使用 Bootstrap 中为 Sass 进行调整的不同端口。您将在 23.3.2 小节中学习更多相关的知识。

23.3.1 Sass 的功能

Sass 的许多功能和 Less 相同，包括：
- 变量；
- 混入；
- 运算符；
- 嵌套；
- 逻辑和循环。

Sass 中的变量工作方式与 Less 相同。您用简短的词语或者词组代替长字符串或者常用的代码块。唯一的区别是，Sass 用$而不是@符号定义变量。这样做的好处是不会和 CSS @声明（如@media 和@import）混淆。此外，许多其他编程语言也使用$作为变量标识符。代码清单 23-1 展示了一个简单的 Less 变量；代码清单 23-6 展示了 Sass 中的相同变量。

代码清单 23-6 简单的 Sass 变量

```
$yellow: #F0E433;
```

```
p.pull-right {
  color: $yellow ;
}
```

混入的工作方式也和 Less 类似，但是用@mixin 指令定义。您也可以向混入传递变量。然后，只需用@include 指令将混入包含在需要它的样式中。代码清单 23-7 展示了使用简单 Sass 混入的方法。

代码清单 23-7　用于表示圆角的简单 Sass 混入

```
@mixin border-radius($radius) {
  -webkit-border-radius: $radius;
  -moz-border-radius: $radius;
  -ms-border-radius: $radius;
  border-radius: $radius;
}

.box { @include border-radius(10px); }
```

混入往往用于处理浏览器前缀，可以在网上找到许多实用的 Sass 混入示例。Bootstrap 中内建了许多混入。@mixin size()是我最喜欢的混入之一。这个混入有两个参数：宽度和高度。您可以仅用一行代码将 Bootstrap 元素设置为特定的大小。代码清单 23-8 展示了具体的做法。

代码清单 23-8　使用 size()混入

```
.myImage {
  @include size (400px, 300px)
}
```

和 Less 一样，您可以使用运算符在 Sass CSS 文件中进行数学运算。您可以执行许多其他运算，具体如下。

- **数值运算**——就是您所熟悉的标准数学运算，如 width: 100px×2px。
- **颜色运算**——和 Less 一样，可以对颜色进行四则运算。这些运算依次在红、绿和蓝色通道上进行。
- **字符串运算**——使用+运算符连接字符串。
- **布尔运算**——对布尔值使用 and、or 和 not 运算符。

嵌套可以将一个用于某个属性的规则包含在另一条规则中。这使得 CSS 看起来更像 HTML 本身。代码清单 23-9 展示了一个简单的嵌套样式和编译成 CSS 之后的样子。

代码清单 23-9　嵌套样式和编译后的结果 CSS

```
// Sass code
#main p {
  color: #000000;
  width: 98%;
```

```
    .highlight {
        background-color: #f1b161;
    }
}

// Output CSS
#main p {
  color: #000000;
  width: 98%;
}
main p .highlight {
  background-color: #f1b161;
}
```

您可以扩展样式，使其包含和前一个样式相同的样式，并且加入一些额外的样式。例如，您有一个标准的段落样式，包含字体集和背景颜色集。假定您希望<aside>标记和段落外观相同，但是周围有一个边框。代码清单 23-10 所示为在 Sass 中使用@extend 指令完成这项任务多么轻松。

代码清单 23-10　使用@extend 指令

```
.standard {
  font-family: "Source Sans Pro";
  background-color: #e6b29a;
}
aside {
  @extend .standard();
  border: solid #efefef 1px;
}

// compiled CSS
.standard, aside {
  font-family: "Source Sans Pro";
  background-color: #e6b29a;
}
aside {
  border: solid #efefef 1px;
}
```

Less 有一些逻辑语句（when）和少量的循环功能，Sass 则全面发展了这些功能。它有 if/then/else 语句、for 循环和 each 循环。这些控制结构的工作方式与其他编程语言完全相同。

Sass 还有许多功能，无法在本书中一一介绍。如果您对学习更多相关知识感兴趣，建议从 Sass 在线文档入手：http://sass-lang.com/ documentation/file.SASS_REFERENCE.html。

23.3.2　结合使用 Sass 和 Bootstrap

Bootstrap 是以 Less 为基础构建的。但是在 GitHub 上有一个官方的 Sass 端口：

https://github.com/twbs/bootstrap-sass。您可以人工安装 Bootstrap with Sass 支持，但是最简单的方法是使用 CodeKit（https://incident57.com/codekit/）、Compass.app（http://compass.kkbox.com/）或 Prepros（https://prepros.io/）等工具，它们能够自动监控文件，在必要时编译。这些工具使得 Sass 和 Bootstrap 的使用更加轻松，无须担心命令行工具或者 Ruby 的安装。只需要下载您选择的程序，安装并设置检查您保存 SCSS 文件的目录即可。

TRY IT YOURSELF

用 Compass.app 建立一个 Bootstrap Sass 项目

当您用 Compass.app 构建和维护 Bootstrap Sass 项目时，所要做的就是在 Compass.app 中一次性地建立项目。然后，每当编辑 Sass 或者 SCSS 文件时，Compass.app 将自动为您编译 CSS。做好启动准备时，您只需像平时那样将 CSS 和 HTML 文件上传到 Web 服务器。此外，使用 Compass，您无须维护 CSS 供应商前缀或者人工制作精灵图。

1. 从 KKBox.com（http://compass.kkbox.com/）下载和安装 Compass.app。注意，这不是免费软件，但是并不昂贵（10 美元），也有好几种方法能够免费得到它。
2. 进入 Compass.app 菜单项并选择 Create Compass Project，创建 Compass Bootstrap Sass 项目。滚动到 bootstrap-sass-*并选择项目。
3. 将项目文件保存在您的 Web 项目目录中。如果没有用于新项目的目录，此时可以创建一个。Compass.app 将创建用于项目的所有文件和文件夹。
4. 用您喜欢的文本或者 Web 编辑器编辑 sass/目录中的 SCSS 文件。您可以编辑 bootstrap-variables.scss 文件，更改默认的 Bootstrap 变量。一定要删除开始的//，取消想要编辑的所有变量的注释。
5. 可以在任何时候单击菜单中的 Clean and Recompile 选项，强制 Compass.app 重新编译 CSS。

安装 Sass 并设置编译器之后，可以根据需要编辑 SCSS 或者 Sass 文件，建立独一无二的网站。

23.4 小结

在本章中您学习了用 Less 和 Sass 预处理器自定义 Bootstrap 安装的方法，学习了 Less 和 Sass 的基本功能，以及编辑 Less 和 Sass 文件的入门知识。您还学习了编译它们美化 Bootstrap 网站外观的方法。

23.5 讨论

讨论部分包含了帮助您巩固本章所学知识的测验。先尝试回答所有问题再看答案。

23.5.1 问答

问：从哪里可以学习更多关于 Less 和 Sass 的知识？

答：学习这两种语言首先应该访问其首页：http://lesscss.org/ 和 http://sass-lang.com/。如果您喜欢视频课程学习，Lynda.com（http://www.lynda.com/）有关于 Less 和 Sass 的多门课程。

问：如果我自定义 Bootstrap 变量，Bootstrap 出现新变量时将会发生什么？

答：这取决于您如何更新文件。如果直接编辑 Bootstrap CSS 文件（或者对应的 Less 或者 Sass 文件），当您加载新版本时，那些文件可能会被覆盖。最好的解决方案是在单独文件中进行所有更改，然后用 Less 或者 Sass 的包含文件加载。代码清单 23-11 和代码清单 23-12 说明了如何用 Less 和 Sass 包含文件。

代码清单 23-11　Less 包含文件

```
// import the file my-bootstrap-styles.less
@import "my-bootstrap-styles.less"
```

如果文件导入到不同目录，将目录名包含在引号中。

代码清单 23-12　用 Sass 包含文件

```
// import the file _my-bootstrap-styles.scss
@import "my-bootstrap-styles"
```

两个文件之间的主要不同是，Sass 文件不需要包含文件扩展名（scss）和文件名开始的下划线。

23.5.2 测验

1. 为什么要使用 CSS 预处理器？

    a. 跟上设计潮流

    b. 改进网站的灵活性

    c. 管理网站上的大规模更改

    d. 保持 CSS 美观

2. 下面哪一个是不使用 CSS 预处理器的合适理由？

    a. 当您的网站很小，CSS 很少或者完全没有时

    b. 当您不想编译 CSS 时

    c. 当您不了解各种语言时

    d. 您应该始终使用 CSS 预处理器

3. DRY 在 CSS 预处理器环境下意味着什么？

    a. Don't Reuse sYmbols（不重用符号）

b. Don't Repeat Yourself（不要重复自己）

c. Do Repeat Yourself（重复自己）

d. Nothing（无）

4. 判断正误：CSS 预处理器可以使用 if/then/else 语句。

5. 如何定义 Less 变量？

    a. @符号

    b. ^符号

    c. $符号

    d. #符号

6. 判断正误：Less 混入不接受参数。

7. 下面哪一个是 Less 函数？

    a. light

    b. lighter

    c. lighten

    d. lightest

8. 如何定义 Sass 变量？

    a. @符号

    b. ^符号

    c. $符号

    d. #符号

9. 判断正误：下面代码在 Sass 中有效。

    ```
    font-family: sans- + "serif";
    ```

10. 哪一个预处理器允许使用 for 循环：Less 还是 Sass？

    a. 两者皆可

    b. Less

    c. Sass

    d. 两者都不能

23.5.3 测验答案

1. c。管理网站上的大规模更改。
2. a。当您的网站很小，CSS 很少或者完全没有时。
3. b。Don't Repeat Yourself（不要重复自己）。

4. 正确。
5. a。@符号。
6. 错误。
7. c。lighten。
8. c。$符号。
9. 正确。
10. c。Sass。

23.5.4 练习

1. 在机器上安装 Grunt 并设置监视 Bootstrap Less 目录。然后更改 Less 文件，用 Grunt 命令 grunt dist 编译。在您编译 CSS 之后，上传到 Web 服务器生效。
2. 在机器上安装 Compass 并用它安装 Sass。然后用 Sass 文件夹创建新的 Bootstrap，用前几章学习的知识构建新网站。

第 24 章

进一步应用 Bootstrap

本章讲解了如下内容：

- 在哪里寻找好的 Bootstrap 编辑器；
- 如何使用主题构造器和其他自定义工具；
- 如何在 WordPress 中使用 Bootstrap，包括主题的构建；
- 从 Bootstrap 社区中得到更多帮助；
- 在哪里寻找 Bootstrap 设计的灵感。

Bootstrap 是 Web 设计人员创建响应式网站和美观的应用程序的有力工具。但是，在您知道正确使用方法时，您还可以用它做更多的事情。

在本章中，您将学习一些用于增强 Bootstrap 网站的工具、附加程序和网站。您还将学习内建 Bootstrap 的编辑器，以及在 WordPress 等工具中使用 Bootstrap 的方法。最后，您会找到扩展 Bootstrap 知识的地方。

24.1 Bootstrap 编辑器

最好的 Bootstrap 编辑器是您已经使用和熟悉的编辑器。但是如果在编辑器中内建了一些组件和功能就更好了。而且，某些 Bootstrap 编辑器提供了轻松、快速地定制 Bootstrap 主题的能力，使您的网站从一开始就与众不同。

24.1.1 Web 编辑器

您可以使用许多在线和离线 Web 编辑器创建 Bootstrap 网站。但在寻找 Bootstrap 网站所用的编辑器时,应该注意如下几点。

> 这是可视化编辑器还是代码编辑器（或者两者兼备）？
> 您能够修改 CSS、组件并包含 Bootstrap JavaScript 元素吗？
> 除了 Bootstrap 功能之外,还能编辑 HTML、CSS 和 JavaScript 吗？
> 您能编辑和编译 Less 或者 Sass 文件吗？
> 您能使用现有主题或者样式表吗？

仅根据价格去评估编辑器是很有诱惑力的。因为 Bootstrap 是免费的框架,在编辑器上花钱似乎很愚蠢,但是具备最多功能的最佳编辑器是需要花钱购买的。您可以从免费编辑器入手,但是最终可能会发现,花一点钱能够更好地改进网站。

支持 Bootstrap 的 Web 编辑器之间的最大不同之一是在线（基于 Web 的应用程序）或者离线（基于软件的应用）。软件应用在计算机离线时也能工作,但是要求您拥有特定的操作系统以运行它们。Web 应用在云端运行,需要互联网连接,但是它们可以在任何支持 Web 的设备上运行。

我已经找到了 6 种可用于创建和编辑 Bootstrap 页面的在线应用。

> Bootply（http://bootply.com/）——提供免费服务和托管应用的付费选项。它们以片段（称为"plys"）的形式存储创建的内容,与整个 Bootply 社区共享。这是一个受欢迎的选项。

> BootTheme（http://www.boottheme.com/）——对非商业性使用（最多 5 个应用）免费,对商业应用每月费用 9.99 美元起。不要被它的名字所欺骗,BootTheme 既是主题编辑器,又是可视化网页编辑器。它不包含 Bootstrap JavaScript。

> Brix.io（http://brix.io/）——每月收费 4.9 美元起,可以免费试用 14 天。包含一个可视化编辑器和一些出色的预制模板,以 HTML5 导出网站,但是有一些自定义类。

> Divshot（https://divshot.com/）——提供免费的基本账户,更高级的账户每月收费 20 美元起。这是一个应用开发平台,包含命令行界面和 Bootswatch 主题、可视化编辑器和代码编辑器。您还可以在 Divshot 中编辑和编译 Less。

> Jetstrap（https://jetstrap.com/）——每月收费 16 美元起,没有免费试用。这是一个可视化编辑器,支持 Bootstrap 基础 CSS 和组件；不支持 Bootstrap JavaScript 功能。

> LayoutIt（http://www.layoutit.com/）——免费布局构造器,为 Bootstrap 网站创建基本布局,可以 HTML 和 CSS 形式下载；然后,您可以在另一个编辑器中打开这些文件,进行最终编辑。

我还找到了 4 种支持 Bootstrap 网站创建与编辑的离线应用。

> BootUI（http://www.bootui.com/）——BootUI 可用于 Windows 和 Macintosh,收费为 49.95 美元。这是一种 Bootstrap 模板编辑器,自带了多种美观的模板。如果您提出要求,创建者将根据您的模型添加更多模板。

> Dreamweaver CC 2015（http://www.adobe.com/products/dreamweaver.html）——Dreamweaver 可用于 Windows 和 Macintoshu,收费从每月 19.99 美元起。2015 版的

Dreamweaver 自带 Bootstrap 集成。如果打开一个已经用 Bootstrap 构建的网站，Dreamweaver CC 2015 将会检测到，并打开 Bootstrap Components 插入面板。您也可以用预建的模板或者空白页面，创建新的 Bootstrap 页面。

- Pinegrow（http://pinegrow.com/）——Pinegrow 可用于 Windows、Macintosh 和 Linux，起价为 49 美元，并且有 30 天退款保证。它在一个可视化编辑器中包含了所有 Bootstrap CSS、组件和 JavaScript。您也可以直接编辑代码。
- Pingendo（http://www.pingendo.com/）——Pingendo 可用于 Windows、Macintosh 和 Linux，可免费使用。这是一个可视化编辑器，允许您编辑 CSS 和组件，但是不能编辑 JavaScript。

24.1.2 主题构建和定制工具

您还可以找到编辑 Bootstrap 主题和定制 Bootstrap 网站的工具。这些工具通常可以帮助您调整 Bootstrap 中的颜色和字体，有些还可以帮助您创建按钮或者调整网格，使您的 Bootstrap 与众不同。

对于已经有一个喜欢的 Web 编辑器，但是觉得编辑 Bootstrap CSS 或者 Less 及 Sass 文件很困难的人来说，主题构建工具确实很有帮助。利用这些工具，您可以创建 Bootstrap 网站，然后投入主题构建工具生成的 CSS，修改观感以适合您的要求。

我找到了 6 个免费的在线主题构建工具，可以不同方式创建 Bootstrap 主题。

- Bootstrap Magic（http://pikock.github.io/bootstrap-magic/app/#!/editor）——Bootstrap Magic 可以自定义 Bootstrap CSS 和组件的各个方面，使用一个预览引擎显示应用更改的效果。它以自己的方式使用 Less 变量，并提供自动完成功能，帮助您获得正确的结构。它还有颜色选择器，可以帮助您得到漂亮的颜色。此外，您还可以预览排版的更改。Bootstrap Magic 可以导出 Less 和 CSS（同时提供压缩和标准版本）。您可以 Less 变量的形式导入现有主题。
- Bootswatchr（http://bootswatchr.com/）——Bootswatchr 使用 Less 变量帮助您查看所构建的主题外观。如果您已经熟悉 Less 变量文件，只是想要查看更改在实际环境中的效果，这个工具特别实用。它可以预览颜色和排版，导出 CSS 和压缩 CSS，您也可以导入之前保存的 Bootswathr 工件。
- Lavish（http://www.lavishbootstrap.com/）——Lavish 可以从在线照片中创建 Bootstrap 配色方案。此后，您可以调整颜色以匹配自己需要的外观。您可以 CSS 或者 Sass 的形式导出颜色。
- Paintstrap（http://paintstrap.com/）——Paintstrap 使用 ColourLovers 和 Kuler 代码生成 Bootstrap 页面的配色方案。它似乎不能支持新的 Adobe Color CC（Kuler 的升级版），但是仍然可以很好地与 ColourLovers 配合。您可以 CSS（压缩和标准）和 Less 变量的形式导出配色方案。
- Style Bootstrap（http://stylebootstrap.info/）——Style Bootstrap 使您可以更改设置并在输入时观察预览中的变化。它还提供一个"随机"按钮以生成一些丑陋的配色方案。您可以 CSS 形式导出配色方案。
- Twitter's Bootstrap 3 Navbar Generator（http://twitterbootstrap3navbars.w3masters.nl/）——从名称上看似乎是个生成器，但是它实际上是专门用于导航栏的主题生成器。您可以为导航栏生成特定的颜色和样式，然后导出用于 Bootstrap 页面的 CSS。

我还找到了两个可以帮助您生成表单及按钮 Bootstrap HTML 代码的生成器。
- Form Builder for Bootstrap（http://bootsnipp.com/forms）——这是一个拖放式表单构建工具，可以帮助您快速创建美观的 Bootstrap 表单。它不会设置表单的样式（可以使用前面列出的主题构建工具），而是显示表单和拖放表单元素的外观。它唯一不能完成的是生成 email 和 url 等 HTML5 表单字段。
- Twitter Bootstrap Button Generator（http://www.plugolabs.com/twitter-bootstrapbutton-generator-3/）——这个生成器帮助您生成 Bootstrap 按钮。您可以选择按钮文本和样式，甚至确定按钮上是否有图标，如果有，使用的是哪个图标。

24.2 在 WordPress 中使用 Bootstrap

Bootstrap 是出色的网站构建框架，但是如果想要使用内容管理系统（如 WordPress）该怎么办？WordPress 为网站使用许多实用功能，包括博客和内容管理。但是它不能直接使用 Bootstrap。

和 WordPress 一起使用 Bootstrap，有 3 种选项。
- 使用插件将 Bootstrap 扩展到 WordPress。
- 找到一个使用 Bootstrap 的 WordPerss 主题。
- 用 Bootstrap 构建自己的主题。

24.2.1 使用 WordPress 插件

搜索 WordPress 插件网站（https://wordpress.org/plugins/），您就会找到许多用 Bootstrap 扩展 WordPress 的插件。我特别喜欢的两个插件是 Easy Bootstrap Shortcode（https://wordpress.org/plugins/easy-bootstrap-shortcodes/）和 WordPress Twitter Bootstrap CSS（https://wordpress.org/plugins/wordpress-bootstrap-css/）。

这两个插件都提供使用 Bootstrap 的简码，但我发现 Easy Bootstrap 的简码稍微易用一些。它不包含所有 WordPress Twitter Bootstrap CSS 组件，但是它将所有简码包含在 tinyMCE 编辑器中，如图 24-1 所示。

使用插件在 WordPress 网站上添加 Bootstrap 的好处是不需要对网站进行任何重大的更改。无须花费太多精力，就可以得到 Bootstrap 的一些好处（如使用折叠面板或者用图标装饰按钮）。

插件的缺点是提供的 Bootstrap 选择有限。您不能得到全部 Bootstrap 体验，因为页面本身不是用 Bootstrap 框架构建的，只有一些部分使用 Bootstrap，其他部分则不使用。

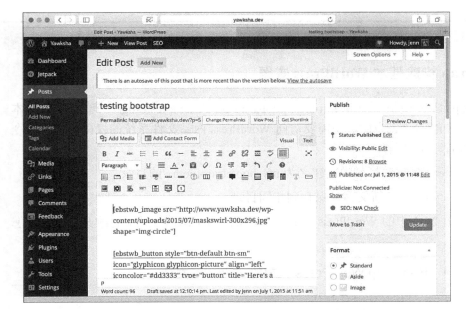

图 24-1
Easy Bootstrap Shortcode 插件可视化编辑器中的简码

24.2.2 寻找用于 WordPress 的 Bootstrap 主题

正如插件那样，如果在 WordPress Theme Directory（https://wordpress.org/themes/search/bootstrap/）上搜索，就会找到许多使用 Bootstrap 的主题。基本主题可以为您提供全面的 Bootstrap 体验，但是定制选项不多，另一些更时髦的主题则有更多的选项。

和所有主题一样，在启动之前应该对计划使用的主题进行全面测试——您可能发现一些重大问题。例如，我认为在大屏幕上十分华丽的一个主题在 iPhone 6 上完全无法辨认。这是令人吃惊的，因为 Bootstrap 能够很好地处理多个断点的响应式设计。

使用主题在 WordPress 中添加 Bootstarp 的好处是可以得到 Bootstrap 的所有附加功能，包括网格系统和所有 CSS、组件及 JavaScript。此外，许多主题已经定制，所以不需要担心这一点。

但是，使用其他人的主题有一个问题，您受限于它们提供的功能。如果主题不支持折叠面板，您就无法使用它们。如果主题不像您希望的那么反应灵敏，也只能将就使用。

24.2.3 构建自己的 WordPress 主题

构建自己的 Bootstrap 主题是获得所需的 Bootstrap 特性和希望加入 WordPress 网站的所有 Bootstrap 特性的最佳方法。您有机会在网站上使用任何 Bootstrap 功能，因为您控制着网站的外观。

难点在于，构建自己的主题需要了解许多 WordPress 和主题构建的相关知识，这无法在本章中详细介绍。开始这方面学习的一个好去处是关于主题开发的 WordPress Codex（http://codex.wordpress.org/Theme_Development）。

▼ TRY IT YOURSELF

用 Bootstrap 构建基本 WordPress 主题

用 Bootstrap 博客模板页面（http://getbootstrap.com/examples/blog/）可以学习基本 Bootstrap 博客主题的创建。为此，您需要访问 WordPress 网站文件系统的权限（通过命令行或者 cPanel 等管理工具）。

1. 在 wp-content/themes 目录中创建名为 my-bootstrap-theme/的目录。
2. 打开名为 style.css 的新文件，保存到相同目录。
3. 将代码清单 24-1 中的 WordPress 样式表头添加到 style.css 文件，更改其值以反映您的主题。

代码清单 24-1　Bootstrap WordPress 主题的 style.css 文档

```
/*
Theme Name:    My Bootstrap Blog Theme
Theme URI:     http://example.com/my-bootstrap-theme
Author:        my name
Author URI:    my URL
Description:   This is a theme based off the Bootstrap Blog
               template:
               http://getbootstrap.com/examples/blog/.
Version:       1.0
License:       Attribution-ShareAlike 3.0 Unported
License URI:   http://creativecommons.org/licenses/by-sa/3.0/
Tags:          blue, light, two columns, responsive, bootstrap
*/
```

4. 从 Bootstrap 博客模板取得 HTML，保存为 mybootstrap-theme 文件夹中的 index.php。
5. 创建一个简单的 300 × 225 图像以表现您的主题。将其保存为同一个目录下的 screenshot.png。
6. 下载 Bootstrap 并解压主题目录中的文件，目录结构应该如下。

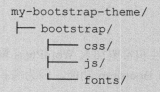

```
my-bootstrap-theme/
├── bootstrap/
        ├── css/
        ├── js/
        └── fonts/
```

7. 进入 WordPress 管理区，导航到 Appearance > Themes area。您将会看到新主题已经为设置做好准备，如图 24-2 所示。

图 24-2
我的Bootstrap 主题已经可在WordPess中使用

8. 激活主题，但是一定要记住，您不会看到其中的任何内容，因为主题中没有任何 WordPress 标记。

> **注意：在真实的网站上可以看到主题**
> 如果您在一个真实的网站上工作，应该安装 Theme Test Drive（https://wordpress.org/plugins/theme-test-drive/）等插件，确保在做好上线准备之前，只有您能看到新主题。这个插件使博客管理员在做好上线准备之前可以看到新主题，而普通访问者仍然看到旧主题。

9. 在您喜欢的编辑器中打开 index.php 文件，剪切从第 1 行到第 53 行（<div class="row">）的内容，粘贴到新文件 header.php 中。代码清单 24-2 显示了 header.php 的内容。用<?phpget_header(); ?>替代该文本。

代码清单 24-2　初始 header.php 文件

```
<!DOCTYPE html>
<html lang="en">
  <head>
    <meta charset="utf-8">
    <meta http-equiv="X-UA-Compatible" content="IE=edge">
    <meta name="viewport" content="width=device-width,
    initial-scale=1">
    <!-- The above 3 meta tags *must* come first in the head; any
    other head content must come *after* these tags -->
    <meta name="description" content="">
    <meta name="author" content="">
    <link rel="icon" href="../../favicon.ico">

    <title>Blog Template for Bootstrap</title>

    <!-- Bootstrap core CSS -->
```

```html
    <link href="../../dist/css/bootstrap.min.css" rel="stylesheet">

    <!-- Custom styles for this template -->
    <link href="blog.css" rel="stylesheet">

    <!-- Just for debugging purposes. Don't actually copy these 2
    lines! -->
    <!--[if lt IE 9]><script
src="../../assets/js/ie8-responsive-file-warning.js"></script>
    <![endif]-->
    <script src="../../assets/js/ie-emulation-modes-warning.js">
    </script>

    <!-- HTML5 shim and Respond.js for IE8 support of HTML5
    elements and media queries -->
    <!--[if lt IE 9]>
<script
  src="https://oss.maxcdn.com/html5shiv/3.7.2/html5shiv.min.js">
</script>
<script src="https://oss.maxcdn.com/respond/1.4.2/respond.min.js">
</script>
    <![endif]-->
  </head>

  <body>

    <div class="blog-masthead">
      <div class="container">
        <nav class="blog-nav">
          <a class="blog-nav-item active" href="#">Home</a>
          <a class="blog-nav-item" href="#">New features</a>
          <a class="blog-nav-item" href="#">Press</a>
          <a class="blog-nav-item" href="#">New hires</a>
          <a class="blog-nav-item" href="#">About</a>
        </nav>
      </div>
    </div>

    <div class="container">

      <div class="blog-header">
        <h1 class="blog-title">The Bootstrap Blog</h1>
        <p class="lead blog-description">The official example
        template of creating a blog with Bootstrap.</p>
      </div>

      <div class="row">
```

10. 在 index.php 文件中，复制从<footer>到文档结束的所有内容，粘贴到 footer.php 文件，并用<?phpget_footer(); ?>替代该文本。代码清单 24-3 展示了 footer.php 文件。

代码清单 24-3　foot.php 文件

```
<footer class="blog-footer">
  <p>Blog template built for <a href="http://getbootstrap.com">
  Bootstrap</a> by <a href="https://twitter.com/mdo">@mdo</a>.
  </p>
  <p>
    <a href="#">Back to top</a>
  </p>
</footer>


<!-- Bootstrap core JavaScript
================================================== -->
<!-- Placed at the end of the document so the pages load
faster -->
<script
src="https://ajax.googleapis.com/ajax/libs/jquery/1.11.3/
jquery.min.js"></script>
<script src="../../dist/js/bootstrap.min.js"></script>
  <!-- IE10 viewport hack for Surface/desktop Windows 8 bug -->
  <script src="../../assets/js/ie10-viewport-bug-workaround.js">
  </script>
  </body>
</html>
```

11. 在 header.php 文件中，用<link href="<?phpbloginfo('stylesheet_url');?>" rel="stylesheet">代替两个 CSS 链接。这个链接指向 WordPress 文件使用的 style.css 文件。在该位置删除指向../../assets/js/中文件的两行调试代码，因为您不需要它们。

12. 编辑 style.css 文件，在最前面的主题信息注释之后添加@import 行。

    ```
    @import url('bootstrap/css/bootstrap.css');
    ```

13. 编辑 header.php 文件，添加 jQuery 和 WordPress 头信息。在</head>标记之前添加如下两行。

    ```
    <?php wp_enqueue_script("jquery"); ?>
    <?php wp_head(); ?>
    ```

    这些代码确保 jQuery 在<head>中加载，而且有一个用于添加到<head>的 WordPress 插件的钩子。

14. 编辑 footer.php 文件，删除</footer>和</body>标记之间的所有内容。用<?phpwp_footer(); ?>代替该文本。这将为 WordPress 添加一个钩子，便于在以后为您的安装中可能使用的页脚添加脚本或者插件。

15. 创建一个 functions.php 文件，以便将 Bootstrap JavaScript 添加到页面中。这个文件的内容如代码清单 24-4 所示。

代码清单 24-4　functions.php 文件

```php
<?php

function bootstrap_jquery_scripts() {
   // Register the script
   wp_register_script( 'my-script', get_template_directory_uri() .
   '/bootstrap/js/bootstrap.js', array( 'jquery' ) );
   // Enqueue the script:
   wp_enqueue_script( 'my-script' );
}
add_action( 'wp_enqueue_scripts', 'bootstrap_jquery_scripts' );

?>
```

16. 编辑 index.php 文件，如代码清单 24-5 所示。这将在文件中添加 WordPress 主循环，开始真正地使用主题。

代码清单 24-5　最终的 index.php 文件

```php
<?php get_header(); ?>

      <div class="col-sm-8 blog-main">
<?php if ( have_posts() ) : while ( have_posts() ) : the_post(); ?>
         <div class="blog-post">
            <h2 class="blog-post-title"><?php the_title(); ?></h2>
            <p class="blog-post-meta"><?php the_time('F jS, Y'); ?>
              by <?php the_author_posts_link(); ?></p>

            <?php the_content(); ?>

         </div><!-- /.blog-post -->
<?php endwhile; else: ?>
   <p><?php _e('Sorry, no posts matched your criteria.'); ?></p>
<?php endif; ?>

         <nav>
           <ul class="pager">
             <li><a href="#">Previous</a></li>
             <li><a href="#">Next</a></li>
           </ul>
         </nav>

      </div><!-- /.blog-main -->

      <div class="col-sm-3 col-sm-offset-1 blog-sidebar">
```

```html
        <div class="sidebar-module sidebar-module-inset">
          <h4>About</h4>
          <p>Etiam porta <em>sem malesuada magna</em> mollis
          euismod. Cras mattis consectetur purus sit amet
          fermentum. Aenean lacinia bibendum nulla sed
          consectetur.</p>
        </div>
        <div class="sidebar-module">
          <h4>Archives</h4>
          <ol class="list-unstyled">
            <li><a href="#">March 2014</a></li>
            <li><a href="#">February 2014</a></li>
            <li><a href="#">January 2014</a></li>
            <li><a href="#">December 2013</a></li>
            <li><a href="#">November 2013</a></li>
            <li><a href="#">October 2013</a></li>
            <li><a href="#">September 2013</a></li>
            <li><a href="#">August 2013</a></li>
            <li><a href="#">July 2013</a></li>
            <li><a href="#">June 2013</a></li>
            <li><a href="#">May 2013</a></li>
            <li><a href="#">April 2013</a></li>
          </ol>
        </div>
        <div class="sidebar-module">
          <h4>Elsewhere</h4>
          <ol class="list-unstyled">
            <li><a href="#">GitHub</a></li>
            <li><a href="#">Twitter</a></li>
            <li><a href="#">Facebook</a></li>
          </ol>
        </div>
      </div><!-- /.blog-sidebar -->

    </div><!-- /.row -->

  </div><!-- /.container -->

<?php get_footer(); ?>
```

17. 接下来，在 style.css 文件中添加一些 CSS，更正页脚的外观。

```css
.blog-footer {
  padding: 40px 0;
  color: #999;
  text-align: center;
  background-color: #f9f9f9;
  border-top: 1px solid #e5e5e5;
}
```

18. 最后，上传主题并在浏览器中测试。

注意，这个主题并不完整。您还必须添加动态边栏和导航链接，并进一步对其进行定制。可以在 WordPress 网站上阅读更多相关的文章。如果想要下载这里列出的所有主题文件的副本，可以从我的网站得到：http://www.html5in24hours.com/?attachment_id=1177。

24.3 用第三方附加程序扩展 Bootstrap

Bootstrap 的使用者众多，这是它的好处之一。当许多人使用某种软件产品时，他们往往会对其进行改善。Bootstrap 也是如此，开发人员们已经创建了许多主题和插件，您可以用它们来改善和增强 Bootstrap 网站。

24.3.1 Bootstrap 主题

在决定升级 Bootstrap 网站时，主题是第一个要注意的地方。当您寻找主题时，最便宜的主题通常只调整 Bootstrap 颜色和某些排版。这种主题还有一个好处——只需简单地投入新的 CSS 或者 Less 文件就可以用于您的页面。Bootswatch（http://bootswatch.com/）提供了 16 种免费的 Bootstrap 主题，您只需要下载并放入网站中就可以了。

但是，要真正地使您的 Bootstrap 网站与其他 Bootstrap 网站不同，除了主题之外还必须获得新的模板。模板可以帮助您了解网站的潜力，而不需要完全靠自己提出设计。Bootstrap Zero（http://www.bootstrapzero.com/）提供数百个免费模板，号称最大的开源免费 Bootstrap 模板集。该网站提供了许多出色的颜色主题和模板，以更改网站的整体外观。

但是，最合算的做法还是获取专业模板。在您放下书本之前，应该知道"专业"并不意味着"昂贵"。{wrap}bootstrap 网站（https://wrapbootstrap.com/）提供数百个低成本的 Bootstrap 模板和主题。实际上，在那里最昂贵的主题定价也不到 50 美元。这 50 美元可以使您得到数十种不同的布局，许多颜色和排版选项，甚至 WordPress 支持。而且，大部分主题价格更低，往往只有 20 美元左右，有些甚至只需要 4 美元。只需要花几美元，就可以得到 Bootstrap 的所有好处，而且不需要花时间设计。

24.3.2 Bootstrap 插件

插件是扩展 Bootstrap 网站的另一种好方法。它们可以为您的网站提供额外的功能或者为已经很美观的 Bootstrap 特性提供额外的装饰。

利用插件可以添加的效果如下所示。

> 灯箱——用灯箱效果打开缩略图并提供更多信息，可以使您的图库更加突出。Bootstrap 灯箱（http://www.jasonbutz.info/bootstrap-lightbox/）插件很容易实现这个功能。

- **照片库**——照片库不仅能管理单一图像，还能帮助您管理网站页面上的照片，提供漂亮的显示效果。Bootstrap Image Gallery（http://blueimp.github.io/Bootstrap-Image-Gallery/）插件包含了触控导航。

- **通知和对话框**——有许多插件能够使 Bootstrap 模态窗口（参见第 15 章）更容易构建和维护。Bootbox.js（http://bootboxjs.com/）是流行的插件，但是我喜欢 Bootstrap Growl（https://github.com/ifightcrime/bootstrap-growl），因为它有许多定制选项。

- **Web 表单助手**——Web 表单难以制作，尽管 Bootstrap 简化了这一项工作，但是仍然遗漏了许多表单功能。我最喜欢的插件之一是 Bootstrap Form Helper（http://bootstrapformhelpers.com/）。这组插件提供了多个助手，为表单添加诸如日期选择器、数字输入和选择元素等功能。这个插件对于商业使用不是免费的，起价为每年 12 美元。还有其他的表单插件，但是这些插件很容易使用和安装。

除了我列出的之外，还有许多 Boostrap 插件。但是您可以从 Big Badass List of 319 Useful Twitter Bootstrap Resources（http://www.bootstraphero.com/the-bigbadass-list-of-twitter-bootstrap-resources）入手。这个列表不仅包含插件，还是扩展 Bootstrap 网站的一个好去处。

24.3.3 Bootstrap 社区

Bootstrap 的功能众多，可能让您觉得难以招架。但是要记住，有成千上万像您这样的人正在开始使用这个出色的框架，您可以从许多在线资源得到帮助，我最喜欢的有 3 个。

- Twitter Bootstrap Community Forums（http://www.twitterbootstrap.net/forum/forum.php）——在这个在线论坛，您可以提出和回答关于 Bootstrap 的问题。我希望它能有一个 Sass 的部分，但是许多关于 Bootstrap 的问题都可以在这里得到答案，甚至不需要自己张贴问题。

- Stack Exchange（http://stackoverflow.com/questions/tagged/twitter-bootstrap）——这只是一个关于 Bootstrap 的问题列表，但是令人吃惊的是，许多问题已经在这里得到了答案。

- Reddit（http://www.reddit.com/r/bootstrap）——如果在 Bootstrap 实施上遇到问题，Reddit 社区可以帮助您。一定要包含您的页面 URL 而不只是批评，这样得到的反馈才是实用的。

每天与其他 Bootstrap 使用者联系也是学习这一框架的好方法。记住，如果您想要向我提出问题，可以从我的网站上联系我：http://htmljenn.com/。我也是 Bootstrap 社区的一员。

24.3.4 漂亮的 Bootstrap 网站

您可以用 Bootstrap 框架创建漂亮的网站，在 Built with Bootstrap（http://builtwithbootstrap.com/）上可以找到许多例子。您甚至可以在完成本书的学习后提交自己的网站。图 24-3～图 24-6 展示了几个用 Bootstrap 创建的令人惊叹的网站。

图 24-3

NuotoVenezia 网站（http://www.nuotovenezia.it）

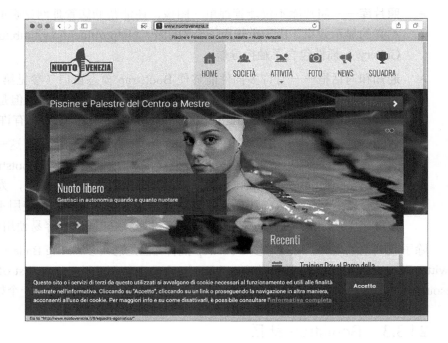

图 24-4

Bamboo Apps 网站（http://bambooapps.eu/）

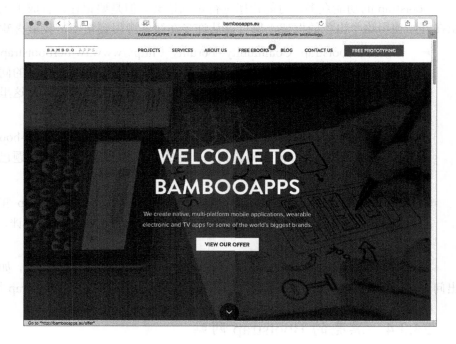

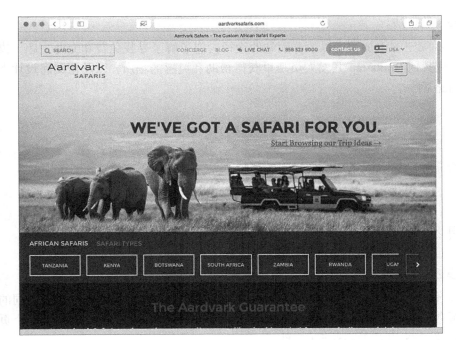

图 24-5

Aardvark Safaris 网站（http://www.aardvarksafaris.com）

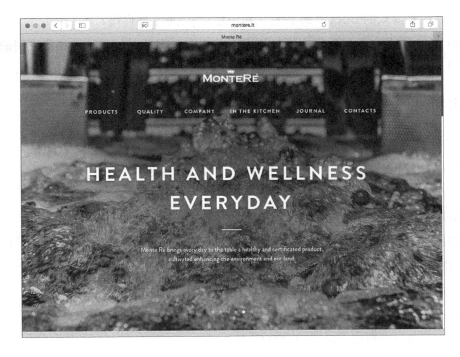

图 24-6

MonteRé 网站（http://www.montere.it/?lang=en）

Bootstrap 是一个出色的框架，您可以用它构建杰出的网站。

24.4 小结

本章介绍了一些扩展 Bootstrap 知识，创建令人惊叹的网站的方法，这只是众多方法中的一小部分。您学习了帮助构建和维护网站的编辑器和工具，还学习了将 Bootstrap 添加到内容管理系统 WordPress 的方法。

本章介绍了寻找第三方附加程序以改善网站的途径。您了解了寻找免费和专业主题、模板、插件的途径，从其他 Bootstrap 开发人员那里获得帮助和灵感的场所，以及帮助您设计下一个优秀的 Bootstap 网站。

24.5 讨论

讨论部分包含了帮助您巩固本章所学知识的测验。先尝试回答所有问题再看答案。

24.5.1 问答

问：主题和模板有何不同？

答：在 Bootstrap 的世界里，主题指的是 Less 变量，您可以修改它们使网站使用不同的颜色和排版。模板包含构建定制网站所需的所有文件，通常指的是网站中的一个或者多个页面的 HTML、自定义 CSS 以及 JavaScript 文件。

问：如果我无法找到喜欢的 Bootstrap 插件，可以使用 jQuery 插件吗？

答：Bootstrap 插件很多，您可以用它添加许多网站内容。但是，如果无法找到完美的 Bootstrap 插件，可以使用 jQuery 插件，因为 Bootstrap 需要 jQuery 才能运行。

24.5.2 测验

1. 下面哪一个功能不是 Bootstrap Web 编辑器寻求的功能？
   a. 能否编辑 Bootstrap CSS
   b. 能否进行可视化编辑
   c. 能否编译 Less 或者 Sass
   d. 是否添加 Bootstrap 组件
2. 何时应该使用主题构建工具？
   a. 当您不知道 Bootstrap 网站应该是什么样子时
   b. 当您有一个调色板，但是没有用于布局的 HTML 时
   c. 当您有一个调色板和用于布局的 HTML 时
   d. 当您有完整的模板时
3. 为什么应该使用 WordPress 插件加入 Bootstrap？
   a. 您不应该使用 WordPress 插件
   b. 因为它们能提供最强的 WordPress 集成
   c. 这样您可以得到更好的主题

d．这样就不必对网站主题进行大的更改

4．判断正误：测试 Bootstrap 主题不重要。

5．下面哪一个和构建 Bootstrap WordPress 主题无关？

    a．可以自定义主题以适应网站的需求

    b．这项工作很容易完成

    c．这让您加入所需的任何 Bootstrap 组件或者插件

    d．您必须对 WordPress 有深入了解才能完成

6．判断正误：Bootstrap 编辑器既有在线的，也有离线的。

7．下面哪一个是快速更改 Bootstrap 网站外观的最佳方法？

    a．设计和构建 HTML 及 CSS

    b．添加自定义插件

    c．雇佣设计师构建 HTML 和 CSS

    d．使用预建主题或者模板

8．插件和附加程序之间有何区别？

    a．插件和附加程序之间没有区别，只是同一事物的两种叫法

    b．插件是已经完成的产品，而附加程序需要开发人员的工作

    c．插件只能和 jQuery 搭配使用，而附加程序可以和任何 JavaScript 搭配

    d．插件特定于 Bootstrap，而附加程序可以在任何框架中工作

9．判断正误：有许多人使用 Bootstrap。

10．判断正误：所有 Bootstrap 网站的外观相同。

24.5.3 测验答案

1．a。能否编辑 Bootstrap CSS。您不希望编辑 Bootstrap CSS，应该编辑替代样式表以添加自己的更改。

2．c。当您有一个调色板和用于布局的 HTML 时。主题构建工具可以定义 Bootstrap 网站的颜色，但是不能调整布局。

3．d。这样就没有必要对网站主题进行大的更改。

4．错误。您应该始终尽可能全面地测试安装的主题。

5．b。这项工作很容易完成。即使使用 Bootstrap 加速过程，构建 WordPress 主题也要花费很长的时间，具有很大的工作量。

6．正确。您可以找到在线和离线的 Bootstrap 编辑器。

7．d。使用预建的主题或者模板。这是更改 Bootstrap 网站外观的最快方法。

8．a。插件和附加程序之间没有区别，只是同一事物的两种叫法。

9. 正确。成千上万的人使用 Bootstrap 构建和维护全世界的网站。
10. 错误。Bootstrap 是一个良好的开端，但是您可以用 Bootstrap 设计几乎任何可以想象到的东西。

24.5.4　练习

1. 寻找您所喜欢的支持 Bootstrap 的 Web 编辑器。在您的网站上测试它，您喜欢的是哪些功能？不喜欢的是哪些功能？
2. 选择觉得有趣的 Bootstrap 主题或者插件，看看能否在自己的网站上安装。
3. 在我的 Facebook 页面（https://www.facebook.com/JenniferKyrnin）上共享您的 Bootstrap 网站。随意提出关于 Bootstrap 或者 Web 设计的任何问题。